U0201293

未来译丛

气候风暴

Klima Kulturen

Soziale Wirklichkeiten

im Klimawandel

〔德〕哈拉尔德·韦尔策尔、汉斯−格奥尔格·泽弗纳、达娜·吉泽克 主编
金海民 等译

译 歌德学院（中国）
翻译资助计划

中央编译出版社
CCTP Central Compilation & Translation Press

作者简介

乌尔里希·巴蒂斯（Ulrich Battis），教授、博士、名誉博士，柏林洪堡大学法律系国家和行政法教研室主任。

乌尔里希·贝克（Ulrich Beck），退休教授、博士，慕尼黑大学社会学教授、伦敦政治经济学院客座教授、哈佛大学高级研究员。

迪特尔·比恩巴赫尔（Dieter Birnbacher），教授、博士，在杜塞尔大学哲学学院讲授哲学，法兰克福叔本华协会副会长，联邦医师公会中央伦理委员会成员。

迪佩什·查克拉巴提（Dipesh Chakrabarty），芝加哥大学历史系教授。2008年至2009年担任柏林科学院研究员。

拉尔斯·克劳森（Lars Clausen），退休教授、博士，基尔大学社会学教授，1978年起为斐迪南—特尼斯协会会长，联邦内政部保护委员会成员，2003年至2009年为该委员会主席。

安德烈阿斯·恩斯特（Andreas Ernst），教授、博士，在卡塞尔大学环境系统研究中心讲授环境系统分析。

达娜·吉泽克（Dana Giesecke），社会学硕士，埃森文化科学学院（KWI）德国社会学协会（DGS）办事处负责人。

米夏埃尔·哈格纳（Michael Hagner），教授、博士，在瑞士工学院（ETH）（苏黎世）讲授科学史和科学哲学。

卢德格尔·海德布林克（Ludger Heidbrinck），埃森文化科学学院（KWI）责任研究中心主任，在维滕—赫尔德克大学讲授企业社会责任课程。

贝尔恩德·洪格尔（Bernd Hunger），哲学博士、工学博士，自由职业城市设计师、城市社会学学者，德国房地产企业联合会（GdW）咨询师。

乌多·库卡尔茨（Udo Kuckartz），教授、博士，马堡大学教育学院院长，主持方法与评估研究组（MAGMA）的工作。

弗朗茨·毛厄斯哈根（Franz Mauelshagen），博士，自 2008 年起为埃森文化科学学院（KWI）研究员和研究重点课题气候文化的协调人。

迪尔克·梅斯纳（Dirk Messner），教授、博士，德国发展政策研究所所长，联邦政府全球环境变化科学咨询委员会副主席，在杜伊斯堡—埃森大学讲授政治学。

尼尔斯·明克马尔（Nils Minkmar），历史学家和报刊作家。1999 年至 2001 年为《时代》编辑，此后为《法兰克福汇报周日刊》副刊编辑。

克里斯蒂安·普菲斯特尔（Christian Pfister），退休教授、博士，2009 年前在伯尔尼大学讲授经济史、社会史和环境史。

比尔格·P. 普里达特（Birger P. Priddat），教授、博士，在维滕—赫尔德克大学经济系讲授经济课程，2007 年至 2008 年任该校校长。

托马斯·施尔恩（Thomas Schirren），教授、博士，在萨尔茨堡大学古典文学系讲授语文学，在古代科学系讲授"效应历史学"，是修辞学研究所的负责人。

英果·舒尔策（Ingo Schulze），著名作家，著有长篇小说《亚当和伊夫琳》（2008 年版），散文集《我们想要什么》（2009 年版）。自 2007 年起成为德国语言与文学学院和柏林艺术学院的成员。

汉斯-格奥尔格·泽弗纳（Hans‐Georg Soeffner），退休教授、博士，在康斯坦茨大学，教授普通社会学，为埃森文化科学学院（KWI）研究员和理事会理事，自 2007 年任德国社会学学会会长。

哈拉尔德·韦尔策尔（Harald Welzer），教授、博士，埃森文化科学学院（KWI）跨学科记忆研究中心主任，在维滕—赫尔德克大学讲授社会心理学。

维尔纳·维尔肯斯（Werner Wilkens），社会学硕士，德国社会住宅发展援助协会（DESWOS）干事长，参与在亚洲与非政府组织合作的相关共同项目的设计与实施。

▶▶▶ 目录

译者序：气候变化与文化变迁 / 1

气候文化

哈拉尔德·韦尔策尔　汉斯－格奥尔格·泽弗纳

达娜·吉泽克 / 1

人文科学忘掉将来了吗？

米夏埃尔·哈格纳 / 15

变化的气候

——绿色现代社会如何成为可能

乌尔里希·贝克 / 29

文化变迁

——气候变化的文化应对

卢德格尔·海德布林克 / 47

全球结构适应：在全球系统边际的世界经济和世界政治

迪尔克·梅斯纳 / 63

气候变化：地球拓扑同一性的终结

比格尔·P. 普里达特 / 81

随着气候灾难向何处去？

拉尔斯·克劳森 / 99

作为分担问题的气候责任

迪特尔·比恩巴赫尔 / 115

个人的环境行为

——问题、机遇与多样性

安德烈阿斯·恩斯特 / 133

并非这里，并非现在，并非是我

——对一个严肃问题含有象征意义的探讨

乌多·库卡尔茨 / 151

在气候文化特征和社会经济发展作用范围内的建筑和城市建设

贝尔恩德·洪格尔　维尔纳·维尔肯斯 / 167

城市治理与气候保护

乌尔里希·巴蒂斯 / 185

"政治就是命运"

——公元前 50 年关于全球变暖的哲学书斋对话

托马斯·施尔恩 / 197

巴黎的桃子

——有关法国西南部气候文化的一篇散文

尼尔斯·明克马尔 / 221

词汇与相关事件的内在联系

——关于"失败者"概念的思考

英果·舒尔策 / 233

从气候到社会：21 世纪的气候史

弗朗茨·毛厄斯哈根　克里斯蒂安·普菲斯特尔／257

历史的气候：四个论点

迪佩什·查克拉巴提／287

译者序：气候变化与文化变迁

　　《气候风暴——气候变化的社会现实与终极关怀》是由德国埃森文化科学学院主持编辑出版，由德国著名社会科学、人文科学和文化科学学者担纲，从文化视角论述气候变化的论文集。法学家乌尔里希·巴蒂斯教授、社会学家乌尔里希·贝克教授、哲学家迪特尔·比恩巴赫尔教授、经济学家比格尔·P. 普里达特教授、政治学家迪尔克·梅斯纳教授、历史学家尼尔斯·明克马尔博士、心理学家乌多·库卡尔茨教授和气候文化学者弗朗茨·毛厄斯哈根博士等学者从各自的新近研究成果出发，阐发了气候变化与文化变迁的紧密关系：气候变化为何不可避免地必然导致文化变迁；在气候变化过程中的当今和世代公平、责任伦理、法律、建筑和城市规划诸问题；气候变化中的赢家和输家，历史上的气候变化以及如何摆脱挥霍浪费的当今主流文化的路径……不仅涉及的领域广泛，而且吸收了各自学科的相关最新成果。故而本论文集对了解欧美社会科学、人文科学和文化科学学者对"气候变化"这一课题的观点和研究发展沿革提供了较全面的基本材料。德国《心理学今天》（2011 年 4 月 1 日）评价本书"是一本很有教益的汇编，集聚了有关气候变化的众多观点——这对于在科学上没有先入之见的读者拓展思路来说，极有裨益"。鉴于气候变化问题的极端重要性和其本身的特点，论文作者均持有下述观点：社会学科、人文学科和文化学科作为学科要积极地投入对气候变化的研究中去。

德国埃森文化科学学院是德国研究气候文化的重镇，该院院长克劳斯·勒格维教授是德国气候文化研究领域的一个重要创始人。在这里也要提一下该学院的所在地埃森。埃森是德国传统煤钢工业基地鲁尔地区的最大工业中心，大名鼎鼎的克虏伯公司的发祥地，曾经是德国污染最为严重的地方。上世纪90年代，在鲁尔地区开展了一个名为"埃姆舍园区"的规模宏大的综合治理工程。联系到这以后在欧洲出现的一系列地区整治工程，如波兰卡托维兹周围褐煤区复兴工程、意大利威尼托地区整治工程等，不能不说鲁尔地区的埃姆舍园区是地区综合治理工程的一个先驱。应当说，这部论文集形成在埃森的一家研究机构是有其深层原因的。

气候变化、全球变暖的主要原因在于人类温室气体排放的急剧增加：最初自然产生的温室效应为一个外加的（人为的）温室效应所加强。后者的成因即是温室气体（主要为二氧化碳，还有氟氯烃、甲烷、臭氧和氧化亚氮等）的排放。故而，这个外加的人为温室效应实为由人引起的气候变化、气候变暖的根源。由于气候变暖，导致一系列恶果：海平面上升、潮位上升、雨林遭毁、冰川融化（甚至连格陵兰冰盖也在融化——倘若该冰盖全部融化，将抬高全球海平面7米）、加剧的干旱和洪涝、变化的降雨模式、极端天气事件、大陆和土地面积减少、疾病和瘟疫急剧增加、巨大的国民经济损失等等。这样，由人引起的气候变化在达到一定程度之后就转而反对人自身。气候变暖会导致社会灾难、社会制度崩溃、内战和种族屠杀。贝克在本书《变化的气候》一文中把"气候变化"列为三大全球风险之首，排序为：气候变化、全球经济危机和恐怖主义。

　　既然气候变化由人引起，人又是这种气候变化后果的承受者，气候变化对于人类生存来说又是第一大全球风险，故而，社会科学、人文科学、文化科学要投入到"气候变化"的研究中去就是非常自然的了。举一个小例子，汽车减排，从技术上讲，你可以装上一个高效的尾气净化器；然而如何用车、用什么车在社会上又与名声、塑造自我形象等相联系，这又成了一个文化问题。从大的方面来说，如同韦伯早在1905年所预言的那样："是资本主义经济制度作出决定，它决定投生在这一驱动装置中的一切个体的生活方式，用以一种不容置喙的强力方式，也许将继续作出这样的命运决定，直到最后一公担化石燃料变红了起来。"这表明，在这种物质至上、利益至上的文化方式下，一方面肆意掠夺自然资源，连最后一公担燃料也烧了起来；另一方面，在燃烧化石能量载体时释放出大量的有害温室气体，从而导致气候变暖。按照海德布林克的说法，"要对巨量耗用自然资源和工具般地对待环境负责的，首先当推由文化铸就的行为理由。这些文化理由是由价值取向、准则和生活观念所组成的混合物，它们对社会演化过程产生了直接影响。"

　　尽管德国社会学科、人文学科和文化学科的学者已就气候变化的研究做出了成果，但本书主编仍认为：就总体而言，德国上述学科的学者仍然处在因个人原因对此表现出兴趣、而从专业本身看仍按兵不动的状况；气候变化仍然保持为在自然科学范围内研究的课题。就这一点而言，这部论文集的出版将给德国国内和国外的人们以开拓性的启示。

气　候　文　化

哈拉尔德·韦尔策尔 *

汉斯-格奥尔格·泽弗纳 **

达娜·吉泽克 ***

一、气候变化——未予阐述的文化变迁

2007年年初，联合国环境委员会的三个报告使世界舆论为之哗然：这些报告表明，倘若世人仍完全像过去那样对待二氧化碳排放问题，气候系统或迟或早终将崩溃。然而，科学家预告的一切所引起的激动并未持续很久，其中的一个原因就在于很快就弄清楚了：气候变暖的后果在全球表现状况的差异是非常之大的。南方国家未来将遭受干旱、水灾、土地毁损等灾害；而北方的富裕国家只要在环境技术上积极投入，就会在旅游、

———————————

* 哈拉尔德·韦尔策尔（Harald Welzer），教授、博士，埃森文化科学学院（KWI）跨学科记忆研究中心主任，在维滕－赫尔德克大学讲授社会心理学。

** 汉斯－格奥尔格·泽弗纳（Hans-Georg Soeffner），退休教授、博士，在康斯坦茨大学起教授普通社会学，为埃森文化科学学院（KWI）研究员和理事会理事，自2007年起任德国社会学学会会长。

*** 达娜·吉泽克（Dana Giesecke），社会学硕士，埃森文化科学学院（KWI）德国社会学协会（DGS）办事处负责人。

农业和工业诸方面取得良好的效果。

联合国政府间气候变化专门委员会（IPCC）的坏消息，故而最初虽引起人们的忐忑不安，却因为这些问题一如既往地被纳入人们认识、解决问题（或曰束之高阁）方法的通常框架范围内，而使这种心情大大得以缓解。无论如何，随着2008、2009年出现的财政和经济危机，这一议题最终被挤到舆论关注的次要位置上。今天，人们则可以作出如下判断：问题意识加强了，而改变的意愿则仍然踯躅不前。这一对舆论界并不陌生的说法，首先要归结于：就未来的社会和文化生活基础而言，气候变化这一问题的广度尚有待确定。看来，大多数人仍一如既往地认为，西方生活方式那种无所顾忌地利用、耗费外部资源的生活方式是可以在全球推而广之的。而在这一背景下，世人在20年内，仍可像今天那样沉湎于相同的消费文化和消遣文化而确保无虞。

而气候变化在许多方面是一个被低估、迄今甚至是远远未被认识的社会危险——在现今，人们甚至还没有搞明白：从根本上来说，民主社会在被逼的情况下，是否有能力开始去扭转、消解这种危险（抑或适应这种后果）。这涉及所有经济和社会问题，这些问题产生于资源短缺和排放增加的双重压力之下；也应提到世代间公平这样的颇能引起冲突的问题以及诸如资源竞争问题和由此相联系的安全问题。

也许会呈现这样的场景：在对气候变化不加阻止的情况下，人类没有计划和不平衡的发展过程会使自己拥有这样的负能量，这种负能量使数十年、数百年形成的认识、理解、解决问题的方式只能跟在它后面亦步亦趋。将全球遭到的威胁限定在适当范围内这样的能力远远缺失，就是其中的一个例子。再如，人们对于暴力后果普遍存在的麻木不仁，须知：这些暴力是与气候变化在实际上和潜在地联系在一起的。而从国际的视角观察，不相一致的利益基础当然会反对坚决抑制气温升高的共同行动（即使是其中期计划）。新兴工业国家急起直追的工业化过程，早期工业化国家对能源持续不断的饥渴，和在全球推广的将增长和资源消耗奉为圭臬的社会模式，均使得到在这个世纪中期达到把全球气温升高限制在 2 摄氏度的目标成为一个非常不现实的目标。而这种展望仅仅是对事物进行过程的一种直线观察，导致社会气候后果加速形成和使暴力升级的自动催化进程尚不在考察范围以内。

在地球物理学的层面上，可能出现的非线性过程将大大激化气候问题。譬如由于永久冻土带的融化而使巨量的甲烷释出，倘若森林毁损或者海水过酸并达到一个危机的临界点，从而产生无法预料的多米诺效应，这就将因此而影响气候。如若由于对原料的贪欲而引起冲突，就会由此产生移民运动的后果，而边境冲突和海盗活动将大大增加。这一切又会导致国内甚至相关国家间发生的、无法预料的暴力争斗。社会进程的逻辑并非是直线进行的；这也适用于气候变化的后果。在人类暴力史中，并未表明：一个时期的和平会意味着持续稳定的社会状况；而以往的历史也证明了：大量使用暴力总是一种先行被考虑的行动选择。

当前全球力量对比关系变化呈现的是一种非对称发展过程，这一过程可以像描述战争那样加以概括：它的原因在于气候变化，并以一种全新的形式导致无休无止的暴力。由于社会没有应对最为严峻的气候后果那样的可能性，故而在 21 世纪的进程中，人口迁移会在全世界范围内加速进行，而把移入流亡者看成是一种威胁的那些社会就会采取极端的解决措施。从原则上说，下述情况违反了我们的常识：一个用自然科学描述的现象如气候变暖却会包含社会灾难、社会制度崩溃、内战和种族屠杀。这不需要超前的想象力，只要看看当前与环境相关联的暴力冲突和大大加强的防卫措施就完全能说明问题了。

尽管如此，迄今仍然把气候变化当作在自然科学范围内加以考察的一种现象。而社会学科、人文学科和文化学科的同仁中虽有人会对全球变暖表现出个人的兴趣，而从专业上看却仍按兵不动。气象学家、海洋学家、考古学家和冰川学家却以少见的一致不仅证明了全球平均气温提高了；而且还证明了，人类的排放活动特别是二氧化碳的排放在很大程度上要为这种气温的上升负责（有的甚至在数十年前就这样做了）。问题的纠结之处在于：今天所呈现的问题原因，至少在半个世纪前就已经存在，而按照当时自然科学的研究水平是根本无法予以揭示的。使情况更为复杂的事实是：人们在现今所采取的干预战略，一方面在其当时无法预见行动的后果，另一方面在今天则是极其没有把握故而只能把可能取得的成绩推到遥远的将来。从时间上看，从行动到取得行动后果要历经数代人的时间，而在此期间，只能依靠科学的描述加以体察。行动的成果光靠人的感觉是几乎无法感知的。这样，否认问题的存在，或者把解决问题的尝试推到没有边际的"以后"，就是完全顺理成章的了。

物质和制度的基础结构，如同精神气质那样是惰性十足的。改变它们堪可与完成第一次工业革命这样的任务相媲美。另外，新兴工业国家和发展中国家的经济增长和现代化要求使得他们进入后碳时代会充满荆棘。在世界一个地区减少了排放，而另一地区则由于经济的发展而排放增加更甚。基于这样的理由，尽管有京都议定书，每一年排放量的统计均表明数字在年年增加；而每一年要花更多的力气来用于减少全球的排放量。在人类影响的气候变化中，要提到在阿诺尔德·格伦意义上的"第一结论"概念，这是因为，之所以一开始就说人们对问题认知和解决尝试的传统报告范围提出过高要求，就在于就许多方面而言在这里完全是没有主次顺序的。尽管如此，气候变暖的后果终将极大地改变生存和存活条件，这一点在今天已看得非常清楚。这虽说发生在地区极为不同的群体里，却在任何情况下伴随非常多的经济、政治和思想的结论。人们在考虑，就民主制度而言，因人而产生的气候变化究竟有何种影响。而在时间先后上可以预计的因果链条的断裂，对于政治意识的发展，对于政治决断来说究竟将意味着什么？进一步还要问：在这一混乱过程中表现出的不负责任又会产生怎样的影响？又该如何对待因气候变化而产生的社会后果及其解决的可能性？在今天还被认为是不可思议的解决办法、政治决断，过了几年之后又被认为是确实可行的，这又是怎样的办法和决断？

当然，具体形式不断变化的地球和气候体系将来还会继续存在下去，因而在地球上究竟平均温度上升了2摄氏度、4摄氏度、8摄氏度，抑或温度下降了，对它们来说就都是无所谓的事情。作为这样的过程，演变就如此这般"在价值上保持中立"的状况下进行着。它对于改变抱完全无动于衷的态度。只有在设定明确显著的时间（它能将当前与过去和将来相区别）的方法出现的情况下，才得以区分不变的现实、当前在实际行动中正予以解决的事情、将来所希望或害怕的事情：即区别实在和应在。前人类时期的演进不认同这种区别。它并不拥有、而且不需要伦理学：一头狮子扑杀羚羊，谈不上是凶手；而沼气使野牛群窒息也不是气候罪行。相反，对于人类所引起的苦难和死亡，就并非是没有价值判断的。

人是一种样态：一方面他自己知道他是"自然"的一部分；另一方面又将自己定性为"自然的人为之作"（赫尔穆特·普勒

斯纳的说法），反应既不是出于"锐气难挡"的本能，又不是出于纯粹使自己适应式的响应。与其他生物不同，人具有相对开放的动因结构，他的"不确定性"，使他成为"非专业化的专家"，又成为"风险的存在"（康拉德·洛伦茨语）。他并不拥有自然环境，环境务须由他自己来创造：与人类相适应的环境，"人的世界"是人为的世界。这个世界是人由自然和由自己出发尝试创造的：这就是文化。人对于人的文化、人的世界是要担负责任的。世界上尚无这样的伦理学会纠缠下面的事实：不管我们愿意还是不愿意，我们是否一方面（不得不）经常不负责任地行动，并在以后意识到我们的不负责任；另一方面，却无法为一切和一切"个人的"所作所为担责。同样，任何实际作为均无法摆脱必须为它的行动后果付出代价，并在伦理上说明这样做是站得住脚的。

作为文化和时间的存在，我们更多地刻上了预估性适应和响应性同化的烙印。尽管我们是——而且保持为——包含一切演化过程（也包括我们将来的适应行为）的一部分，然而我们也知道，我们对这一进化的代价要有所付出。一方面，我们因"自然的人为之作"的特性所产生的经验迫使我们对终极性、弱点和局限性有所认识，并一再唤起对于改进必要性的呼吁；另一方面，当我们试图去掌控时，我们同时学习到，我们自己是被掌控的。随着人的样态的产生（双重意义上的"人造的"物种），在演化的过程中，人具有了反思的能力。用个比喻的说法，人是被推动的推动者，这有别于自然界的其他生物。两个方面在人那里汇合在一起了：一方面是未来——工具的动因，另一方面则是为预估性适应措施的合法性而作出的自反性激励。而我们的掌控能力愈是增长，一方面改进的压力就愈是增加（对于减轻痛苦的责任），另一方面由此又在相同程度上产生了相对于我们的优先目标和手段的选择上的合法化的压力，通过这交替的加强过程将永远关闭下述两种可能性：静观和后退。因而对于人类来说，气候与文化——如同气候变化和文化变迁一样——是不可分的。

只有在这样的文化理解框架内，技术方能得到发展。而在这些技术中，才得以衡量过去的状况和预测将来的状况。仅仅是这一认识论范围就使气候变化成为一个文化科学的研究对象。"自然界"对于人类是否存在必定是无所谓的；而反过来则不然：恰恰是气候变化更清楚地表明了，在怎样业已显示的规模上，人类求存活的共同体是多么依赖于友好的气候条件的存在：这表现在生物学的热能经济管理，供养人口的可能性、能源供应，也表现在人类生活中许多奢侈品消费（这与单单的生存毫无关系）方面。2005 年的卡塔琳娜飓风在短短几个小时里使世界上最大工业国的一个大城市的社会秩序完全瘫痪。而中欧的每一次暴风都会毫不费力地使交通系统一度陷入混乱。2003 年席卷中欧的酷热使 3 万人丧生。在 2009 年，德国罗伯特-科赫研究院记录了由于气候变暖的范围扩大而由蜱传染的脑炎共计 305 例，这些病例出自在几年前对这一病种尚无法想象的地区和县份。由于气候变化大大影响了海岸、江河堤防的开支，而渔业、葡萄种植业也大受影响。由于几乎没有一个社会再生产部门不受气候变暖的影响，世界银行前首席经济学家尼古拉·施特恩在三年前曾经计算过，因为气候变化而导致的国民经济损失约占世界国内经济总值的五分之一。譬如说对于早期工业化国家而言，社会福利保证体系的建立意味着什么？对于新兴工业国家或发展中国家而言，供应机构的形成意味着什么？在今天只能大略地加以预估。在全球战略和资源策略的选择的改变和新的暴力来源的产生方面，情况也是如此。

二、已予阐述的气候变化：气候文化

为了清楚表明由人所影响的气候变化是一个极需人文和文化诸学科予以鉴定的现象，在这里只需用几句话就能加以说明。我们首先从下述问题开始：在怎样的历史和文化报告范围内，一个如此的现象是可以作出阐述的。鉴定涉及在预想或经历的灾害方面以及相应阐述范围内的历史经验平衡。它同样涉及文化实践和意义总汇（它引起人引起的天气变化，也涉及它的社会、政治、心理学和法学上的处理的广阔领域）。此外，它还要求揭示人类阐述和意义给定的能力，公正和责任方面的哲学阐发，以及语言学、文学上的语言批判和集体象征人物的社会学学科分析。

在这一背景下，人文和文化学科踯躅不前的状况已暴露无遗。气候文化领域长期处于无人耕耘的状况，情况为什么是这样的呢？在这方面——当然也包括其他方面的社会、人文和文化学科之所以从与研究对象相关联的理论形成研究中撤退，特别是从公众和政治的讨论中撤退，我们认为最重要的原因就在于1989年东方阵营的崩溃。对于世界政治格局如此这般深刻的变化没有任何人有所预见，其中竟然也包括从事原本就是学科范围内事情的那些阐释学科的研究专家们。对于许多同仁来说，他们各自学科领域研究所依据的迄今为止有效的相关理论，在这样事件的冲击下，变得颇成问题，不管它是马克思主义的还是体系理论的方法。在不少的社会学或政治学科的课程中，从1990年夏季学期起，已不再阅读马克思，而是读韦伯。我们在回顾过去的20年间诸学科史中获知，这并非是人文和文化学科在近年来所经历的唯一转折。之后的转折则叫做"商谈"、"偶像"、"视觉"和"陈述"。这些互不联系、前后相随的转折在某种理论的枯萎和大大远离经验的情况下，首先做到了一点：愈来愈远地离开社会问题基础的领域，而进入秘传的世界。恰恰是这种狭隘、摆脱世界空间存在的自我满足唯智论的自娱自乐导致了社会、人文和文化学科批判能力的缺失。这也表现在——如同米夏埃尔·哈格纳尔在本文集①中所言——这些学科丢失了将来，因而也丢失了对本身和共同生存的基本关切。

用忘记将来的方式，社会、人文和文化学科对于公共领域的去政治化作出了显著贡献。倘若舆论精英放弃批判的能力，民主就被剥夺了一种有力的矫正作用，平民社会就被剥夺了分析的和政治的力量。公共领域政治的空壳化并不会因"安妮·维尔"或"严峻然而公平"②那些类型的政治辩论后民主模拟形式所充实，而只不过提供了这种空壳化的实例。"气候变化"现象在其社会和文化的含义上因而也是极为戏剧性地没有被解读，因为它被付诸谈话节目的语言外壳的你来我往，付诸也是如此的议会辩论。

在21世纪，一个标志性现象是许多方面为一个目标而共同努力，然而文化学科却没有得到全面系统的重视，这是非常令人遗憾的——不仅仅是因为社会、人文和文化学科对气候变化这个第一结论抱冷漠态度，而使自己丧失极有启发价值的研究对象；而且这首先是因为把这一现象的经验认识和推广介绍几

---

① 在这里我们要对马丁·大卫、大卫·凯勒、瓦内萨·施塔尔和塞巴斯蒂安·韦塞尔斯在本文集成书过程中的编辑和翻译工作表示衷心的感谢。他们以令人印象深刻的速度，更以可靠踏实完成了这项工作。没有他们的努力，本文集就不可能以目前的形式呈献给读者。

② 德国电视台播出的两档谈话节目。安妮·维尔是德国电视一台、北德电视台的主持人。《严峻然而公平》是由弗兰克·普拉斯贝格主持，由德国电视一台播出的节目。——译者注

乎完全留给了自然科学，而由于其特殊的学科视角，自然科学是有所局限的。这表现在对气候变化后果极其单一专业化的处理。比如说，在 2020 年大气中的二氧化碳含量为百万分之四百，而在下个世纪之交海平面最多将上升至 89 厘米。这些数字使人茫然——这对于人类的日常生活意味着什么？对全球、对地区意味着什么？

关键的问题是阐明这种发展对人类生存条件和存活条件的意义。这个任务对于自然科学来说并不拥有入门的科学路径：此任务并非是它们的研究对象。而在目前，对于气温升高、冰盖融化或疟疾传播扩大北移等因气候变化而发生的情况在公共和政治领域成为讨论的热点，这就必定促使人们寻求解决之道：是适应还是该如何应对解决？当然，被问到的自然科学家感到自己有责任回答这些问题。应当说，他们的回答，无论是诉诸人们行为的改变抑或诉诸技术至上论（地质工程、二氧化碳储存和电动汽车等）都是极为天真的。这样的"建议"就不得不从文化科学的视角作出不完全的决定（kulturwissenschaftlich unterdeterminiert）。在自然科学和工程科学范围有关气候变化的话语中必定不会出现建立在历史基础上的技术批判问题；不会出现经济史和环境史问题；不会出现物质、制度和精神基础结构的产生问题；不会出现利益、意图和战略问题，社会动力和非预期行动结果问题；不会出现路径依赖、文化束缚、集团思考等问题。这些问题并非自然科学和工程科学的研究对象，而是社会、文化和人文学科的专长，然而这后一类学科的代表对现象的这个方面和许多方面已作出的专家鉴定仍抱敬而远之的态度。

比如乌尔里希·贝克探讨了传统环境运动的世界末日观念图像和使神经崩溃的世界末日说词的持久性问题。就詹姆斯·库里的复合的"亚区域"而言，在这些亚区域中，人类组合他们的知识，接受在他们生活实际中的变化，采取不同形式的接受或避免，寻求各种解读，所有这一切绝非自然科学和工程科学所能囊括的。同样，这些学科也极少有可能回答下述问题：为何人们会一反更高的理智作出决定和相应举措（对这一问题安德烈阿斯·恩斯特和乌多·库卡尔茨在本书中作了论述）。一个同样没有被重视的题目是生活习俗和文化承袭的持续能力：饮食习惯，与此相联系的礼仪——如尼尔斯·明克马尔所指出的那样——是传统的继承，因而是很难加以改变的。

社会事实、文化范畴的阐释如同礼仪、权力、语言、历史、主观性、公平、责任政治、暴力、公共卫生、餐饮文化等的阐释那样，显而易见，并不归于自然科学、工程科学范围，而是社会、人文、文化科学的任务。倘若在有关气候变化的辩论和研究项目中把后一类学科排除在外，那么，阐述科学就既丧失了对世间日常生活行为举止的影响，也丧失了对科学和政治的构建和问题解决的影响。

人们看到：在气候变化这个总题目下，对于与此相关的问题、有启发的思路、回答等等，社会、人文和文化学科有着很大的责任。当务之急就是履行这些职责。我们预期和希望，这样的发展就会比单纯为社会做一项服务的影响要大得多；也要比短期对导致灾难的那些文化实践发起变革要有意义得多。人文科学和文化科学在这过程中也会赢得自身发展的动力，它为这些学科提供了机会，从自我满足的象牙之塔中解脱出来，从除了专家没有任何其他人感兴趣的事物中解脱出来。这样，我们的学科终将再度成为它们的社会的一部分，成了一个面向将来有着极大问题的社会的一部分，而在这样的社会，如果没有科学，特别是没有社会、人文和文化科学是无法解决它的问题的。

在本书中，克里斯蒂安·普菲斯特尔和弗朗茨·毛厄斯哈根从一个方面对此问题作了阐述：如果从历史的角度对全球变暖的这一现实议题加以分析破解的话，它所提出的问题，也能出人意料地用经典语言学和历史科学加以回答。换言之：即使语言学、哲学、文学、历史学也能对看来"远离人文学科"的议题如气候变暖发表从其专业出发的重要观点。从哲学的角度，迪特尔·比恩巴赫尔论述了公正概念，而卢德格尔·海德布林克则从责任的角度作了阐述，恰恰是因为他们将气候变化问题作为气候文化问题加以论述，这远远超出了单单从自然科学角度出发、至今还独占舆论阵地的看法。乌尔里希·巴蒂斯论述了在气候变化的情况下不同的社会参与者如社区所担当的法律责任和作用。而贝尔恩德·洪格尔和维尔纳·维尔肯斯则论及在建筑和规划范式方面的变化。

依据脆弱和受灾社会的实例，人们认识到：在个人和集体处在抵御自然灾难和求生能力水平的社会之时，有可能反倒比在早期工业国类型的高风险和保险的社会所受威胁要低。我们在相对而言较少受到灾难的社会中能够见识到若干经验和战略。同时，在研究格雷格·班柯夫的《灾难文化》中，也有一个学习早期工业社会的机会：在研究中把观察角度颠倒了过来——在这里构成样板的并非是西方人，而是后殖民社会的民众。将来人们务须更多地钻研，在地球的哪一区域更适合发展哪一类社会知识源泉——那种看来似乎不可摧毁的"向西方学习"的自信终会破灭。在一次访谈中，贾雷德·戴蒙德简洁明了地表示：在危重的灾难中，究竟是孟加拉国的稻农还是某个大工业企业的 IT 精英们有更为持久的抵御灾难的能力完全是一件尚未确定的事情。

因为正如比格尔·P. 普里达特、拉尔斯·克劳森和迪尔克·梅斯纳在文中以各自的视角所揭示的那样，我们尚无法确定：我们现今究竟处在避免气候变化后果或适应这种后果的哪一个阶段。故而情况完全可能是，我们对现今看来似乎是对整个社会不构成威胁的毁灭能量尚没有认识，因为我们的认识尚停留在分析海啸的时刻，海啸带来的海潮不久就会退去。在这样的时刻，事情虽然是引人瞩目的，但整体而言却并不显得有怎样的危险。然而，当这个星球的存活条件表现得极不平衡之日，当因此在气候变化中谁是赢家、谁是输家、谁是侥幸的逃脱者即气候变化的社会后果尚远远没有定论之日，当全球变暖的非对称后果急剧发展之日，很可能就是当前居主导地位的有关气候治理的观点变成一种海市蜃楼之时。全球变暖的后果愈益显现，我们就愈益需要面对和研究的就是失败的社会。用拉尔斯·克劳森的话来说，全球变暖的威胁可能导致"全球化的失败"。

还要指出的是，如同气候变化使我们从处在感觉有取之不尽、用之不竭资源的文化中转换成须再度面对资源枯竭那样，过去、现在、将来这一范畴也会处在混乱之中。先进可能早就意味着陈规陋习，而将来也可能意味着回到失败和失误的发展之中——一种与现代社会完全背道而驰的处置。有鉴于此，本书以失落的将来开篇，以陷入困境的历史结束。

恰恰是这样的判断表明，社会、人文和文化学科对气候后果研究有着多么持久而重要的意义，表明如果我们把相应的分析、阐述和预断都让给自然科学和工程科学的同仁们去做就必然会产生多么大的缺憾。

首先揭开文化科学的气候研究序幕的先行者之一是克劳斯·

勒格维（Claus Leggewie）。在这一领域他是一个关键的倡导者、分析家和领军人物。在本文集里找不到他的大作。理由如下：我们在他 60 岁生日之际欲将本书呈献给他，没有他的开拓性的研究工作，本书的出版是无法想象的。

2010 年 1 月于埃森

人文科学忘掉将来了吗？

米夏埃尔·哈格纳*

人文科学家有个习惯，不时互发脾气，互相拆台。圈外人不由得会诧异地问，既然如此，他们何不干脆提出取消他们的学科算了？尽管通常并未发生这样的情况，然而在地球村这种自作多情的卖弄并非没有留下痕迹，并使事情有所发展：间或会有人在这里或那里提出取消人文学科的要求。这样的提议不能看作仅仅是说说而已。这一点因下面的事情而显得更为清楚：2007 年春，法国时任总统萨科齐在一次答记者问中明确表示：任何人都有权利写有关古典语言的博士论文，然而国家绝无责任去资助此类论文的写作。萨科奇的这些话语至少表明了两点：第一，希腊文或拉丁文渊博深奥的知识在全球化的世界已变得毫无用处，因而充其量只能视为有此能力的人的一种业余爱好。研究古典语言因而就等同于私人宇航飞行、购买瑞士大旅社或收藏印象派艺术作品这样的活动。人文科学成了百无聊赖的亿万富翁消磨时间的对象。第二，这一点也许更为重要——国家虽说应扶持普通教育，然而仅仅出于下述理由：为了保障国家自

* 米夏埃尔·哈格纳（Michael Hagner），教授、博士，在瑞士工学院（ETH）（苏黎世）讲授科学史和科学哲学。

身经济、技术和官场的继续生存。因此，国家有权决定，哪种科学研究方式是值得资助的；哪些又是不值得动用国家财力的。在有影响力的政治家、经济界的领军人物和科学行政管理者中，并非只有萨科奇持有以下观点：不管是自然科学抑或人文科学的基础研究，只有在实践中表明是有用的，方才是有其存在理由的。

人文科学会像有些人所希望的那样，极其迅速地被赶出大学吗？我的答案是否定的，其理由如下：不能被忽视的是，近年来在大西洋的这一边和那一边，经常谈起的一个话题是"人文科学的危机"，从而引发了一个大范围的反应过程，它一而再再而三地提出这样的问题：如果说人文学科是有所裨益的，理由何在？由"博洛尼亚进程"对大学结构的变革所引发的震撼是人们一再说起的话题。人们多年来对这个"博洛尼亚进程"啧有烦言，但到了不久前的 2009 年秋天，方引发了大规模和有针对性的抗议活动。

另一个因素是，由于文化科学的一项措施而使传统学科受到伤害，这项措施涉及要对所有学科进行明确的划分。许多人文科学家仍一直拘泥于 19 世纪学科划分的传统，因而低估了把众多研究课题和整个学科领域（涉及所有学科）纳入后学科行动的意义。而这最终导致产生意见分歧的争论问题：人文学科究竟是应该提供一种有用的和注重实际应用的知识；还是更应该提供那种反思的知识，去批判地探询有关实践、有用性或进步等诸种范畴，而不是在它们中间徜徉。说哲学或者历史学并非以癌症研究或纳米技术研究那样的方式来促使社会进步是有其依据的；而说无用的人文学科仍与有用的自然科学一样是不可或缺的，也是有依据的。只是说，前者的不可或缺要有特别清晰的论述。为何这种阐述没有达到预期的程度？在此，我且先不继续追踪当前的相关讨论，而是要追溯历史，以便把握人文学科在当前存在的欠缺。

在 2008 年，人们获悉，传奇式的刊物《行车指南》在发行 43 年之后停刊。这是一个识时务的决定，因为这家杂志与我们时代起决定作用的议题、讨论已经早就毫无关联。充当左派口号的提出者，充当领军媒体——那就要追溯到 20 世纪年代末和 1978 年。那时，《行车指南》站在时代的前沿。在 1978 年 5 月出版的第 52 期，刊有意大利设计师恩佐·马里的名为"锤子与镰刀"的作品（见图 1）。锤子与镰刀是共产主义的象征标志，它被放在在画面上方的中间，信心十足地飘浮在周围物件的上面。下面则是 44 个挤在一起的小展台，在展台上放着不规则的组件。然而那种崇高的气氛却由此不复存在，因为锤子和镰刀不是由一个到两个组件焊接而成，而是分成了 44 块！如果说得更尖刻一点的话，那就是锤子和镰刀摔成了 44 块碎片，并成了博物馆的展品，作为雕塑品放在展台上展出。

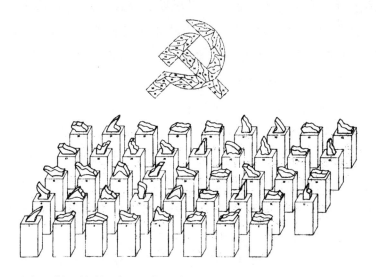

图 1 《锤子与镰刀》（恩佐·马里）

（资料来源：《行车指南》第 52 期，柏林，1978 年）

共产主义不仅上了年纪，自己又再度适应去当博物馆的展品，而且是以自己成了使人无法辨认的碎片这样的方式出现的。锤子和镰刀只能以在展台上的展示来表现自己的存在，这表明了一种根本性的转变。意味着斗争、乌托邦和希望的某种政治象征变成雕塑公园的展品，说明了以往思想内容的空壳化。表现形式已大大变化。以往在那里突出的是政治意义，而现今强调的是其美学意义。以往是一个指明将来的象征，并包含一种允诺；而如今这一破碎的象征被用于展出，则成了过去的证物。按照克日什托夫·波米安的说法，在博物馆展出的是从变化的大河中取出的事物和含义，它是静止不变的（Pomian，1997）。锤子与镰刀已渐渐变成象征物。从运用到观察，从近旁到渐行渐远，从期待到回忆。赫尔曼·吕贝用他特有的言简意赅概括了这一过程："谁把现代遗留物当作纪念碑加以接受，就是后现代派的存在。"（Luebbe，1992：78）就作为遗留物的马克思主义整体标志的各个部分而言，马里斯·波斯特尔（Maris Poster）主张用后现代主义的一种新的方法来对待共产主义乌托邦；而说到70年代后期的变化和转变方面，他也许并非在其广度，而是在其彻底性上说到了点子上。

这一切与人文科学有何干系？人文科学还远远没有走到被放在博物馆里供人参观的地步。然而，按照我的观点，它自认为的危机是很久前与乌托邦告别这种情况紧紧相联系的。这种道别一直到现在仍构成显而易见的转折点。在柏林墙倒塌之前的十余年里，随着马克思主义和乌托邦的渐渐枯萎，"后现代社会"这一概念，广为人知地流行开来——它以令人眼花缭乱的形式出现，在很长时间里引起了形而上的焦躁。在人文学科中，它意味着论证分析、解构、系统理论、媒体理论和文化科学开始占领德国西部大学的教室。在这一过程中形成了一种思维风格，它强调新批判的倾向，在众多的不同之中，共同的一点是：它们与乌托邦告别，而且在根本上完全不谈将来。人们喋喋不休地谈论"与原则性告别"（Marquard，1981），适应 80 年代西德的情况，人们试图为人文学科开辟出一条康庄大道，然而由于 1989 年以来的历史事件，却引起急剧的分化——与将来告别有它的代价。

乌托邦自 19 世纪以来已不再是围绕子虚乌有进行的一种思想批判概念。与此相反，乌托邦描述因人而异的各自认为是当今的一种思想，它先于它的时代并有能力宣告"明天的真理"（路易·勃朗）（参见 Hoelsche，1999：102）。按照这一观点，乌托邦是历史哲学对将来看法的一种模式，而这一将来能否实际开始则是并不重要的。将来与乌托邦——这就是《行车指南》第 52 期所论述的两个概念。这一期以"乌托邦 1——对将来的怀疑"作为总标题，并以汉斯·马格努斯·恩岑斯贝格尔的一篇简短有力充满战斗精神的文章打头。这篇名为"有关世界毁灭的两个注解"的文章在当时引起了不小的风波：尚有声势的左派指责恩岑斯贝格尔叛变了以往左派的理想，即使过去了 30 年，人们仍能感觉到当时所引起的激动。那些为创造将来的理论和实践而全身心投入的人对此有何看法？倘若有人耳提面命地告诉他们：尽管左派理论从巴贝夫到布洛赫历经 150 多年的盛世，这种理论只不过是建立在积极乌托邦的基础上，而这种乌托邦与现实世界是无法相提并论的（Enzensberger，1978：4）；还告诉他们恩岑斯贝格尔所作出的诊断：左派没有"对未来的信心"——他们会作何反应？有人还不依不饶地告知：乐观主义已变为一种消极的乌托邦，它绘就了有关世界末日的全景图面。在这样的关联中，恩岑斯贝格尔直接提到了七头怪物："警察国家、妄想症、官僚制度、恐怖、经济危机、军备疯狂和环境毁灭"（同上：1）。面对七头怪蛇的挑衅，左派却并未做好充分准备，并因此导致了对将来喜悦的丧失："随同坚定不移的田鼠迎接 2000 年的、唯一充满喜悦的队伍就是今天称之为技术官僚的人。"（同上：3）左派悲叹"错误意识"，指责"非理性主义"，而私下则哀叹自己在公开场合的指责导致在威望和影响方面的巨大损失。

好吧，也许会有人为此站出来提出异议：称这只不过是令人妒忌的关于技术统治（今天称为"公共管理"）被说准了的一种预言；而与此同时，这里涉及需从根本上把握的对 20 世纪 70 年代末左派作用丧失的有洞察力的总结分析。而这种分析由于用新的评判标准来面对将来，故而对此作出错误结论。谁不能在他的旗帜上写上大有希望的将来，谁就干脆烧掉他的旗帜，而无需对将来作不同的思考。这里再回到同一问题：这一切与人文科学最近 30 年来的发展有什么关系？这里有必要提一下 2007 年秋的一个简短场景：

> 在长达四分之一世纪的时间里，人文科学和文化科学工作者均致力于将其自身现状说成是处在不断加重的危机之中。他们自 20 世纪 70 年代末以来（如此说来已有 30 年——作者），费了很大的力气互相攻讦，这就使得他们的认识、理论、他们的专业知识和他们的重要建议不再为社会所重视。（Heidbrink/Welzer, 2007：8）

上述引语摘自由卢德格尔·海德布林克与哈拉尔德·韦尔策尔主编的《谦逊的终结——论人文科学与文化科学的改进》一书中的序言。值得一提的是，1978 年恩岑斯贝格尔针对左派所作的判断，在 2007 年又有两位人文科学家又推而广之同样加诸于多层次的知识文化整体的头上。这表明，70 年代晚期是意识和方向危机的开端。在那个时期究竟发生了什么，使左派一方其时对将来信心的丧失扩展为熊熊大火，也严重危及了人文学科，竟使其干脆放弃以某种有创造性的方式去探究将来这一议题——甚至做不到像恩岑斯贝格尔所建议的那样"关注、尊重和谦逊地"涉及这一议题。"将来"这个议题就或者被从工作日程中取消，或者就如同恐怖戏剧场景所表现的那样被施了魔法，成为被社会所抛弃的弃儿。

在短短几年里，为何有了一个根本的变化——对此，人们必须找到清楚的解释。20 世纪 60 年代，如同埃里克·霍布斯鲍姆曾经说的那样是"战后的黄金时期"（Hobsbawm，1995：283）。那些年代是以对将来充满兴趣，或更确切地说，是以对将来寄托利益为标志的。彼此并不互相对立的有关将来的原则构成了社会主义和控制论的乌托邦。将来学，有关将来的学问在二战时期在美国兴起，而到了 60 年代，就像控制论那样经历了大发展。"将来"成了无论是科学、艺术，还是建筑都乐于投资其间的那样的事物。

在 1970 年前后，这种将来期望的突然告终有多方面的理由，在这里无法一一列举。就石油危机、环境污染和能源资源短缺而言，恩岑斯贝格尔都提到了。我以为，还有一个意义特别重大的理由。一直到 60 年代，对未来的悲观主义和对技术的批判主要是保守知识分子如恩斯特、弗里德里希·格奥尔格·荣格尔、马丁·海德格尔以及康拉德·洛伦茨等人干的事情，而左派一开始就站在科学和技术进步的一边。即使出现在表现形式上显现保守的霍克海默的技术批判和阿多诺的《启蒙的辩证法》也丝毫没有改变这一局面。只有在 1968 年一代人那里，情况才有了根本的改变。技术陷入了意识形态的怀疑：人们指责它引发社会的技术统治论，指责它没有能够尽快实现它所宣扬的舒适生活和革命。如此这般，科学批判也在人文科学的广大范围内成为议论的话题。

一方面，我并不认为，人文科学和自然科学早先彼此之间就有了深入的了解。自 19 世纪以来，人们总是一再把兴趣放在划定各学科之间的界限上。另一方面，我坚持认为：在对将来丧失信心、对科学和技术满含怀疑的情况下，在洞察到自我的无能为力的情况下，在技术导致官僚化的情况下，官僚化已经在大学找到也许是最能取得成绩的实验对象。我也认为，人文学科在这样的形势下，丧失了一系列的课题领域。对将来的持续过敏反应则以不利的方式体现在人文学科的研究纲要上。

对将来的研究完全转移到自然科学范围里了。在历经若干年的潜伏期之后，自 20 世纪 80 年代后期，自然科学令人感谢地接受了这一任务。人们想起了自 90 年代开始的"脑十年"，想起了面向将来的修辞——"人类基因项目"或纳米技术正是借助它在世界舆论中破浪前进的。成果是众所周知的，还被说成是在自然科学中的"第二文化"：一方面，科学的技术化诸如由计算机支撑的计算和模拟仿真领域，它们通过扩大的计算能力和参数的增加至少在若干领域内产生了可靠的预言，这可称为用科技的方式面对将来的研究。另一方面，在基因技术、神经科学、纳米技术和信息科学重大突破和进一步的令人钦佩的技术革新，就可称之为用修辞、预述的方法对待将来。这表明，自此以来，自然科学的一部分就有理由要求某种乌托邦信贷。虽说目前在忘记将来方面的平庸始终没有被突破，但这一切均未遭到惩罚，因为自然科学令人印象深刻地做到了使自己成为没有记忆的居领先地位的社会体系。霍克海默尔和阿多诺在概括先进思想时就言简意赅地断定："记忆的丧失作为科学的先验条件。一切物化是一种忘却。"

(Horkheimer/Adorn, 1947: 274) 这是当然的，然而，也无法忽略：自然科学自 19 世纪以来也乐于使用记忆的功能，以便将自己列入光荣的谱系之中。毫无疑义，它与记忆保持着一种工具般的交往。而这恰好与当今习惯的实践相符：就自己的研究项目而言，即使几年前的事，也不予忆及；而自然科学对不长时间前非常看重的事情，也不让他人帮着提及。显而易见，在这里建立了一种时间标记：从很近的过去开始，一直延伸到并不确定的将来。

而在人文科学和文化科学那里，情况则完全不同。在那里，在以往 25 年里，在关键词"回忆"的主导下，大张旗鼓地回到过去。诸如记忆、文献、摩涅莫绪涅、纪念碑、死者长存、心灵创伤、回想之梦等概念成为主导概念，而众多的相应研究课题也纷纷开题、展开工作。1992 年，扬·阿斯曼颇有道理地预言："围绕'回忆'这一概念在文化学科构建的一个新模式，它在新的关联上，涉及众多的文化现象与领域，包括艺术和文学，政治和社会，宗教和法律"（Assmann, 1992: 12）。倘若仅仅涉及一个新模式，那还好说，但"回忆"显示了强大的魔力，不仅使人文学科从无所作为和自娱自乐中解脱出来，而且成了它的救命稻草。1996 年，德国研究联合会会长沃尔夫冈·弗吕瓦尔特曾经说过："归结为回忆和文化记忆的人文学科在文化学科的形态上能为自己收回业已丧失的在科学中的定义垄断"（Frühwald, 1996: 41）。这些话产生于 1996 年 5 月 8 日绝非偶然，因为回忆和记忆的兴盛以及与此相联系的"文化科学的福星"如果没有碰上"集体记忆和个人回忆应如何对待大屠杀"这一紧迫问题，是几乎没有可能的——在这一点上，大家达成了共识。面对历史证人的逐渐死亡，面对这一事件留给我们的片断和痕迹愈益难以展现全貌，对这野蛮行径的回忆该如何有可能是真实的？为了保持牺牲者苦难的鲜活，回忆的何种象征形式——档案、博物馆、陈述、绘画、影片、建筑或者纪念碑——是适合的形式？当今应当有什么方式的回忆方是有意义的？就 20 世纪历史中其他的悲惨事件，这类似的问题在之后也一再重复被提了出来。

在这些问题上，文化学科虽并没有完全投入，然而在这里却清楚地显现出一个历史心态的后移。如果说，20 世纪 60 年代的意识是专注于将来、期待和乌托邦的话（这一阶段于 20 世纪 70 年代末结束）；那么，在这后一时间点则发展了另一种意识，它是以关注过去为其特征的。一直持续到现在的过去和回忆的兴旺，绝不意味着表明过去会在任何情况下的当今是一件必不可少的指明方向的大事。当然，如果对这片面发展所付出的代价保持沉默也是不负责任的。关于在自然科学中完全按照自己需要量身裁剪的、采取完全特殊的对待将来的举止方法这一点，数十年来普通人只是片断地获得信息。在一般情况下，总是技术官僚、首席执行官、世界名牌和销售拜物教的辩护人士掌握这一领域的舆论控制权。是时候了，我们要再度为将来而操心。在涉及媒体、气候和科学诸方面有许多创意表明，忘记将来的药物已开始失去它的作用，而这是极为必要的。

我们试以气候研究来举例说明。2004 年，科学史学者内奥米·奥雷斯坎斯在《科学》杂志上发表一文。在该文中，她搜索、综览从 1993 年至 2003 年在杂志上发表的以气候变化为题的 928 篇学术文章。她作出的评估结论是：没有一篇论文对人导致气候变化的这样的普遍一致意见表示异议（Oreskes，2004：1686）。这与政府间气候变化专门委员会的观点相吻合。然而，与此相反的是当时的美国政府及其拥护者的新保守主义立场。他们试图阐明，在气候研究上绝不存在关于气候变化原因的一致意见。如同哥本哈根会议以其所有的节外生枝的丑闻所表明的那样，这个题目一直到今天尚未完成。诸活动分子、各个国家和不同利益集团的利益显得各不相同，南辕北辙。然而就科学对情况所作的描述，则是很容易加以概括的。奥雷斯坎斯很谨慎地作出她的总结：气象学家的一致意见也有可能是错的，因为科学史表明，科学研究应采取小心谨慎的态度。而在对气候变化机制的理解上尚存在许多漏洞，与此相适应，研究因此务须始终不渝地继续下去。然而，无论怎样讲，在阻止气候变化上继续踟蹰不前则是一种极不负责的态度。对自然科学所作预言的可能性和局限性在这里不妨作出如下简短概括：用数学模型、算法再加上如此之多的经验数据就会产生若干可能性，绝对的把握则是没有的。谁想拥有绝对的把握，谁就不必求助于科学。为什么说坚持气候研究仍然是理智的，甚至也许对人类的继续生存是极其必要的呢？

布鲁诺·拉图尔用他的政治生态学草稿对此作了一个回答。他指出，没有任何由人所臆想出来的其他社会制度会像自然科学那样提供如此强大、可靠的科学知识。当然，拉图尔并不会天真地相信，由于这种强大会自动产生包治百病的万灵药方，就能解决诸如气候变化或人口膨胀、贫穷和艾滋病等问题。我们"在政治上是受局限的"，故而我们也只能如此应对。倘若现代史的特征是以不可动摇的信心和强大的感觉为标志的，那么，拉图尔就会建议现代之后的历史（与后现代有些不同）要基于既没有丧失信心、又认识到自己有弱点和易受干扰的特点而采取相应的立场，要建立一系列的监督机制，这样就能使这一现实的自我评价不会又突然再度回到自高自大（Latour，2001）。不管人们对拉图尔的建议是否会照单全收，无论如何，这反映了一种从人文科学思考出发的对将来的忧虑，它既不同于乌托邦也不同于敌托邦，它表明投降书并没有签发，即使如同对气候变化本身所产生的担忧那样，对于气候变化产生激烈的社会、经济和政治后果有所担忧。如果情况如韦尔策尔所说的那样，21 世纪是"远离乌托邦和贴近资源的世纪"（Welzer，2008：276），如果由于争夺资源而存在武力威胁增大的话；那么在这一方向上的每种对将来的担忧，每一政治理论和每一人文科学的框架在大的风格上均是作为"残疾研究"来展现。我们至少应当与此情况相适应。

已经没有退到 20 世纪 60 年代乌托邦的回头路。对将来充满信心的状况已不复存在。然而，即使在诸如气候、资源和贫困等大问题之外的另一方面，也充满着足够的难题。在将来我们打算如何生活？我们掌握怎样的优势？我们欲图与哪些基本准则、文化技术与设施分道扬镳？哪些则还要保留？所有这一切问题，都会非常轻率地推给技术——传媒决定论，而且是在下述的意义上：这一发展总会发生，不管我们是否愿意。原本的情况是怎样的？人文科学在这里需要占领整个领域。如果有人问人文科学在此要提供应用的知识还是反思的知识；那么，首先要说，这种问题的提法本身就是不对的。当然是两者都要。人文科学在方法论上和认识论上的纷繁，与其说是一种缺陷，毋宁说是一种优势。这并非指在一个花园里有如此之多的美丽花朵（情况也并非如此），而是指这里意味着一种文化能力，它更是对仍然在复杂的、易变化和经常引起混乱的局面作出反应。这些局面正是后现代社会在我们面前所呈现的情况，无论是现在还是将来。

在这种意义上，人文科学所起作用完全不同于并且大大优于这样一种工具——这种工具仅能弥补因技术文明所引起的形而上的农田损害。而人文科学可能是应对在经济、宗教或技术上以一切形式出现的激变的一种威力巨大的设施，对于前述三者来说，激变并非是其必然的后果，而之所以产生这样的激变肯定是由于引起灾祸的原教旨主义和决定论的干预而使局面失控。减缓激变效果的取得并不仅仅是通过有间距的反应层级而取得，而且它也需要目标明确和系统的干预，这种干预使"将来"参与其间成为普通的事情。

参考文献

Assmann, Jan (1992), *Das kulturelle Gedächtnis. Schrift, Erinnerung und politische Identität in frühen Hochkulturen*, München.

Enzensberger, Hans Magnus (1978), »Zwei Randbemerkungen zum Weltuntergang«, *Kursbuch 52*, Berlin, S. 1–8.

Frühwald Wolfgang (1996), »Palimpsest der Bildung. Kulturwissenschaft statt Geisteswissenschaft«, *Frankfurter Allgemeine Zeitung* v. 8. Mai 1996, S. 41.

Heidbrink, Ludger/Welzer, Harald (2007), »Das Ende der Bescheidenheit«, in: Dies. (Hg.), *Das Ende der Bescheidenheit. Zur Verbesserung der Geistes- und Kulturwissenschaften*, München, S. 8–14.

Hobsbawm, Eric (1995), *Das Zeitalter der Extreme*, München.

Horkheimer, Max/Adorno, Theodor W. (1947), *Dialektik der Aufklärung. Philosophische Fragmente*, Amsterdam.

Hölscher, Lucian (1999), *Die Entdeckung der Zukunft*, Frankfurt a.M.

Latour, Bruno (2001), *Das Parlament der Dinge. Für eine politische Ökologie*, Frankfurt a.M.

Lübbe, Hermann (1992), *Im Zug der Zeit. Verkürzter Aufenthalt in der Gegenwart*, Berlin.

Marquard, Odo (1981), *Abschied vom Prinzipiellen*, Stuttgart.

Oreskes, Naomi (2004), »Beyond the Ivory Tower: The Scientific Consensus on Climate Change«, *Science* 306, S. 1686, in: http://www.sciencemag.org/cgi/content/full/306/5702/1686 (3.1.2010).

Pomian, Krysztof (³1997), *Der Ursprung des Museums. Vom Sammeln*, Berlin.

Saint-Do, Valerie de (2009), »Sarkozy: président anti-culture«, in: http://sdj30.over-blog.com/article-6665743.html (26.10.2009).

Welzer, Harald (2008), *Klimakriege. Wofür im 21. Jahrhundert getötet wird*, Frankfurt a.M.

变化的气候

——绿色现代社会如何成为可能

乌尔里希·贝克*

最迟自 2009 年底哥本哈根世界气候大会失败以来，我们不得不直截了当地给自己提出关键问题：面对因环境破坏而产生的对人类的威胁，为什么没有出现进攻巴士底狱的风暴？没有出现生态的红色十月？为什么在人们面对当代最为紧迫的问题——气候变化和生态危机之时，没有用相同的能量、相同的理想、相同的英雄气概和乐观主义和向前看的民主精神去对付，就像从前面对贫穷、暴政和战争的悲剧那样？对于这些问题，我想在这里以八个议题展开讨论。

—

议题一：迄今有关气候政治的议论均是专家、精英的言论，几乎没有顾及民众、社会、公民、工人、选民和他们的利益、看法和声音。倘若气候变化的政治要脚踏实地的话，社会学就

* 乌尔里希·贝克（Ulrich Beck），退休教授、博士，慕尼黑大学社会学教授、伦敦政治经济学院客座教授、哈佛大学高级研究员。

一定要在其中发挥作用。

多年来，气候专家一再在报告中指出因地球变暖必须坚决行动的紧迫理由。尼古拉斯·斯特恩（2007）终于补充了相应的经济上的理由。按他的说法，今天采取必要的气候保护措施所花的代价与继续无所作为所造成的损失比起来是很小的。后者在将来每年将占到全球经济20%的经济效益。而向气候保护方面进行投资的新理由则是投资在以后还能获得复利回报。此外，还要提到安东尼·吉登斯的《气候变化政治学》一书（2009）。这样，论辩对方在成本上的理由和相反的政治理由就再也站不住脚了。如此这般，就再也没有推托之词了。

真的没有推托之词了吗？在这方面我们应当明白：气候变化的经济和政治前提是：社会变成绿色社会。没有来自极其不同群体的多数人不仅仅议论气候变化的政治，而且常常违反自己的个人利益以自己的信念投入行动，气候政治就注定要失败。如果我们找到紧迫和曾经讳莫如深问题的回答，那么，气候变化政治就不再是高高在上的精英的布谷鸟巢穴。这样的问题是：来自下面的日常支持究竟因何而来？在气候变化中遭遇和理解不同的各阶层、各民族、各种意识形态和各个国家的普通人的支持究竟因何而来？社会学上的"缺少的环节"可不能用虚拟式的"似应当"、"似可能"来加以解决。仅有良好的愿望还无法使诸事顺遂。社会学的核心问题更其应该是：对于生态变革的支持从何而来？而这种变革在许多情况下会葬送支持者的生活方式和消费习惯，破坏支持者的社会状况和生活条件，而且这一切都会发生在以没有安全感为标志的时代？或者用社会学的方式来表达：某种世界主义、超越国界的团结如何实现？社会的绿色化（气候变化跨国政治的必要前提）如何实现？

二

议题二：有一种重要的背景假设，它表明了对环境议题的普遍漠视。看起来自相矛盾的是，在环境社会学的研究领域，却包含环境议题，并以范畴"环境"这样的形式出现。倘若"环境"仅仅包括非人的、非社会的一切，那么它就是社会学里一个空洞的概念；如若"环境"把人的行动和社会也包括进来，那么它就是一个科学的错误和政治上的自杀。

谁花力气从事气候变化的社会学方面的研究，他也许会想起韦伯说过的一句名言："最后一公担化石燃料变红烧了起来。"（Weber，2004：201）这并非仅仅是一种比喻的说法。按照韦伯的观点，工业资本主义形成了对自然资源贪得无厌的胃口，它吃掉了它自己的物质前提。在韦伯的著作中，"生态学潜文本"的内容有待人们去挖掘，这就形成了一个21世纪气候变化时代的韦伯。或者用另一种方式来表达，一种自反性现代化的早期理论：现代资本主义的胜利对气候变化的全球危机视而不见，并不自觉地产生和发展了这种危机，产生和发展了在全人类不平等地分配自然—社会和灾难后果的那种联系。这一生态启蒙的早期例子会给我们不少教益。

有人说站稳脚跟的社会学否认逐步升级的气候变化（像若干社会学学者所做的那样，如康斯坦斯·利弗－特蕾西）（Constance Lever-Tracy，2008），这不符合事实。事实上，在经典作家著述中，在韦伯、马克思、杜威、米德（George Herbert Mead）、迪尔凯姆（Emile Durkheim）、齐美尔（Georg Simmel）和其他人的著述中均能找到有关气候变化方面社会学的远见卓识和给人启发的观点。如同韦伯那样，杜威也谈到了美国资本主义的

"浪费"，谈到了"因美国资本主义而可能使自然资源消耗殆尽"等情况（Dewey，2001）。这表明，在社会学的创始人那里，他们已经意识到存在着当时尚无法看清其端倪的资本主义现代化的一种动力，它威胁自身的基础和自身指涉框架。他们完全拥有非线性、非持续变化的观念，拥有变化之变化的观念，拥有以"元变化"为标志的不稳定时代的观念。然而，在"环境社会学"中，看来似乎有一种在视角和研究范围上重大变革的缺失：并非是"环境"，而应当是现代社会本身因其对自然资源永不满足的贪欲引起不可预见的后果，从而造成自身的变化。

极为矛盾的现代化过程的这种视野在战后一代的经典社会学家那里消失。丹尼尔·贝尔拒绝"增长的极限"并抨击"生态运动中如世界末日般的歇斯底里"（Bell，1999：487）。他与塔尔科特·帕森斯的意见一致："现代社会愈来愈在自然之外得到发展"；这意味着，我们的环境为技术和科学所干预。就是说，资源问题能够通过技术革新和经济交易加以解决（参见Davis，1963；Parsons，1971；Rostow，1959）。

实际上，战后现代化的叙事硬把"自然力量"和"社会力量"分离开来（而且设定为了防止灾害人们要对后者即社会力量多作贡献）；气候变化却指出相反的做法：积极扩大和加深"自然和社会"的联合、混合和掺杂并逼迫着一定要如此去做。气候变化奚落了把社会与自然彼此分开，相互排斥的假设。而恰恰是这种由"不是……就是……"到"既可以……又可以……"的终聚合语言关系的变化、这种范式转变是愈来愈多的社会学理论工作者的主要出发点。他们从上世纪80年代开始，对战后的现代化理论家展开了批判和反驳（其中有拉图尔、厄里、亚当、吉登斯和我本人）。

一层重要的意思还要在这里强调一下：如果人们太多地运用"气候政治"这一概念的话，就等于是在阉割气候政治。因为人们在此忽略了在气候政治中问题的关键恰恰不是气候，问题的关键在于转变最初的工业、民族国家的现代社会基本概念和制度。

我们在气候变化中究竟与什么有关？"就是自反性现代化，愚蠢吧！"（Latour，2008）或者作为一个问题提出：现代社会究竟怎样会变成绿色的。

三

如果我们在社会学和政治的核心中探寻气候变化，我们就必须在内部将其与社会不平等的权力和冲突动力结合起来考察。

议题三：社会不平等和气候变化是一枚硬币的两面。不考察气候变化的后果，就不可能在概念上把握"不平等"；同样，倘若不顾及气候变化对社会不平等所产生后果的话，也无法理解气候变化。

气候变化使社会不平等全球化和极端化，对这一点已毋庸怀疑。气候政治也同样如此如法炮制。气候政治划分赢家和输家，划分支持者的小集团和反对者的广大人群，并逾越一切界限。为了更精确地研究不平等，必须打破使人误入歧途的"国民生产总值"和"人均收入"这样的狭窄框框，不平等问题通常总会被塞在这样的框框里。与此相适应，研究务须集中以全球标准衡量的在贫穷、社会脆弱性、腐败、危机累积和尊严丧失等方面灾难性的重叠交错。除了将在海浪中消失的岛屿国家如马尔代夫外，遭到最沉重打击的地区是撒哈拉沙漠以南的萨赫勒地区。在那里，在深渊的边缘，生活着贫困群体中的最赤贫者。气候变化威胁着本来最不应为此负责的他们，把他们席卷裹挟而去。

社会不平等的新社会学是无法长久地对社会平等全球化问题缄口不言的。即使不平等没有增长，平等的期待也在增长——这一切将使国家—世界不平等的制度失去合法性和趋于不稳定。"发展中国家"西方化，并以其人之道回敬西方：环境毁坏的"平等"会导致文明的自我毁灭。叠加——或者不妨说碰撞：一方面，全球对平等（人权）的期望增长着，全球、各国之间的不平等也增长着；另一方面，气候变化和资源消耗的极不平等的后果——这两方面的碰撞很快就能将以一个国家为界限的不平等的整个劳什子前提理由像"卡特琳娜"飓风那样把新奥尔良的贫民房舍一扫而光。

社会不平等的新社会学再也无法援引国内和国际有别为基础的理论前提来说事。以国家主义的方法将社会不平等与国家不平等等量齐观则更成了错误的源泉。

社会学诞生的前提——即社会不平等和自然不平等之间的差异，已变得不能自圆其说。迄今以民族国家不平等视野加以衡量的生存基础和生存机遇将在世界的风险社会里变成幸存基础和幸存机遇。在这里，脆弱性范畴居于中心位置。如果说，一些国家或联盟在暴风、水灾和其他灾害中已有了若干应对办法；那么其他在社会脆弱性指标上没有优势的国家则遭受到社会秩序的断裂和暴力的升级。

谁综合起来考察这三个组成部分，谁都会碰到一个悖论：平等标准愈是在全球得到承认和推行，气候问题就愈难得到解决，社会生态不平等就变得更具毁灭性。没有绚烂的前景。我的"世界主义眼光"概念正是与这个不可动摇的、向世界开放的实在联系在一起的。这个概念并非是要强调世界主义的全球团结的节日气氛；而是要突出在气候变化的时代因社会不平等的不受限制的爆炸性力量而将眼光投向日常生活、投向政治和科学。当然，这一切充其量只不过是一半的真理。

四

　　议题四：气候变化加剧了穷人和富人、中心地区和边缘地区之间已有的不平等——然而却同时化解了这种不平等。这个行星的危险愈大，即使是有钱有势者摆脱危险的可能性就愈小。气候变化是两者：教阶制和民主。气候变化带有纯粹的双重性。它颁发了一个"世界主义的最高命令"：合作或者失败。人们似能度过这个危险并因而对绿色政治有新的发现。

　　常用和天真易懂好记的灾难现实主义是无法担当大任的。气候风险不能与气候灾难相提并论。气候风险是当下对将来灾难的预言。这一气候风险的"当下将来"是现实的，而气候灾难之"以后将来"则与此不同，（尚且）是非现实的。然而即使是气候变化的预言也会在此地和此时引起一种根本变化。自此以后，不容争辩的观点是：气候变化是人为的，灾难后果祸及自然和社会；如此这般，在社会和政治领域里就将重新洗牌，而且是在全世界的范围里。有鉴于此，气候变化绝非直接、没有选择地通往世界末日的道路——它开启了机遇，克服了民族国家的狭隘政治并发展了在国家利益基础上的世界主义的现实主义。气候变化是两者兼而有之，它带有完全的双重性。

　　在世界舆论意识到全球风险（气候变化、全球经济危机、恐怖主义）会埋葬民族国家制度，同时使发达国家和发展中国家彼此更紧密地捆绑在一起这样的事实的情况下，可能会产生历史上的一些新事物：一种世界主义的眼光，用这种目光，人

们将会意识到他们均是遭到危险的世界的一部分，以及他们地
方史和得以幸存的基础的一部分。

　　与此相适应，类似古典世界主义（斯多亚派）和启蒙世界
主义（康德）或者反人类罪（汉娜·阿伦特、卡尔·雅斯贝尔
斯）那样，气候变化也释放出"世界主义动力"：全球风险看似
与远方的他者相对抗。全球风险打破了国家的界限，将本乡人
与异乡人混在一起。遥远的他者变成了内部的他者——与其说
是作为移民的后果，毋宁说是全球混合、全球风险的结果（戴
维·赫尔德）。日常生活将是世界主义的：人们要过日子并理解
生活——要与他者打交道，意味着不仅仅与自己的同胞打交道。

五

　　尽管如此，谈论气候变化往往是一个沉重的话题。气候变
化看来必定会唤起"消极全球化星球"的阴暗一面。"对于因全
球化而引起或使之尖锐化的问题，没有地方性的解决办法，也
不会产生这样的解决办法"（Bauman，2008：42）。众多善良的
绿色心灵的主导情绪和反应就因此转为自我谴责和忏悔：对他
们以往欲图控制自然的尝试进行自我谴责；为他们以往的狂妄
自大，试图成为控制"人口爆炸"的主人的行为（就仿佛新生
儿能成为毁灭人类的武器似的）表示忏悔；还发誓，今后留下
的仅是可能无法看见的生态脚印。

　　为了克服这些消极态度，发展针对措施所必需的力量和战
略，我们必须把力量集中到制度化的"限定性关系"上。

　　议题五：有关控制早就深入研究的问题是：如何能够防止
有组织的失职行为，这涉及问责、补偿和证据诸环节。马克思
所说的在资本主义社会的"生产关系"，在风险社会中即"限定

性关系"，两者均涉及支配关系。在限定性关系名下所包括的内容有：诸规章、制度和在一定背景下鉴别风险的能力（譬如在民族国家里，在国家之间的关系范围内）。它们构成法律、认识和文化的权力矩阵，而风险社会正是在这中间得以组织。

对控制的重新设定和与此相联系的限定性权力关系的变化可从下述一组问题着手加以研究，这些问题也可用于气候变化和财政调控方面的研究。由谁来确定产品、危险和风险的危害程度？谁对此负责——是风险的制造者、风险的受益者，抑或风险管理的牺牲者？谁提出因果关系的标准，而这些标准则决定在什么时候原因和结果的关系是可以获得认可的？在一个世界里，已知风险和未知风险不可分离地搅在一起，而对所有的已知风险都是争论不断和众说纷纭的。在这种情况下，"证据"又能意味着什么呢？

在一国内部和在多国之间，由谁来决定对受害者进行补偿？在世界风险社会里，在风险制造者和牺牲者之间如何能够达成一个新协议？西方能从后殖民世界未雨绸缪的生活和工作中学到什么？

人们在考察这些问题之后，就会看清：由于各个国家和国际的法律体系和科学规范的历史逻辑，风险社会就完全成为对生态危机的整体性质视而不见的行为方式指令系统的囚徒。这样，风险社会就面临一种制度化的矛盾：威胁和灾难在一个历史时刻开始之时，恰恰是其摆脱传统概念、摆脱因果关系规则、摆脱本属于自己的举证和回答问责的义务之时，也正是它面临的危险增加，它在大众传媒上频频出现之日。气候变化政治集中关注的常常是各种事后结果，而忽视产生和再次产生作为"未知的附带结果的"气候和其他问题的条件和原因。

六

议题六：全球风险的政治爆炸力量主要体现在它在大众传媒上出现和一再出现的能力。倘若它在媒体上出现，全球危机就能变成"世界性事件"。社会制造风险的显现和变得能够亲眼目睹，就使隐蔽的事情昭然若揭了。由于媒体而产生了共时性、共同参与性和对苦难的感同身受的作用，这样就形成了全球舆论的关联性。世界性事件因此是高度媒体化，带有高度的选择性、高度可变性、高度象征性：地方和全球、公众和私人、物质和交往、自反性经验和厄运。

为了说明上面的这段话，我们不由得要提起罗杰·西尔弗斯通在《媒体政治》一书中描绘相应场景的细致入微的文字（Silverstone，2008），再有就是想提一下要早很多的杜威的剖析（Dewey，1996）。杜威力主：政治的核心并不在于行动而在于行动的结果。他在说这些话时虽无法想到全球变暖、疯牛病或恐怖行动，但他的理论却极为精彩地适用于世界风险社会。一个全球公共话语不是产生于某个一致的决定，而是产生于对决定后果的不同意见。现代的风险危机正是产生于诸如此类的相关后果的争辩。尽管有人坚持认为存在对危机的过度反应，风险冲突在实际上却起到了某种启蒙作用。它撼动了现存秩序，同时又可将其视为迈出了坚定的一步去创建新的制度。全球风险有力量打乱有组织的失职的机制，甚至为了政治行动而破解它。

这种"被迫的启蒙"和世界主义的现实主义观察方法开辟了如下的可能性：由世界风险社会所制造出来的不确定性和不安全感产生了跨国的自反性、全球合作和在世界主义风险共同体舞台背景前的经过协调的回答。因为我的中心概念并不是"危机",而是"新全球风险",故而策划实施将愈益重要。风险本质上是人为的、琢磨不透的和不确定的威胁和灾害,人们对威胁和灾害拭目以待,却并不见其出现,故而就有赖于它们如何以"知识"的形式被定义和如何与其斗争。它们的"现实性"取决于决定什么是已知、什么是未知的标准,故而它们能够被戏剧化、被无害化、被重塑或被简单地否认。再重复一遍,它们是在特定的定义权力关系和登台结果(成绩或大或小)范围内,围绕定义进行斗争和冲突的产物。如果说,这就是我们所理解的风险核心的话,那么,我们就一定要赋予媒体性登台以重大意义并承认媒体威力巨大的政治爆炸能量。

这符合经验事实吗?正如科特尔(Cottle,2009)所陈述的那样,联合国政府间气候变化专门委员会(IPCC)2007年春最新报告的发表在气候变化新闻报道的进程中是一个意义重大的时刻。一开始,这个报告只相当零散地出现在科学刊物上,之后,一些在传媒界享有特权的气候变化怀疑论者使之成为争论的焦点,这样,这个报告扩大了影响,最后"世界风险"水到渠成地得到普遍承认,全世界所有国家都被要求对此作出回答。如果政府间气候变化专门委员会的预言和晚近的科学模型能在今后几十年里继续得到应验,那么,在致力于产生文明命运共同体的力量中,气候变化就可能成为最强的力量。

在西方新闻媒体中,通过来自全世界扣人心弦和有象征意义的图片,引人瞩目的视觉化的气候变化进程无疑会推动确立气候变化作为在广泛范围内得到承认的全球挑战者的地位。此外,气候变化作为第三现代性将以在全球引起轩然大波的事件登台演出。新闻媒体的作用不仅在于使全球目光聚集在特定事件上,而且还能采取一种表演性的做法并积极促使某些议题成

为"全球风险"的中心内容。在气候变化的全球过程中，或多
或少具有指标性意义的照片画面现今经常不断地在新闻传媒中
出现。有些画面旨在使气候变化的意识深入人心，重点推出加
框的画面的目的就在于：尽可能充分地把握地球变暖的全球
力量和威慑力。在这些照片画面中，气候变化的抽象科学，
被赋予了文化意蕴，也体现出富有成效的政治意义。画面来
自在地理概念上遥远的空间，现今却使人真切地感受到那是
"熟悉的地方"，感受到那里的忧虑和正在采取的措施。视觉
环境修辞的表演性运用并不局限于特定报纸；有意思的是，
这种倾向已变成一种主流。举例说，全球气候变化的威胁和
现实就可能（特别是在西方）作为"阶段性世界风险"而出
现在舆论界。

另一方面，在新闻框架范围内和新闻话语中的国家影响力
不可低估。当然，这也涉及战争事宜——有关战争的报道仍然
带着国家利益的色彩。气候变化却将国家和国际争端推进到一
个新阶段，各个国家、企业和民众就他们各自的作用和职责进
行谈判，涉及的范围包括国家究竟应该实行制止还是适应的政
策或如何对面临地球变暖最坏结果的发展中国家进行援助……
在这里，有关行动和反应会常常在国内新闻聚焦节目中和指涉
框架内予以报道。

世界风险的叙事不能与西方灾害观念世界的叙事相提并论
（Calhoun，2004）。没有"一直陪伴到灭亡的背景音乐"，也没有
仅仅因为"起床号而唤醒的现实"。在这里涉及的是期待和事前
的喜悦，这是一种另类梦幻的叙事。关键词就叫"解放"——
要么使生态忧虑至少达到像现代化饥渴那样强烈的程度，要么
注定会遭受再一次的失败。

七

议题七：荒谬的是，正是全球生态风险自身宣告了环境政治的灭亡。绿色政治的甘泪卿问题，按歌德的精神，似可表述为："你对现代有何看法？"你对现代和经济增长有何看法？现代是允许罪恶冒犯自然的吗？或者是赞成有勇气发明一种替代性的现代并将其推向前方？一个绿色的现代将必定包括一种新的富裕观，这种富裕可以并非是市场门徒所供奉的经济增长。它将不用经济指数而是用包括普遍的福利、自由和创造力来定义财富。

财富将被重新定义，将被定义为这样的事物：它给予我们自由，使我们成为独特的个体，并在平等和差异中与他人共同生活。这样理解的包括我们的创造力和能量的财富将建立新的制度以及新的方式去生产、去消费——而新的生产和消费方式这两者对废弃物的全球化均持极为警觉的态度。财富将以世界主义观点站在发展中国家一边：任何稳定气候的成功尝试将会顾及并缩小环境保护、经济发展和全球公平之间的差距。

中国、印度、巴西和非洲社会将不必同意国际为它们的经济努力划定界限的尝试——这是有道理的。自反性现代化的尝试开始于富裕和生态意识的相互碰撞，这种碰撞产生了世界主义的一种将来图像：西方在战后的富裕之中奠定产生环境意识的基础，而在这之后，在今天，就必须是环境意识为发展中国家的富裕创造基础条件。这样，世界主义生态观就将环境运动对经济发展的有条件支持完全颠倒了过来：发展中国家的可持续发展将得到西方对其发展的投资，而且西方在与全球的他者相遇时形成自己的一种有关财富和发展的新观点。

倘若看一下现代和自然之间的对立，那么，人们就看到了一个对于更好世界的希望和憧憬是非常容易打碎的脆弱星球。在这种情况下，人们就会去设想和实行某种形式的严格的国际种姓制度。在这种制度里，发展中国家的穷人将永远命中注定（在其发展趋势上）要受穷。有限政治进而成为"反"政治——反移民、反全球化、反现代、反世界主义和反增长。它将是马尔萨斯式的环境保护加霍布斯式的保守主义。

在描述出人类糟糕未来的无可辩驳的事实的旗号下，绿色政治做到了对政治激情的极度去政治化：公民除了阴郁的禁欲主义、对于强奸大自然的恐惧和对现代社会的现代化的漠不关心，没有其他的选择。看起来，绿色政治就仿佛是把政治整个儿纹丝不动地冻结了起来。

再重复一遍，"环境"这一范畴——连同人脱离自然的老套说法是政治上的一种自杀。虽说不是全体，却有不少环境运动的积极参与者通过他们的故事、制度和政治不断强化下述印象：自然是与人相脱离的遭虐待的事物。这个范式把生态问题定义为人虐待自然而导致的不可避免的结果。特德·诺德豪斯和迈克尔·谢伦伯格要求我们将诸如停止、限制、翻转、阻挡、管控以及约束等动词与环境运动相联系并牢牢记在心间。

> 这中间的所有词汇都会指引我们的思想阻止坏的，但也不会去创造好的……把气候变化的挑战描绘为污染问题是一种误解。全球变暖不同于洛杉矶的雾霾，就像核战争不同于街头混混打群架那样……与其把全球变暖理解为污染问题，不如将其理解为一种进化或革命的问题。（Nordhaus/Shellenberger，2007：7）

在环境政治技术至上主义的钢制壳子里，二氧化碳排放量被当成一切事物的标准。一个电动牙刷与普通牙刷比起来产生的二氧化碳排放量有何区别（94.5克比0克）？一个电动闹钟比起机械闹钟的排放量又是几何（22.26克比0克）？在基督教的救赎观念中，在天国流淌着牛奶和蜂蜜，在地球上享用牛奶则会导致环境的死亡。"气候杀手"奶牛每天制造出几百升的甲烷气体，这几乎相当于每升牛奶摊到一公斤的二氧化碳。甚至离婚也不仅要在上帝前担当责任，也需为环境负责。为什么？因为夫妻在一起生活，要比单身环保。

诺德豪斯和谢伦伯格不容忽略地撤销了主要封锁：在现实主义的旗帜下，绿色政治作为我们局限的认识问题被提了出来。然而与此同时却出现了矛盾：恰恰是局限的概念给绿色政治加上了局限或甚至使之瘫痪。而作者们则试图"打破"这种局限（参见 Latour，2008）。

现代化的历史充斥着各种悖论，我已在我的文章中谈论了不少。然而最重要的悖论却是面对全球风险却为政治的革新开启视野的悖论——工业现代变成了自身成就的牺牲者。这些成就迫使其对原则批判和多样性的未来持开放态度。西方现代对直线进步的信念是与其日甚一日的自我祛魔大相径庭的。与迪尔凯姆和韦伯、霍克海默和阿多诺、帕森斯和福柯、卢曼和哈贝马斯的社会理论相反，我认为：在气候变化的背景下，工业现代化的看似独立和自主的体系在其全球化取得成就的同时已走向自我解散和自我转变的过程。这一世界主义的转变标志着在当前这一时期，现代化是自反式的，这意味着：（排除国家的）他者居于我们的中心。我们欧洲人——设计出错误的普遍宇宙的思想英雄，必须对由于气候变化而引起的欧洲之外的现代化的经验和视角持开放态度。在气候变化和康德之间有着一种被掩盖的联系。为了对气候变化有个交代，还需要走出坚定的一步：至少应部分地实现康德《永恒的和平》的目标。恰恰是继续寻求生存的箴言——"或者是康德，或者是灭亡！"听起来是那样严峻，只有这样，方能给人以希望。

八

议题八，最后一个议题：世界主义不仅仅是紧迫的道德和政治题目。世界主义也是权力的增强器。那些仅仅局限在国家概念范围内思考的人是失败者。只有学会了用世界主义眼光观察世界的人才会扭转颓势，同时会去发现、尝试和占有新机会和新的可能性，去行使权力和促使变化。这些在克服国家的樊篱过程里产生的解放和权力的经验将能引发创立绿色现代的英雄气概。

故而世界主义活动分子，比起仅仅在国家框架中施展的对手来说，手中掌握着若干王牌。这样，他们就可以显示出谁是有经验的世界主义的"狮子"，谁是国家的"狐狸"。世界主义的转折引导政治行动在跨国竞技场进行。这至少是一种可能的方式，去找到对气候问题的现实主义回答。被现代席卷的那些人，需要一种世界主义的视野，以便使他们的体格从易受伤害慢慢变得强壮起来。

如果在最后可以用一个比喻的话，那么，我要说，人类无疑会屈从于一个"毛毛虫的梦想"。这个人类毛毛虫处在出茧的阶段，抱怨茧的消失，因为它们尚未意识到将变为蝴蝶的事实。相反的情况则当然能够发生：我们太过相信经常引证的荷尔德林的期望，依他的说法，随着危险的增加，拯救的力量也会增长。然而，也可能是化蝶所必需的力气变得荡然无存。

社会学自身是否处在出茧阶段，即是否处在由蛹变为蝴蝶的过程中，对这个问题我还不敢作出回答。

参考文献

Bauman, Zygmunt (2008), *Flüchtige Zeiten. Leben in der Ungewissheit*, Hamburg.

Beck, Ulrich (2007), *Weltrisikogesellschaft*, Frankfurt a.M.

Bell, Daniel (1999), *The Coming of Post-Industrial Society. A Venture in Social Forecasting*, New York.

Calhoun, Craig (2004), »A World of Emergencies«, *The Canadian Review of Sociology and Anthropology*, Jg. 41, H. 4, S. 373–395.

Cottle, Simon (2009), *Global Crisis Reporting. Journalism in the Global Age*, Maidenhead/Berkshire.

Davis, Kingsley (1963), »The Theory of Change and Response in Modern Demographic Transition«, *Population Index*, Jg. 29, H. 4, S. 345–366.

Dewey, John (1996), *Die Öffentlichkeit und ihre Probleme*, Darmstadt.

— (2001), *Die Suche nach Gewissheit. Eine Untersuchung des Verhältnisses von Erkenntnis und Handeln*, Frankfurt a.M.

Giddens, Anthony (2009), *The Politics of Climate Change*, Cambridge.

IPCC (2007), »Fourth Assessment Report: Climate Change 2007: The Physical Science Basis«, in: *Intergovernmental Panel on Climate Change*, abgerufen im Juni 2009, http://www. ipcc.ch/ipccreports/ar4-wg1.htm

Latour, Bruno, »It's development, stupid! or How to Modernize Modernization?«, in: *EspacesTemps.net*, 29.05.2008, http://espacestemps.net/document5303.html

Lever-Tracy, Constance (2008), »Global Warming and Sociology«, *Current Sociology*, Jg. 56, H. 3, S. 445–466.

Nordhaus, Ted/Shellenberger, Michael (2007), *Break Through. From the Death of Environmentalism to the Politics of Possibility*, New York.

Parsons, Talcott (1971), »Evolutionäre Universalien der Gesellschaft«, in: Wolfgang Zapf (Hg.), *Theorien des sozialen Wandels*, Köln, S. 55–74.

Rostow, Walt Whitman (1959), »The Stages of Economic Growth«, *The Economic History Review*, XII, H. 1, S. 1–17.

Silverstone, Roger (2008), *Mediapolis. Die Moral der Massenmedien*, Frankfurt a.M.

Stern, Nicholas (2007), *The Economics of Climate Change. The Stern Report*, Cambridge.

Weber, Max (2004/1934), *Die protestantische Ethik und der Geist des Kapitalismus*, vollständige Ausgabe, herausgegeben und eingeleitet von Dirk Kaesler, München

文化变迁
——气候变化的文化应对

卢德格尔·海德布林克 *

  20 世纪 70 年代，两位社会学学者尼克拉斯·卢曼（Niklas Luhmann）和阿尔诺德·格伦（Arnold Gehlen）在火车上相遇。交谈时断时续，在沉默很久之后，卢曼问他的同行，现在从事什么研究？格伦回答他在为死亡作准备。时间变换：在 2007 年国际汽车展上，时任保时捷董事长的文德林·维德金在挤满人的开幕式上讲道："在德国，小轿车产生的二氧化碳排放量小于总量的 12%。而单单发电厂在这方面就占约 43%，工业为 16%，家庭的排放量占 14%。在交通运输领域范围内，保时捷的二氧化碳排放量仅仅只占 0.1%。"

  这两件事有什么联系呢？它表明，人们对某种威胁或至少是带来极大不安的事情的描绘是如何因人而异的。社会学家格伦说出他预计到的最坏结果；而企业家维德金则对此轻描淡写。为终结作准备或对事实漠然处之———一直到今天，自 2007 年联合国政府间气候变化专门委员会的第四份报告声势很大地发表

---

 * 卢德格尔·海德布林克（Ludger Heidbringk），埃森文化科学学院（KWI）责任研究中心主任，在维滕−赫尔德克大学讲授企业社会责任课程。

以来，对气候变化的反应在这两个极端的范围之内波动。

有期限的优先

看来，有一点是清楚的：人们都有可能与这两种极端反应相距不远。气候变化（对于气候变化确实存在，并且受人类影响，是确定无疑的）要求对它的产生并由此对整个地球体系所产生的后果必须作冷静的剖析。在成功地减低大气层升温的威胁之前，首先应当为人的情绪上的降温操心。看来，在这方面，在短期内，心理方法有其可取之处，譬如采取极端的做法：或者用魔法驱赶即将降临的灾难；或者设法使人对气候变化的关切降到最低限度，使其不起作用。而就长期而言（气候变化是一种长期的现象），能够考察气候变化实际上的理由和所能预期的后果，以便采取有效的反措施，则在任何情况下（即使行动的时间紧迫）对实践均是有利的。冷静的目光"产生于受期限限制的紧迫性"（卢曼在 1968 年的说法）。情况越是紧迫，实际的挑战就越大，21 世纪的工业社会正面临着这样的挑战，它要用有效的战略措施去对付化石资源的消耗，并使温室气体排放减少到这样的程度，使所有的参与者和相关者都能接受并无法改变。

在这里，地球大气层变暖的速度是一个问题，有越来越多的专家认为，与工业化时期前的平均气温相比，气温变化保持在不超过两度范围内的目标是不现实的。此外，有关社会体系的结论也在越来越高的程度上表明是存在高风险的，因为气候变化按照所有的预测将会引起巨大的国民经济损失，因为在迄今尚无法预料的范围内要求技术革新，又因为在世界范围内，干旱和洪涝大大增加，大陆和土地面积减少，疾病和瘟疫不断产生，武力冲突此起彼伏，上述因素又导致相应的移民和人口迁徙。

各工业社会和竭力追赶的发展中国家和新兴工业国的建设转型，不仅累积起巨大的国民经济和技术问题，而且还要求对基本的社会和文化方针作出修正。令人惊讶的是，这种情况至今只在细枝末节上引起人们的注意。大部分转换模式——一直到现在也是如此——均由经济、技术和科学三位一体出发，而这种三位一体早在50年前就被前面已经提到的格伦描绘为现代工业社会的"超结构"（Superstruktur）（Gehlen，1957：13）。即使所谓的第三次工业革命的现实榜样也主要建立在下述观念的基础之上：通过科学的合理化、技术的革新和经济的效率就能搞定根本方针的修正，而文化参数在此只起相对小的作用。很明显，工业社会变化过程不仅引发重大文化后果，而且是在文化前提的基础上，这些前提极大影响了工业社会变化的过程及其动力，尤其是在时间紧迫的情况下就更是与其紧相联系的。

文化理由

诚然，快速消耗不可再生能源和由此引起的温室效应的原因，在于现代技术的应用和依赖于大众消费和大众市场的、从事货物生产的商品经济。然而，高耗能的工业社会的扩张及其对自然环境史无前例的过分消耗却首先是一种文化方式。

这样的例子有韦伯早在1905年的预言："是资本主义经济制度作出决定，它决定投生在这一驱动装置中的一切个体的生活方式，用一种不容置喙的强力方式，也许将继续作出这样的命运决定，直到最后一公担化石燃料变红烧了起来。"（Weber，1934：203）

按照环境科学家的观点，至迟在20世纪80年代，人类因为移民、交通、技术和工业而造成的生态损害已超过了能够用针对性措施加以调节的节点。此后，一次性资源的消耗和对自然环境的剥夺将愈益加重生物系统的负担并将以后代的损失作为代价。倘若地球变暖一直以现在的速度发展下去，我们的后代就很可能只能过上比当今一代的生活水准要低的生活。

要对巨量耗用自然资源和工具般地对待环境负责的，首先当推由文化铸就的行为理由。这些文化理由是由价值取向、准则和生活观念所组成的混合物，它们对社会演化过程产生了直接影响。有了这种关联，一再被强调的就是这样的观点：现代生态危机的根源在于因过于追求合理目标而对自然的理解变得狭隘。就它自身而言，这种理解是在近代早期产生的数学、物理科学概念的产物（Hösle, 1991: 43）。对此还作了如下的解释：由于它的可测度性，自然界就丧失了它的客观自我价值并陷入主观指令的旋涡之中。在这种观察方法中，现代的可行性妄想（保守的文化批判者曾一再指责这一点），已显示为变成无法控制的个人主义的结果。而这种个人主义一再出现在现今的众多的危机诊断中。据这些诊断，首先提到的是享乐主义需要、自我完善的愿望和幼稚的大众消费，这一切都会在市场资本主义的生态危机之中会合（Barber, 2008: 10）。

然而局势却更复杂：不仅是因为人作为唯一的行动者要为工业社会的破坏性动力担负责任，而且人类文化（作为框架系统和背景信息）以一种难以监督的方式影响与生态相关的决定过程。作为自主的掌控计划的现代文化能够对人的行动产生影响，并且致力于使行动者追求共同的目标，同时他们也无需直接意识到集体的目标（Latour, 2007: 76）。因为文化首先建立在行为规则的自我组织的基础上，故而就它这方面而言，只能通过迂回的道路对人的行动施加影响。文化禁止自己直接参与进去，而是对自然和环境作出它的有益的或毁坏性的影响（当然是在行动者的背后）（Stieferle，1994：248）。

按照这种看法，生态危机就是受文化所制约的，而无需去追问各行动者的行动决定。生态危机是在综合的文化过程的基础上产生和发展的，"而这些过程尽管是通过行动或决定加以制约的（文化过程），然而将其概括为任何什么人的行动也是没有多少意义的（无主体过程）"（Lübbe，1998：15）。

而气候变化则是这方面的一个特殊例子。气候变化的特点是拥有文化前提和没有传统政治驾驭的手段。故而在工业化阶段，气候变化有相当的部分是由于历史排放造成的，它的肇始者已不再能够被追究责任，而且是在当时没有损害意识的情况下如此做的。此外，今天的气候变化在某个地区引起了最重大损失，而该地区产生的温室气体却是最少的。气候变化的要害首先在于持续危害将来的世代，后代人虽会因如今气候保护措施而受益，但总体来看，却要担起更大的负担。

快速的气候变化首先会在极不确定的程度上引起社会和政治上的长期后果，对此，现在就必须采取预防措施。这些措施包括扩大灾害防护措施，增加医药储备，扩大接待气候移民的能力，增强处理因环境而引起的暴力冲突的能力，还包括解决建立和巩固拥有必要制裁手段的司法审判制度之类的问题（Welzer 2008：250）。

面对棘手的问题，人们不禁会问：在过去的十年，尽管有那么多不容忽视急需处理的事件，为采取更有效的针对性措施，却很少发生些什么，这一切的原因何在？美国生物地理学家贾雷德·戴蒙德列举了其中的许多理由，说明为什么社会没有或推迟了必要的方针改变（Diamond，2005：517）。这样的理由有：没有预见到破坏性的发展，因为人们没有这方面的经验。

或者说，之所以没有发现危险，是因为变化是缓慢发生的，相关者不处在对进程有感知的间距范围内。还有一种可能的情况是：尽管人们对问题采取了某些措施，却没有成效而以失败告终，因为并不拥有正确的手段和相应的能力。按戴蒙德的说法，出现最多的情况是：社会在知道问题后，没有为解决问题作出任何努力，因为对于社会来说，短期内什么也不做将更为有利。

也许，最后两个理由最能说明针对气候变化的措施为什么推行得非常缓慢和犹豫不决。对各国有约束力的温室气体排放极限值的确定，至今一直没有成功，因为大多数参与的国家害怕由于在气候保护上加大投资会大大影响国民经济的发展。从内部看，不利的负担分摊似完全可以合理处置：将所需投资延后到有普遍约束力的、能保证合理负担分摊的总的准则确立之后再予实施。

另一主要的阻碍原因：人们因害怕气候变化的复杂性，故而（尚）没有掌握正确的解决手段。面对人为干预措施成果的不确定性，故而也放弃了对基本方针的修订。看起来下面的做法是明智的，（首先）不向地球系统投资；比起其结果尚无法预测的情况下冒险开始改变进程的做法，前一种做法显然要稳妥得多。在系统理论中持悲观主义立场的一个例子是卢曼的观点。他宣扬，"问题用不予解决的办法去解决，这就叫做：将其作为系统自愈的环节放在一边，听其自然，并专注于系统通过睿智的自我观察而自行调节。"（Luhmann 1992：209）

在经过仔细考察之后，不得不说，这两个阻碍原因是无法成立的。经济上负担的理由并非是有力的说词，因为首先要弄清楚，在全球标准衡量下，不公平负担究竟是什么？在负担被公平分摊之前，说在历史上所产生的负担也应进行公平的划分究竟又意味着什么？而系统理论对干预风险的警告也表明是并不令人信服的，因为在这里片面夸大了系统过程中的自我动力。倘若人们不知道在整体过程中干预有怎样的后果；人们也肯定同样不知道，无所作为会有怎样的后果。

文化调控

恰恰是因为气候变化建立在高度不确定的系统过程的基础上，而且一种公平的负担分摊也许只能不充分地得以实现，即使这种分摊已被划分清楚；这样，文化就需要一种视角转换，通过这种转换，集体生活形式因自身的动力而得以改变，这样就使社会转变的进程运作起来。这里再强调一下，气候变化就其整体动力而言，并非自然现象，而是一种文化现象。首先，它的产生和作用是与文化方面相关联的，然后再放在工业社会"超结构"的水平上发挥它的作用。为了建立日常生活中行为方式的新导向，不仅要在技术、政治调控的层面上，也要在精神和认识方向性范例的层面上展开。

因而工业社会可持续的建设转型更是一个文化项目，因为最首要的是唤起对气候变化的（包括它的社会和政治后果）范围广泛的承兑意识。以第三次工业革命改革思想为基础的通常的各种战略本身不足以在民众、企业和国家机构中产生积极支持气候保护、乐于配合的基本态度。为了开展结构性的转变过程，很显然大多数常规措施是有所裨益的。提高资源产出率，寻找替代能源，开展基因工程，促进信息工程和生物工程的发展无疑均属于这样的措施。同样重要的还有居民流动性和生活供应的新形式，城市规划和建筑设计的新形式，远程数字通讯和节约消费的新形式。此外，尤其需要有效的刺激，诸如排放交易、碳税、气候关税和许可证等，它们通报有关货物的资源消耗和有害物产出的信息。

所有这一切措施都是有意义的，然而它们只有在得到价值取向和规范认可的支持时方能产生持续的行为改变。举例来说，有关环境行为的调查表明：尽管环境意识有所提高，但日常实际的行为举止却远远落后于意识（见本书中库卡尔茨的文章）。问卷回答的结果表明，在认识和行为之间有差距的原因不在于收入少或文化程度低，而是在于没有足够深入人心的价值取向和缺乏对自我影响力的信心。责任心研究告诉我们：人只有在出自本身的推动而行动起来，只有自己感觉到须监督自己的行动并且认同自己的追求目标时，他才会准备好负责地行动（Au-hagen，1999：211；Hoff，1999）。生活方式研究和环境研究也得出类似的结论，并最先把价值意识、公正原则和生活质量作为实际环境行为举措的最重要因素（Wippermann，2008：59）。

倘若人们认为，人们承担责任的核心准则在于内心的动力、个人的作用和对目标的认同的话，那么，对持续的行为方式的文化支持的必要性就看得更为清楚了。文明社会、市场和国家参与的共同作用，还须加上精神和认识模式的解读方法，这几方面合起来方能使长期可持续的行为方式得以发挥作用。在通过环境政策掌控的常规调节一边，又因此加上了通过文化参数作出的调节，后者提高了参与者的生态承兑意识，对态度转换和日常行为方式的转变加以支持。

换言之，第三次工业革命不仅包括推动可持续的科学、技术和经济超结构的转化，也包括引发工业社会的道德精神状况的根本改变。面对风气的败坏和实践的紧迫（受期限约束的重点），文化转向调节是政治调控确实达到目标的前提，而这种政治调控是与促进技术发展和市场目标紧紧相联系的。

文化适应

由于环境变化的迅速，在适应与缓和之间的传统选择方法就难以为继。由于时间紧迫的原因，要做到与气候变化的后果相适应就包括下述具体内容：尽快压缩能源消耗、降低资源利用的增幅，同时要更好地开展风险防备工作（Storch/Stehr，2007）。对精神和知识模式解读的重视大大有利于对迅速和无法预见的环境变化的有效适应——因为在这条道路上，机遇在增长：即使在前政治的层面上，针对损害气候的活动也会形成采取早期减灾措施的持久的矫正行为。

与传统的适应策略，诸如筑拦河坝、造林或者是减少二氧化碳排放等方法不同，文化适应的目标是提出预防性的倡议和把握长期的方向。把生态危机分析放在文化视野内是为了加强对不可掌控的风险的预知性观察，提高干预的驱动能量，提高自我承担责任的概率，这是因为，参与者出于信念的理由会投入为改善状况所进行的活动中去。

此外，工业社会可持续的建设转型是以抛弃传统发展模式和开辟生产和消费的无碳形态为前提的，按照所有的预见，这种新形态只能通过文化现世技术（kulturelle Daseintechniken）、价值观和榜样的相应调整才能确立。没有正确的生活观，没有对于"好社会"的理想（Lippmann，1937）以及没有代际公正的协调，就很可能无法使参与者更加心甘情愿地不仅在口头上而且更是在行动上改变他们的行为举止。

人们可以从下面一点看出文化适应战略的必要性：参与者的决定影响地球气候的发展，然而他们却缺乏参与意向，这方面的主要理由在于没有或缺乏对气候变化过程的感同身受的关切。对变暖后果的觉察尚远远没有达到如此明显的程度，会使转向调节的措施加强并发挥作用。一切都正常和危机事件可控的印象仍然在人们的心目中占统治地位，虽然有关社会自然灾害或因人引起的灾祸的谈论增加了，譬如人们就曾议论过：新奥尔良的例子就充分表明了极端气象事件如何迅速使社会秩序结构陷入混乱之中。

与地球变暖联系在一起的有害结果常常没有追溯到起因者的行为，而是被看成全球和历史承担的系统过程的后果，就是说，在这过程中个体部分被忽略不计，因为这一部分并不居于重要相关因果联系之中。谁偶尔长途旅行，谁购物、去上班开开汽车，所想到的往往是：相对于在公共交通中巨量的二氧化碳排放，个人的那点量简直可以忽略不计。而在共同和众人所引起的集体损害进程中，出现了低估后果的情况。这种情况之所以出现就在于在大多数工业国家里，损害后果仍在被划定的标准之下，而对此一般只把客观上有风险的环境变化记录在案。

此外，还要把气候变化的原因追溯到工业化的初期，在那个时期尚不知消耗化石资源会对环境产生怎样的影响。历史上的大部分排放是在当时的参与者没有灾害意识的情况下产生的。这样，这种对责任的计算就只有在一个受局限的意义上才是可能的。再说，依照所有预测，温室气体排放的有风险的后果实际上要在将来才会显现，后人要比今人遭到更重大的影响。还要以沉重心情道出的一点是，在将来已没有了通常履行义务的空间，如同至迟到 20 世纪后 25 年所显示的倾向那样，其时历史哲学和社会乌托邦模式尚拥有某种社会一体化解释权（参见本书中哈格纳的文章）。"后历史"尽管尚未开始，却毫无疑义地引发了对将来需求的冷漠，这样，对后人的认同感就大大减少了。

结论是：迫切的适应和避免战略被推移到将来，这样，支出的推后和外移的做法就在进行之中。在政治层面上，在减排措施方面（在短期内虽说会增加经济和社会的负担，然而按当时的计算将会取得中长期国民经济和社会的效益），扩大负担分摊范围的合作是与持续解决问题的时间采购（Time Sourcing）相适应的（Kemfert，2008：61）。从费用分担到利益均沾的道路——约略是通过各国的排放预算和全球气候红利这样的形式加以实现（Leggewie/Sommer，2009：4），然而实行起来是非常困难的，因为所需协定的签订是以共同的责任意识为前提的，而在各参与国坚持自身利益的情况下是无法成功的。由利益出发的谈判是建立在各自国内理性逻辑之上，故而无法克服古典的两难境地。2009 年哥本哈根气候峰会的失败再次清楚地表明，没有法律责任框架，民族国家利益追求的份量最终总会超过为降低温室气体排放的合作解决机制的份量。

法律责任框架能促使在政治上达成有效的合作协议，然而它得以生存的养料却无法由自己提供。这正如建立在社会结构基础之上的市场保障经济交易得以实现的情况那样（Beckert 2007）；在文化预支基础上的民主谈判过程致力于有约束力的基本谅解和集体负责的目标大方向。属于这类文化预支的，有结构性信任资源和理性的公平刺激（Ockenfels/Raub，2010），也包括与社会相关的将来图像和个体有效行动的信念。

因此，针对气候变化的迫切需要的措施就以后工业社会的文化框架设计为前提，这一设计将政治合作结构、经济刺激制度、社会未来概念和个人行动方向彼此结合起来。恰恰是传统的问责模式的不作为，恰恰是旨在建立责任原则的损害原因和损害结果之间的因果联系的缺失，使社会文化调控赢得了越来越多的重要意义。只有在社会文化自身有所变化的情况下，可持续的工业社会的建设转型最终方能实行。要改变发展模式、具体细化解决负担分摊问题就有必要对以往基本精神和认识的方向作出改变，它不仅涉及个人的行为举止，而且也关系到社会的整体制度。要认真应对不负责任的态度（它拒绝合作、扩大认识和行动之间的鸿沟），就需要一种文化适应，一种对改变了的环境条件的文化适应：生活方式、价值观念、法律概念和政治风格将作出如此这般的改变——对过去的高耗费的生活方式采用"后退式回采"（der Rückbau der kostenintensiven Lebensweise）方式返回到将来的社会正常状态。

文化变迁的界限

反对气候变化的斗争是一个文化项目，它不仅针对后工业社会精神和认识基础设施的变化，也针对它的制度基本设施的转换。社会价值变化极为本质地依赖于社会、政治制度结构的状况，由此而给予合作行为举止以刺激，推动有约束力规则的建立，防止竞争的弊端，提供参与者以必要的空间接受正面意义上的责任（Beckmann/Pies，2008）。没有自由的责任是不可能的，然而倘若自由没有通过国家制度规范和志愿的自我职责实践引向公共利益协议的轨道的话，自由会倾向逃脱对社会危险过程集体解决的共同责任。

其理由就在于：多方面被意识到的后物质的价值变化（它的标志是个人自我实现和各自社会态度的结合），并没有使日常生活中的持久行动得到加强（Klages，2007）。道德和生态的价值取向并不一定会与社会、环境和谐的日常行动互相联系和制约，而是一定会通过外加的安全系统加以巩固和沟通。因此，文化信念依赖于总体制度和居间的机构，通过它们来支持有所期待的行为举措，而参与者则通过有把握的效果猜测而被引导去采取行动。

在实际上这意味着，公民通过诸机构如学校、大学和其他教育机构的传授获得有关不断变化的地球系统的社会——文化后果方面更精确的知识；顾客通过标签和带有诸如"产品碳足迹"的标识，更好地了解在产品和服务中温室气体的参与情况。这也意味着，社区、地方企业和公民为降低二氧化碳的排放采取更多的共同措施，这表现在能源供应的地方化、调整E－活动性概念以及近郊公共交通的灵活性。最后，它也意味着，在国际的层面上实现有关气候保护协议有法律约束力的总体规则，阻止有人用古老方法浑水摸鱼，并致力于使各国不再施展各自的金钱或政治的势力，而是使之转化成旨在气候保护而采取合作的措施，这些措施最终将有利于大多数参与国。

即使在实行对气候有利的措施过程中，文化原因和因素也发挥了重要作用，当然也不可将其实际作用估计太高。由于新兴工业国的经济增长而引起的排放增加，由于跨国环境政策缺乏一致意见，个体行为方式的改变首先以令人惊诧的方式表现得极不平衡。此外，困难之处就在于对文化进程如何施加影响，这些文化进程恰恰是由于它高度的不可控性而显现出革新的动力（Novotny，2005：130）。而就算对精神和知识的观点直接干预是可能的，那么，该在哪里与家长式或经济专制主义的强制措施划清界限呢？

基于以上问题，文化适应将继续依靠国家的社会和环境政策，竭尽全力为生态价值取向和知识形式的教育作出贡献。国家的任务在于激发并组织合并社会—文化推动力，使其能够展现它创造性的自我动力，这在早期通过网络的协调和文明社会的自我组织就看到了成功的端倪（Ladeur，2006：388）。为此，不仅需要打一场教育和信息的战役，进行社会气候危险方面的作启蒙教育；而且特别需要政治家、企业家、公民和科学工作者之间跨界的对话，共同尝试通过互相协调对另一可能的富裕标准和可持续发展标准达成共识，最后形成公平分担负担的有约束力的定义（Sachs，2005）。

依据所有预测，通过文化编码而建立一个旨在可持续发展的准备气候的任务表明：国家一定会与它担当的社会协商主持人角色说再见，而担当起后工业社会风险过程中某种形式的管理者的角色。可持续的政治建立在国家不仅看出了发展倾向，而且实际推动其发展的基础之上。未来国家要比现在会更迅速地对文化状况的变化如"市场现代化"和绿色消费作出反应，并在制度上采取对其加强和巩固的措施（Stehr，2007）。如若这一切获得成功，那么，正在消失的能源资源和气候的快速变化（只能以没有把握的政策应对）不仅能显现出是一种社会威胁；而且也能变为文化和社会革新过程中的一种机遇——在这一过程中，可持续生活方式在可预见的将来会成为社会标准状态。

参考文献

Auhagen, Elisabeth (1999), *Die Realität der Verantwortung*, Göttingen.

Barber, Benjamin (2008), *Consumed. Wie der Markt Kinder verführt, Erwachsene infantilisiert und die Demokratie untergräbt*, München.

Beckmann, Markus/Pies, Ingo (2008), »Ordnungs-, Steuerungs- und Aufklärungsverantwortung. Konzeptionelle Überlegungen zugunsten semantischer Innovation«, in: Heidbrink, Ludger/Hirsch, Alfred (Hg.), *Verantwortung als marktwirtschaftliches Prinzip. Zum Verhältnis von Moral und Ökonomie*, Frankfurt a.M./New York, S. 31–67.

Beckert, Jens (2007), »Die soziale Ordnung von Märkten«, in: Beckert, Jens/Diaz-Bone, Rainer/Ganßman, Heiner (Hg.), *Märkte als soziale Strukturen*, Frankfurt a.M./New York, S. 43–62.

Diamond, Jared (2008), *Kollaps. Warum Gesellschaften überleben oder untergehen*, Frankfurt a.M.

Gehlen, Arnold (1957), *Die Seele im technischen Zeitalter. Sozialpsychologische Probleme in der industriellen Gesellschaft*, Hamburg.

Hoff, Ernst-H. (1999), »Kollektive Probleme und individuelle Handlungsbereitschaft. Zur Entwicklung von Verantwortungsbewusstsein«, in: Grundmann, Matthias (Hg.), *Konstruktivistische Sozialisationsforschung. Lebensweltliche Erfahrungskonzepte, individuelle Handlungsbereitschaft und die Konstruktion sozialer Strukturen*, Frankfurt a.M., S. 240–266.

Hösle, Vittorio (1991), *Philosophie der ökologischen Krise*, München.

Kemfert, Claudia (2008), *Die andere Zukunft. Innovation statt Depression*, Hamburg.

Klages, Helmut (2007), »Eigenverantwortung als zivilgesellschaftliche Ressource«, in: Heidbrink, Ludger/Hirsch, Alfred (Hg.), *Verantwortung in der Zivilgesellschaft. Zur Konjunktur eines widersprüchlichen Prinzips*, Frankfurt a.M./New York, S. 109–126.

Klages, Ludwig (1956), *Mensch und Erde. Gesammelte Abhandlungen*, Stuttgart.

Kuckartz, Udo/Rädiker, Stefan/Rheingans-Heintze, Anke (2007), *Determinanten des Umweltverhaltens – Zwischen Rhetorik und Engagement*, Umweltbundesamt, Dessau.

Ladeur, Karl-Heinz (2006), *Der Staat gegen die Gesellschaft. Zur Verteidigung der Rationalität der »Privatrechtsgesellschaft«*, Tübingen.

Latour, Bruno (2007), *Eine neue Soziologie für eine neue Gesellschaft. Einführung in die Akteur-Netzwerk-Theorie*, Frankfurt a.M.

Leggewie, Claus/Sommer, Bernd (2009), »Von der Kohlenstoffinsolvenz zur Klimadividende. Wie man die Zwei-Grad-Leitplanke einhalten und dennoch gewinnen kann«, *KWI-Interventionen*, Nr. 4, Essen.

Lübbe, Weyma (1998), *Verantwortung in komplexen kulturellen Prozessen*, Freiburg/München.

Luhmann, Niklas (1968), »Die Knappheit der Zeit und die Vordringlichkeit des Befristeten«, *Die Verwaltung*, H. 1, S. 3–30.

— (1992), *Beobachtungen der Moderne*, Opladen.

Nowotny, Helga (2005), *Unersättliche Neugier. Innovation in einer fragilen Zukunft*, Berlin.

Ockenfels, Axel/Raub, Werner (2010), »Rational und Fair«, in: Albert, Gert/Sigmund, Steffen (Hg.), *Soziologische Theorie – kontrovers*, 50. Sonderheft der Kölner Zeitschrift für Soziologie und Sozialpsychologie, Wiesbaden.

Sachs, Wolfgang (2005), *Fair Future. Begrenzte Ressourcen und globale Gerechtigkeit*, München.

Sieferle, Rolf Peter (1994), *Epochenwechsel. Die Deutschen an der Schwelle zum 21. Jahrhundert*, Berlin.

Stehr, Nico (2007), *Die Moralisierung der Märkte. Eine Gesellschaftstheorie*, Frankfurt a.M.

Von Storch, Hans/Stehr, Nico (2007), »Anpassung an den Klimawandel«, *Aus Politik und Zeitgeschehen*, Nr. 47, S. 33–38.

Weber, Max (1934), *Die Protestantische Ethik und der Geist des Kapitalismus*, Tübingen.

Welzer, Harald (2008), *Klimakriege. Wofür im 21. Jahrhundert getötet wird*, Frankfurt a.M.

Wippermann, Carsten/Calmbach, Marc/Kleinhückelkotten, Silke (2008), *Umwelt-bewusstsein in Deutschland 2008. Ergebnisse einer repräsentativen Bevölkerungsumfrage*, Bundesministerium für Umwelt, Naturschutz und Reaktorsicherheit, Berlin.

全球结构适应：在全球系统边际的世界经济和世界政治

迪尔克·梅斯纳 *

围绕全球变暖后果的争论是与已经进行了 20 年的全球化讨论联系在一起的。"全球化话语 1.0 版"（经济去疆界）的出发点是，西方市场经济的经济模式在柏林墙垮塌和社会主义内部爆炸之后，在全世界扩张：全球化即西方化。一些观察者为此而兴高采烈，而另一些人则对发展更持怀疑态度。从制度政治角度看，争论的一方把全球化解释为把经济从民族国家过度调节的禁锢中解放出来；而另一方则从全球治理来考虑网络化的世界经济和政治（Messner/Nuscheler，2006）。2009 年秋，有重大现实意义的世界经济危机和国际金融市场危机爆发。它表明，对于一种促进富裕的全球化来说，必不可少的前提条件是：国际规章和治理结构要稳固，它们致力于全球经济的稳定和公平的利益平衡并禁止危及体系的投机。这就叫作把世界经济重新纳入（世界）社会标准和准则体系之中。这一过程远远没有结束。

———————————

* 迪尔克·梅斯纳（Dirk Messner），教授、博士，德国发展政策研究所所长，联邦政府全球环境变化科学咨询委员会副主席，在杜伊斯堡-埃森大学讲授政治学。

　　"全球化话语 2.0 版"（全球影响力转移）开始于本世纪初，那时已越来越清楚地表明，全球化没有使西方工业国家的胜利列车加速向前疾驶。相反，亚洲正在变为世界经济的新重心（中国和印度当上了火车头）（Kaplinsky/Messner，2008）。其他发展中国家也展现了一种新的经济和政治的自我意识并努力挤进构建全球化的进程中去：南非、巴西、印度尼西亚就是这样的参与者，他们虽对经济合作和发展组织（OECD）国家的排外代表权提出异议，但在主要方面对发展、市场经济和民主等西方基本观念表示赞同。在这中间不包括伊朗、委内瑞拉或阿拉伯世界的一些国家，他们对地区和国际影响力的争夺是不容忽视的，他们挑战西方对世界、价值和秩序所形成的观念。此外，这个世界多元化的进程，这个将"老工业国"200 年的主导地位置于疑问之中的进程，这个破坏旨在构建世界的跨大西洋基本结构的进程还远远没有结束（Khanna，2008；Leininger，2009）。

　　在世界经济危机的漩涡中，G7/G8 集团作为世界影响力的中心已显衰微，并让位于 G20 集团——这是一场国际的革命，因为它是被工业国开始承认的全球影响力大转移的标志。由此产生了许多问题：G20 集团是否将会成功发展一种关于公平和有承载能力的世界秩序和社会的共同观念，抑或在这新的"权势康采恩"里对世界的不同看法会遭到禁止？民主国家和威权国家在 G20 集团中如何打交道？为了在稳定的世界经济框架条件上取得一致，要以放弃人权方面的进步和放弃促进民主战略上的进步为代价吗？与 G8 集团相比，是否 20 国集团会变成更为封闭的与"世界剩余部分"（172 国集团）区分开的俱乐部？须知，即使是 G8 集团也总会遭到 77 国集团的挑战，而巴西、印度、中国这样的国家会成为 20 国集团的领头国家吗？或者 20 国集团会构筑起联结发展中国家的敦实的大桥，强化作为世界社会所有参与者的平台的联合国的现代化，并就将来世界政治的构建拟订与人类发展相适应的行动纲领？故而，"全球化话语2.0版"研究的是将来的全球治理——参与者地位和在多元权力形势下全球治理的机遇和风险。

"全球化话语3.0版"（全球发展和地球体系）缘起于围绕"气候变化和发展"所展开的争论。最迟不超过2007年，联合国政府间气候变化专门委员会报告的发表已清楚地表明：危险的气候变化能引起全球文明危机（与前工业社会相比，气温已提高了2摄氏度）。在自然科学领域的气候研究指出了原因在何方。如果没有有效的气候政策，到这一世纪末在世界范围内气温比工业革命之初就要抬升3至6摄氏度。在这样大数量级上的气温蹿升等同于地球系统的转变。在两万年前最后一次冰川时期，温度约比如今低4摄氏度，全球生态系统看起来与如今完全不同。部分北欧和北美地区置于北极的冰盖之下。4摄氏度气温的差别故而绝非小事，而是可能引出历史时代的转折。这样，在下一个十年，世界可能经历一个气温上窜，在如此短的时间里温度变化如此之大，实为至少三百万年以来从未经历过的。人类就这样用不可逆转的和无法预测的后果来拧紧地球体系的大螺丝钉。这与当前的世界经济危机是完全无法等量齐观的。经济危机虽极扣人心弦、给人影响深刻，并产生巨大的社会损失，然而它将在短短几年内得到克服。

全球变暖的线性和非线性动力：全球体系中的临界点

气候研究划分两类气候风险：第一，气候结果譬如加剧的干旱、变化的降水模式、极端天气事件、海平面上升、冰川消失等均有案可查，是相对好预测的，而且其发生几率是很高的。第二，在全球大升温 2 至 3 摄氏度的情况下，就在气候和地球系统自身形成一个外加的不断增长的质变风险。系统组成部分这样强烈的非线性反应被称为气候系统的临界点。这是就系统性能而言，在这里，在逾越临界门槛的情况下会触发一种几乎无法控制的系统固有动力。有可能超越临界点的地球系统的拥有相当规模的部分，被称为"触发元素"（Kippelemente）（Lenton 2007）。这样的例子有格陵兰冰盖，它有可能在正反馈机制（positive Rückkopplungsmechanismen）作用下，自一定的临界增温状况起开始滑动、破裂；再如亚马孙森林，从某一个临界点开始，有可能发生不可逆转的干枯。气候历史的案例表明，气候系统确实有可能发生急剧而跳跃式的变化（Rahmstorf, 2002）。

这类非线性发展的现象，一般来说要比平稳的趋势难以预测得多。因此之故，迄今没有容许负荷预测或系统风险评估；而在一般情况下只有个案结果，它大部分只是介绍风险的定性印象。当然，不稳定性并不意味着人们可以忽略这些危险。

我们以大陆冰川作为在地球系统中受到威胁的触发元素为例加以说明。大陆冰川的融化将可能使海平面抬高若干米（Archer/Rahmstorf, 2010）。大陆冰川通过冰盖高程反馈（ice-elevation-feedback）显示了一个已知晓的临界门槛：一个如同格陵兰冰盖那样的冰川在一定界限内得以自我维持，因为它达 3 公里的厚度能够做到使冰面的绝大部分处于高的因而是寒冷的空气层。大气温度向上每公里平均降 6.5 摄氏度。倘若冰川萎缩了，它的表面将处于温度愈来愈升高的空气层，这样一个自我强化的效应就会发挥作用，最后将导致冰川完全融化。

当升温超越临界点时，将会产生不断增强的反馈，它能导致冰川的加速崩溃（WBGU, 2006）。举例来说，测量到的数据表明，作为融化后果，格陵兰冰川的流速明显提高了，其中有一个原因是冰表面融化的水通过孔隙（所谓的冰川瓯穴）（sogenannte Gletschermühlen）抵达冰下，在那里起到一种润滑剂的作用。在南极周围地区也有越来越多的迹象表明冰的可能的能量反应，这在南极西部的小冰盖地段表现得更为明显。特别要指出的是，2002 年 2 月有着数万年历史的拉尔森 B 冰架在南极半岛前坍塌。因为冰架在海面上漂浮，一开始它的垮塌并没有对海平面有所影响，对其有影响的显而易见是大陆冰。紧随拉尔森 B 冰架之后，由冰层流出的冰流就此最高以八倍速度加速前行。大陆冰原垮塌的特别危险之处就在于由此与海平面的大幅上升联系在一起。仅仅是格陵兰冰盖的全部融化就将抬高全球海平面约达 7 米之巨。这相当于在 1990 年的基础上全球升温 2 至 3 摄氏度的后果。这样，全球地理学就将完全重新开张。在某一时间阶段是否会遭受这样的冰川融化尚是非常不确定的。在若干年前，人们还是依据几千年的情况为依据作出判断。新发现的机制当然也有可能表明，融化是持续长达数千年的过程。

在生物领域内，对气候变化的反应在将来也可能呈现极其非线性的效果。与一般年份相比，在厄尔尼诺的干旱年份，农业约减产 10% 至 20%（Potter，2001）。如此这般，生态系统在短期内就将成为碳的源头。一个在专业领域引起争论的是由彼得·M. 考克斯（Peter M. Cox）牵头的模拟研究。这项研究结果描述了这样一个场景：到 2090 年，由于全球变暖，因干旱有 65% 面积的亚马孙森林将遭受灭顶之灾。干旱起因于相邻的大西洋和太平洋区域升高的海洋温度（厄尔尼诺条件），在所考察的亚马孙地区，干旱现象呈现的也是相同情况。其他一些研究还指出，雨林植物是极其敏感的，对很少几年的干旱就会有所反应（Nepstad，2002）。亚马孙森林系统的碳排放账目变化巨大：从降低碳排放到成为碳排放的源头。除了该地区在动物和植物种类上所导致的后果和损失外，从植物和土地（包括火灾）释出的巨量的二氧化碳将继续强化温室效应以及全球变暖过程。

类似的讨论也在有关季风环流的动因问题上展开。季风降雨的规律性和它在亚洲若干地区降雨中所占的极大比重对于农业影响巨大，这使它的变化成为关系重大的事情。举例来说，印度次大陆大部分地区依赖季风降雨。夏季季风在印度年降雨量中所占比例因地区不同而有差异，最多的贡献率达90%。在对古代气候的研究中人们获知，以前在该地区人们曾经经历过季风活动减弱的时期（Gupta，2003）。

研究表明，即使是季风环流对于极端的干扰也呈现了极其非线性的反应。就季风而言，大气因高空颗粒而产生的负担也许是比温室气体浓度提高更显重要的一个参数（Zickfeld，2005）。两个参数在同时起到相反的作用：高空污染增大产生减弱季风的作用；而二氧化碳其浓度提升则与此相反地倾向于加强季风。季风每一大变化（包括增强或减弱）、大幅度的摇摆以及与此相联系的在可预测性上的损失，均可对农业，即人类在亚洲的粮食供应产生严重后果。

气候变化和人类发展

一种危险的气候变化因而持续改变地球和人类的生活条件。世界银行和联合国开发计划署（UNDP）描述了危险的气候变化如何损害人类发展和引发贫困（World Bank，2009；UNDP，2008）。尼古拉斯·斯特恩估算出一场脱缰的气候变暖会导致怎样的经济损失（Stern，2007）。德国联邦政府全球环境变化科学委员会（WBGU）指出：气候变化将会导致一场国际安全风险

（WBGU，2008）。把上述信息概括在一起，人们将会清楚看到：从全球角度衡量，人类文明的下述四大基础正遭到动摇：(1)水。(2) 农业用地（食物）。(3) 大气在下一个十年中可能成为一种短缺资源。在 2050 年用已有基本资源可供应 90 亿人口；而在加速的气候变化的条件下或许会做不到这一点。(4) 此外，在气候变化的基础上，下一十年世界能源生产必须完全改弦易辙，要从一个以化石能源为基础的体系转化为以可再生能源为基础的体系。故而人类要作出巨大的努力确保世界社会这四大生存基础：水、食物、大气和能源。据此，"全球化话语 3.0 版"意味着世界社会务须学习在地球系统的界限内（"行星范围内"，Rockström，2009）构建世界经济和世界政治。

为了使世界经济和世界政治的动力保持在地球系统的范围内，下面将从三个方面简述全球结构适应的学习过程：全球风险管理发展，全球低碳经济的建立，以及国际合作的加速和强化。

全球风险管理

对地球系统临界点的简述表明，在 21 世纪的进程中气候变化可能导致全球系统风险。一直到现在，这一点几乎没有在科学和政治上加以讨论。故而季风回流的彻底变化或者亚马孙热带雨林的消失可能引起亚洲和拉美的整个农业生产的改变和无法计算的经济损失以及移民运动。在社会科学范围里还从未进行过一场系统的有关地球系统的突变对世界经济和政治所产生后果的讨论（WBGU，2008）。地球系统的诸临界点会对世界各地区和国际体制产生怎样的经济、社会和政治影响？这类问题亟需在预防的意义上摆在国际研究的日程上。只有如此，方能创立负责任的全球风险管理的科学基础。

社会科学到现在还不能作出准确的判断：何时、在怎样的条件下和在怎样的世界经济和政治的分系统里能够达到临界点？而面对发出威胁的地球系统的变化，社会的适应能力究竟有多大、耐久力又有多大？为了思考因气候变化而产生的全球系统风险问题，一路领先的是风险研究（Klinke/Renn，2006；van Asselt，2000；WBGU，2000；OECD，2003）：

> 对于风险管理的新挑战是与一个新概念'风险'的产生相随而行的——在这里涉及的是系统风险。为了人类的健康和环境，这一概念强调的是把'风险'放进社会、财政和经济风险和机遇的整体联系中去考察。系统风险产生在下述诸项的边际，即自然事件（有时因人的影响而引起或得到加强）、经济、社会和技术发展，以及由政治而引起的动因之间的边际，而且既在国家又在国际的层面上。这一联结在一起的新风险诸领域要求风险分析的新形式，既要求有来自极其不同的部门或地区的风险范围的数据，又要求对这些数据用统一的分析网格加以概括。系统风险分析成功的条件是：整体论和整体的开端发展成为风险相互关联的认同标志，发展成为风险评定和风险管理。系统风险研究已超越一般因果分析概念的范围，专注于在风险——群集之间的相互依存和相互增援。（Renn/Klinke，2006）

克林克和雷恩（2006：3）提出了经济、社会和政治必须学习面对的全球系统风险的四个重要特点：

复杂性：地球系统的动因和社会过程的共同作用在很大程度上是以复杂性为其标志的，这种共同作用远不能科学地加以解释。正负反馈、干预变量复杂网络、在动因和其结果之间的漫长时间，以及非线性发展过程都使得对全球系统风险的准确理解变得非常困难。经常并非是事件的直接后果（由于热浪而产生的干旱），而是其次和再次的结果（食物危机、国家分裂、经济分配冲突、人口迁徙）对于社会来说具有特别的意义。

不确定性：倘若科学没有能力破译整体合成的风险，对于政治来说，不确定因素就上升。哪些风险警告要比其他的重要？在地球系统中对临界点统计模型有怎样的说服力？政治该如何应对就全球系统风险所作出的相互矛盾的评估？何时会发生大规模事件？不确定性反映在因果关系之间日益增长着的更为错综复杂的联系。一方面，它可能对政治行动起阻塞作用（"我们知之甚少"）；另一方面，人们对政治的信任减弱（"政治无法保护我们"）。

多义性：对全球变化的数据和过程的通常诠释的多义性和多样性在增加。对全球系统风险的大部分科学和政治争辩，不仅围绕着各种现象的测量方法（如温室气体排放量）或动因的模拟（如亚马孙雨林的变化），更是围绕这一切对人类的发展、对健康有何影响，对国家和国际体制的经济发展过程及其机制和稳定有什么影响这样的问题。全球气温升高到何种程度方能说是威胁到世界健康、国际稳定和世界经济？达到哪一点，安第斯和喜马拉雅冰川的融化对相关区域的农业、健康和食物供应会产生重大影响？谁又应该对此负责并承担其责任？未来社会将如何在后半个世纪应对全球系统风险？多义性产生于表明全球系统风险的复杂性和不确定性，然而也产生于就全球变化后果作出判断的标准的缺失。

政治和经济的时间新尺度：在气候变化过程中，原因和结果就时间角度而言彼此远远分离。新时间逻辑对政治和经济提出过高要求，而后者的行动范围一般总是在短时期内的。今天

实施的温室气体排放要到几十年后方显现效果。倘若从 2015/
2020 年起没有成功地在世界范围内压低二氧化碳的排放量,那
么,到世纪末要使全球升温稳定保持在 2 摄氏度就几乎是不可能
的。如果在几十年内格陵兰冰层的融化过程达到一个不可逆转
的节点,那么,在这之后的数百年内海平面上升就会达到若干
公尺。人及其制度机制一直到现在还没有习惯并作好准备,着
眼于长达好几十年甚至一直延伸到以后的若干世纪这样的时间
长度去思考,去负责地行动。为了应对这类挑战,促进文明的
学习过程和制度机制的革新是必须的。彼得·森格 (Peter Senge,
2008: 380) 对不可避免的文明适应曾讲过下面这样一段话:

> 我们是一个年轻的物种,对我们的居家之地并没有多
> 少了解——不久以前,在地球上,可能是在它有生命的第
> 二天,我们膨胀发展到整个世界。在某种意义上,我们是
> 十多岁的少年,洋溢着青春气息和充满活力,也会出些不
> 大不小的纰漏。像所有十多岁的孩子那样,我们终于发现:
> 我们不是宇宙的中心,甚至也不是这个星球生命的中心。
> 我们知晓我们只不过是亿万人中的一员,了解到我们的成
> 就并不取决于我们自我本身,而是取决于我们所作出的贡
> 献。气候变化使我们登上在时间上更大的舞台,我们的行
> 动自此成为地球长期气候过程本身的一个部分。

基于当今的风险研究,可以得出政治对待全球因气候变化
而产生的系统风险应遵循的四项原则:

——强化建立在认知基础上的政治:面对长期无法破解的
气候变化和地球系统变化及其对人类发展、世界经济和世界政
治后果之间共同作用的复杂性,政治应长期投资于多学科的气

候后果研究，特别是投资于遭受威胁的发展中地区。

——重视未雨绸缪原则：面对因全球气温提高2摄氏度而产生的许多社会、政治和经济的不确定性，在气候政策上应特别提倡未雨绸缪原则和小心谨慎原则。面对持续不断的温室气体排放增加，采取冒风险和一切照常的态度在气候政策中并非负责的选项。

——扩大交流策略：面对全球变暖后果可能诠释的多义性（Ambiguität）、面对危险气候变化影响波及面极广，政治应发展参与性战略并加强与民间社会的话语交流，以便在对于将来有中心意义的政治领域应对各利益集团之间的冲突，在与社会交流中寻求气候能够忍受的经济方式和消费模式。"头足倒置的战略"则通常会因遭到多方面利益集团的反对而遭到失败。

——支持在政治上的长远考虑：面对在政治上更为短期的行为视野和气候变化长期的后果之间的差异，应扩充早期预警能力，发展长期行动的刺激机制。

低碳经济

避免人类文明现存基础毁灭风险的关键是在本世纪中叶实现由全球高碳经济到全球低碳经济的转化。转化路径是这样的（WBGU，2009）：为了拥有一个现实的机会，使全球变暖保持在2摄氏度以下，首先，必须在2015至2020年之间使温室气体排放在其发展趋势上产生一种逆转——这等于是对排放的全力制动。第二，在2010年至2020年期间，世界经济必须实现在气候所能容许的范围内发展的方向（如拥有有效的国际气候管理，世界范围的排放交易，严格的国际能源标准，保护森林的规则，在研究和发展提高温室气体效率方面加大投资，世界经济所有部门的国际低碳路径图）。第三，就是为了在 2020 年至 2040 年之间能够实现世界经济的一个深刻转变，有可能做到从 2050 年起在世界范围内人均温室气体排放减少到约为 1 吨（目前美国人均 20 吨，德国 11 吨，中国 4.6 吨，印度 1.3 吨）。第四，为了实现上述目标，温室气体效率（每经济单位的排放量）在世界经济中必须从过去年份的约 1.3% 提高到下一个十年的 5% 至 7%。为了完成这一全球艰巨任务，不仅工业国家在短期内要彻底压缩它们的温室气体排放量，大多数发展中国家也要迅速地先稳定后压缩它们的排放（WBGU，2009：第 5 章第 3 节）。

倘若人们考察中国这一例子，那么，这类转化的规模之大将表现得更为清楚。如果中国在 2050 年达到温室气体排放量减半的话，同期经济却增长约 10 倍；那么，每一经济单位的排放就将降为原来的二十分之一——即降低 95%，这意味着排放减低要高于工业国家！国际货币基金组织估算，从 2010 年起，为这类彻底的技术转化要花费 1.6% 至 4.8% 的国民生产总值（Stern，2009：188）。其他计算则表明，在 2010 年至 2030 年期间中国约有 30% 至 60% 的精简能力无法实现，如果中国从 2015 年甚至 2020 年才迈开通往低碳经济的认真步伐的话（McKinsey，2009：13）。因为气候问题没有中国是无法解决的，故而全世界非常关注中国经济如何尽快开始进行气候能够忍受的改造，同时为了该国的人均排放到那时减少至原来的二分之一至四分之一，而人均经济能力则增加 10 倍，这样，工业国家就必须分担中国转化的成本。

全球合作革命

居于巨大时间压力之下的全球风险管理和建立、发展气候所能忍受的世界经济这两大任务，没有在国际气候政治方面的突破是难以想象的。在这里又提出了怎样的挑战呢？在气候政治方面的初始态势显现出与在冷战时期相类似的情况。国家彼此互相以继续实行高碳策略相威胁，如此这般最终将不可逆转地伤害人类和地球体系。与分为两极的东、西方冲突相反，化石装备竞赛并没有组织得那么泾渭分明，因为许多国家都拥有这样的能力，可以通过拒绝合作大大提高并加速气候危机。这包括经合组织的主要国家，也包括发展中大国如中国和印度或拥有大森林（或二氧化碳低排放地区）的国家如巴西、马来西亚、缅甸和刚果。哥本哈根气候会议已清楚表明了谈判互不相让、观点四分五裂的情况，出现为了国家的短期利益而阻碍气候危机全球解决进程的迹象。在今后气候谈判的进程中，最有可能出现像以往军备谈判那样的情况，出现一个如同 2009 年 12 月在气候谈判中出现的那种毫无用处的妥协——它会直接导致在这个世纪的进程中升温 3 至 6 摄氏度。

显而易见，处在"常规样态"之中的国际气候政治，既无法对国际合作进行必要的推动加速，也无法对其作适当的扩大和深化。国际合作"常规样态"亦步亦趋——在最琐碎的事情上达成一致。它遵循的是国家利益的逻辑和在各国间进行竞争的逻辑。即使试图将各国和国际的利益捆绑在一起的多边合作的尝试也是艰难和发展缓慢的：譬如没完没了的世贸组织谈判回合，譬如为实现千年发展目标所作努力取得的成效，再如仅仅为世界先进实验室跨越边界的合作所显现的艰辛……就是欧盟内部的政治进程的反反复复也证明了这一点。甚至在担当政治决断的人那里也流行这样的一种信念：在一个互相依存的世界里越来越多数目的世界问题只能通过全球治理和世界合作政治方能予以解决——这在总体上就不单单是加速国际合作或在多边政策上有所突破的问题。然而，与此相对的是现有权力结构复杂的利益重叠和分离，在最多达 193 个国家之间谈判过程的错综复杂（私人角色尚没有放在考察范围之内）。而气候政治自身就是在"国际妥协外交的虚弱和局限"方面的一个典型例子。

在历史上国际政治加速进程的正面事例很少见。一个值得关注的例子是冷战的结束，开始于当时完全出乎意料的戈尔巴乔夫的政治改革。他意识到社会主义模式的破产，而在东西方之间对立逻辑的维持将加速社会主义国家在经济和政治上的失败，从而提高国际对立的危险。而气候危机也完全表明了相仿的情况：在世界上占主导的高碳发展模式同样也面临破产，而追求实现短期利益的国际谈判逻辑注定了化石燃料世界经济的失败，并加剧了国际的紧张局势和冲突。

为了把国际气候政治从桎梏中解放出来，必须重新寻求国际合作。然而一个涉及整个世界的经济、技术、政治和科学的合作如何能在迄今未知的水平上实现？在时间极其紧迫的情况下，这种合作又如何寻求到可接受和公平的解决办法？德国联邦政府全球环境变化科学委员会（WBGU）阐述了一种全球治理框架，它通过将气候政策、世界经济和发展政策联系在一起来解决气候危机（WGWU，2009）。要在这一方向上获得成功突破，当然至少需要相关的最重要世界政治参与者拥有目光远大的全球领导能力，有能力确立一种全球责任的文化。哥本哈根气候会议可悲的失败表明，跨国的国家共同体尚没有达到这一点。在全球系统，前述大范围的力量转移，看起来更是强化传统力量政治的逻辑，而不是使过渡到后国家全球秩序变得容易些。

类似于高碳经济，在气候危机中，国际政治已确立的秩序故而也达到了它的极限。一个合作的全球治理似乎是必要的，在其框架范围内，人类的利益先验地要优先于国家利益。这听起来很天真和与世隔绝，倘若人们看到国际政治比赛场地情况的话。当然，下述情况也会照旧：在全球变暖和其他全球化挑战的时代，对世界政治的"现实主义观察方法"以及按实力政治办事的因循守旧，将导致全球的无行动能力。

最后，在气候政治方面，政治和经济务须学习，决不能在危机已经"降临"（如同国际金融危机降临的情况那样）后，才开始实行有决断力的和有效的改革，而是应未雨绸缪，在灾难性后果显现前几十年就付诸行动。因为如果强大的气候危机自2030年累积起来，那么，基于气候系统的惰性，要避免危机就显得太晚了。这就意味着，必须在认识的基础（科学对全球环境变化的结论）上马上行动；而不是以后在事实基础（几十年之后的气候危机）上再行动。对此，不仅我们的政治和经济制度没有很好的准备，而且"在我们头脑中的个人的国家地图"（心理地图）的情况也是如此。基于上述所有理由，通过全球风险管理避免气候危机，建立气候能够忍受的世界经济，承认作为人类文明的基础和框架的地球系统的边界——这些均构成"巨大的全球转化"和文明适应的内容。可以与此相提并论的就只有约在一万年前的从"狩猎和采集的社会"进入"农耕和畜牧"时期的新石器时代，以及约在整整200年前的工业革命（Leggewie/Welzer，2009）。这样说来，在世界经济和世界社会的发展过程中，它把下述事项全部聚拢在一起：全球管理和民主责任（全球化1.0版），在多极世界里国家和个体参与者旨在合作的共同作用（全球化2.0版），以及不依赖化石能源和在地球系统的生物圈边界内的经济（全球化3.0版）。

参考文献

Archer, David/Rahmstorf, Stefan (2010), *The Climate Crisis*, Cambridge.

Cox, Peter. M. u.a. (2004), »Amazonian Forest Dieback Unter Climate-Carbon Cycle Projections for the 21st Century«, *Theoretical and Applied Climatology*, H. 78, S. 137.

Gupta, u.a. (2003), »Abrupt Changes in the Asian Southwest Monsoon During the Holocene and Their Links to the North Atlantic Oceans«, *Nature*, 421, S. 324–325.

Intergovernmental Panel on Climate Change (IPCC) (2007), *Climate Change 2007: The Physical Science Basis*, Contribution of Working Group I to the Fourth Assessment Report of the IPCC, Genf.

Kaplinsky, Raphael/Messner, Dirk (Hg.) (2008), *The Asian Drivers of Global Change*, Special Issues, World Development, Nr. 2.

Khanna, Parag (2008), *Der Kampf um die Zweite Welt*, Berlin.

Klinke, Andreas/Renn, Ortwin (2006), »Systemic Risks as Challenge for Policy Making in Risk Governance«, *Qualitative Social Research*, Jg. 7, H. 1, Artikel 1.

Leggewie, Claus/Welzer, Harald (2009), *Das Ende der Welt wie wir sie kannten. Klima, Zukunft und die Chancen der Demokratie*, Frankfurt a.M.

Leininger, Julia (2009), »Think big – Zukunftsperspektiven der internationalen Gipfelarchitektur«, *DIE*, Deutsches Institut für Entwicklungspolitik, Discussion Paper, H. 2.

Lenton, Timothy u.a. (2008), »Tipping Elements in the Earth's System«, *PNAS*, Jg. 105, Nr. 6, S. 1786–1793.

McKinsey (2009), *China's Green Revolution*, London 2009.

Messner, Dirk/Nuscheler, Franz (2006), »Das Konzept Global Governance – Stand und Perspektiven«, in: Senghaas, Dieter (Hg.), *Global Governance für Entwicklung und Frieden*, Bonn.

OECD (2003), *Emerging Systemic Risks*, Paris.

Potter, C. u.a. (2001), »Modeling Seasonal and Interannual Variability in Ecosystem Carbon Cycling Fort he Brazilian Amazon Region«, *Journal of Geophysical Research*, 106, S. 10423–10446.

Rahmsdorf, Stefan (2002), »Ocean Circulation and Climate During the Past 120.000 Years«, *Nature*, S. 419–214.

Senge, Peter (2008), *Necessary Revolution. How Individuals and Organisations are Working Together to Create a Sustainable World*, New York.

Röckström, Johan u.a. (2009), »A Safe Operating Space for Humanity«, *Nature*, 461, S. 472–475.

Stern, Nicholas (2007), *The Economics of Climate Change*, London.

— (2009), *A Blueprint for a Safer Planet*, London.

UNDP (2008), *Climate Change and Human Development*, New York.

Van Asselt, Marjolein (2000), *Perspectives on Uncertainty and Risk*, Kluwer.

Wissenschaftlicher Beirat der Bundesregierung Globale Umweltveränderungen

(WBGU) (2000), *Strategies for Managing Global Environmental Risks*, Berlin.

— (2006), *Die Zukunft der Meere – zu warm, zu hoch, zu sauer*, Berlin.

— (2008), *Climate Change as a Security Risk*, London.

— (2009), *Kassensturz für den Weltklimavertrag – Der Budgetansatz*, Berlin.

Webster, Peter J. u.a. (1998), »Monsoons: Processes, Predictability, and the Prospects for Prediction«, *Journal of Geophysical Research*, 103 (C7), S. 14451–14510.

World Bank (2009), *Development and Climate Change*, Washington.

Zickfeld, Kirsten u.a. (2005), »Is the Indian Summer Monsoon Stable Against Global Change?«, *Geophysical Research Letters*, H. 32, L15707.

气候变化：地球拓扑同一性的终结

比尔格·P. 普里达特*

在气候变化方面，有什么不清楚的地方，就有人去研究，有人在政治上作出评估。两者保持同步则几乎是不可能的。政治体系和科学体系相互衔接是不对称的。[①]政治逻辑要求处理直接的问题，它又按面临的竞选的需要和迎合选民意愿亦即能产生积极影响的需要加以选择。

我们将不得不按部就班地与这种科学—政治滞后（science-politics-lag）生活在一起（就如同联合国哥本哈根气候会议使极不相同的所有人失望那样）。人们对相应的知识宁愿保持在不求甚解的地步（因为否则的话，人们就可能要有责任去行动），这样，作为预测的这类知识就是全方位在场的。论辩然后围绕时间展开：何时出现何种气候变化？确切地说，何时对我们或对谁有影响？因为即使是科学也会作出各不相同的陈述，人们就

---

* 比尔格·P. 普里达特（Birger P. Priddat），教授、博士，在维滕–赫尔德克大学经济系讲授经济课程，2007—2008 年任该校校长。

① 科学（即使在各学科之间作通常的跨学科超链接的分析也是如此）用其概率判断的习惯精确得出结论；而政治就不是这样了：它仅仅因为妨碍现行政策就无法直接接受这样的结论。

突出适用于很小空间的、遥远的将来发生事件的数据。

今天事情已不再围绕人们是否该相信气候在变化，而是围绕着对气候变化总体的认识：它何时、怎样来临。也有强调积极效果的声音；在舆论上，已有了最初的气候获利者（消融的西伯利亚冻土带的神话，瑞典出现的棕榈树，在英国的葡萄种植，等等）。如若作进一步观察的话，在这里的症结也并非是时间上，而是在于人们有选择地强调某方面而造成的拖延。如此这般就出现了相关性雄辩术辩证法、行动减负和事实上的放任自流（laisser faire）。对问题太大而无法对付的暗中忧虑浓缩在论争中，以便为用以不变应万变的方法打开方便之门。

哥本哈根带来了一种政治意向，却并非是法律意义上的条约。由自然科学家所宣扬的政治目标——到 2050 年气温升高不超过 2 摄氏度的计划——无法实现。中国和印度以及其他国家要充分利用时机实现他们的增强力量和提高福利水平的目标，他们是不容讨价还价的，因为恰恰是北大西洋国家曾经长期在全世界宣扬自己堪称榜样的成功模式。美国和欧洲排放了世界上最多的二氧化碳；他们却期待着新兴工业国作最高程度的减排。与此相矛盾的是，我们自己却欲保持和提高经济增长。在欧洲或在美国谁也不会当真为了气候放弃他们的繁荣富裕。具体看，每个美元生产单位消耗 786 克二氧化碳，到了 2050 年为了达到地球温度上升限制在 2 摄氏度以内，那么上述指标就要压缩到 6 克二氧化碳（Jackson，2009）。这一效率是否能提高 130% 是成问题的。而另一种估算则谈论气温升高可保持在 1.5 摄氏度以内。我们将面对气候变化的后果，因为我们无法阻止这种变化。

因为我们无法决定性地阻止变暖动因的发展，故而威胁酿成地区小型灾害的气候变化就构成一个完全不同以往的、全新的信号：我们已进入"历史终结"的第二阶段。在福山（1992）

将政治解放文化史的终结记录在案之后（没有超越民主的政治进步，它故而表明了文化发展的持续停滞），我们面对的是另一个终结：地球拓扑同一性的终结（Ende der geo-topologischen Identität）。

在因战争和政治而导致的领土变化的漫长历史之后，我们又因生态调整而获得新空间

一个我们无法用老手段与之过招的历史阶段宣告终结。除了我们无法排除的次要的调节作用外，政治和战争已变得无能为力：我们已开始预测会发生因气候变化而引起领土变迁后果的水战。富饶的土地＋水＋适宜气温的价值将被重新划分——某种形式的再一次创世。我们将经历地区性的水灾、干旱、饥馑、瘟疫等等，将面临移民的压力，一些地区则因遭到消极气候的打击而导致资本的极度贬值。

我们将面对"现代模式的民族大迁移"，它并非像在非洲那样源于饥饿和贫困，而是源于环境剥夺（作为饥饿、贫困、缺水等项的推动者）。对此我们不需要想象好莱坞式的场景，如北德低地（以及荷兰）遭遇洪水之类，而是只要知晓小地域范围的移民原因就会产生巨大影响：持续的干旱，飞涨的水价，耕田（以及部分地包括城市）呈现萧条景象；迄今寒冷地区的气候期望升值，因此吸引人们前往，传统的旅游地区则不得不加以放弃。

地球拓扑同一性历史的终结被推向一种新的精神决裂：我们见识了生态帝国主义的边界，见识了人类在相对稳定的领土框架内成功扩张历史的边界。在气候变化中，被占领土拒绝人类的规划；作为似乎是上帝赐予的创世耶稣伟大的复活，被占

领土自行变更使之成为无任何吸引力的地方。后一种占领带有极大的永不衰竭的可能性力量概念。除了自然资源的有限性之外，现在又由于大气中有限摄入能力而引起的生态漂移所造成的领土潜力的局限性。

我们位于一个神学架构的终点，这种架构在精神上支撑着我们：我们设想，上帝创造了自然，一方面，自然不再是神性的，这就是说不再是不可侵犯的；另一方面，我们人贵为上帝的受托者，须接受自然。一方面我们把自然看作是我们占领的对象；另一方面，自然作为创世的产物，而非任何自我的创造，我们就怀疑，我们是否能够更新已呈现在我们面前的什么？会不会因此而出现缺陷。自近代起的科学就致力于通过重新组合自然物质扩大对其的利用。我们必须如上帝似地对待"没有灵魂的自然"，对其一再重新加以创造，竭尽全力吸取自然的潜力。现今我们才意识到，作为生态的自然在自我更新，然而却以另一种时间模式：大自然以自己的周期运动，与其相适应可能成为我们的新机遇。在它的生态系统抽搐之中，自然变得越来越执拗，这意味着毫无顾忌地与我们的可行性对着干。它使我们的财产贬值（我们是通过文化工作获得，在法律意义上获取）。

我们将其说成是我们适应能力的缺陷，或者甚至可以说，我们通过工业而引起气候变化。情况可能是这样，我们可以保持对自然统治的姿态，只是如今情况全变了（ex negativo）。与其说我们缺少化石资源，毋宁说我们缺乏在大气层中的垃圾填埋场的空间，这促使我们少消耗化石能源并让其继续存放在地下。必须采取的（去碳化）措施工程是浩大的，特别是财政开支浩大，与自然的聪明联系因而不再是仅仅通过技术进步的召唤所能回答的，而是已显而易见存在着新障碍：对我们的投资能力的过高要求。在这方面，我们刚刚经历的金融危机连同它的国债扩大是一个双重的风险：不仅是金融市场尚未得以澄清，而且国债压缩了巨额气候投资的回旋余地。

在这里并非仅仅涉及"技术能够回答什么？"这样的问题，而是涉及更为紧迫的问题："谁该掏钱，该掏多少？"从政治角度看，为避免高额数字吓退政治的新开端，科学方面的要求是留有分寸的（全球国民生产总值的 2.5%）。而其他的计算方法则呈现不同的情况。首先，投资因地区不同而不同。而哥本哈根使人还幻想一种世界共同行动和筹资的模式。气候政治开始作为世界重新分配的政策而得以站住脚跟，这里有着所有已知的利益、分歧、特别折扣和要求。这是一种正常的政治讨价还价的交易，我们对签订普遍的社会生态协议几乎不抱任何期望。现今我们更处在进入地区差异的阶段（如同一个地区气候变化研究组织 REKLIM：Helmholtz Verbund Regionale Klimaänderung——黑尔姆霍尔茨地区气候变化联合会，开始研究所表明的那样：气候变化如何显现出地区的特点）。

这堪与哥白尼翻转相提并论：丢弃地球是世界中心的幻想。只要我们设想地球总会保留某种地球拓扑划分，我们就将再度失望：它处在去中心化的过程中。经典的中心网络，和总是多元政治的网络结构，互相交缠在一起，为的是排挤老中心，建立新中心。气候生态地球自己也开始去搞政治：否则人们该如何去描述要拒绝参与的威胁呢？

在相对无助的情况下，被卷进这样的过程中，即使在人们随即大幅度地减少自己的排放，也需面对这些过程现已达到如此程度的自身能量，这样，就迫使我们决定论地必须接受规定的后果，我们第一次经历了地道的错综复杂的全套程序。这意味着，我们自身经历了不再是世界的主持人，不再是主体，而是作为它的题材的过程。

对这一切已作出了阐述。然而，带有重大意义的新东西是下述观点：我们——即使在地区上已进行个别的划分——也将变成自然的游戏玩物。一切政治意识在进行反抗：这已不再是通行的思想模式。而更要命的是：并不如此来设想历史。（人类）历史现在与自然历史互相冲突，后者已不再是渐进地明白地从地球历史的深处而来，不再作为业已发生的一切的智力的再现，而是直接干预：马上推进！我们已处在与自然互相影响之中。自然已不再是用科学能够应付的东西，那种用我们柔术般的妙招就能在有利于我们的情况下利用自然能量的情况已一去不返。在一场新的较量中，自然将成为我们的对手：我们不由得将要谋划，下一回合它会拿出怎样的招数，我们又该如何过招？我们发现：我们对自然既无计可施，又无可奈何。

仅仅为了富裕的西方生产肉类，拉丁美洲就有如此之多的原始森林变成了牧场。故而为了恢复森林（作为二氧化碳的存储地），我们就必须在颇高的程度上放弃肉类食品。因为我们的消费在人口稠密的欧洲地区是无法靠那里的饲养业得到满足的。相反，拉美国家为了提高他们的福利水准也不愿看到他们的肉类出口受到压缩。在此，人们要想到每头母牛每天会向大气中排放14立方米的甲烷（三倍于二氧化碳的作用）。在这样的规模上，在气候政治范围内所能产生的问题是显而易见的。仅仅是这一类"双重富裕"的题目，就表明了比起阻止气候变化来，我们更要考虑气候变化后果。

最尖锐的分歧就叫作：置于自然强力之下的我们，即使现在开始干预，其结果也不会发生作用。当然，我们相信"还能赢得许多事物"的科学可能性假设，故而我们现在可以紧急而大规模地采取措施。当然，这是合法的，然而在生态系统力量的关联影响下，对进行中的过程的适应被推迟延误，而对这些过程的水平我们则是没有影响力的。仅仅是以后的进程（自2050年起）有可能将被修改。研究对过程的复杂性把握乏善可陈。再加上我们对下面一点也是没有研究的：我们是否能对哥本哈根幻想继续供给养料，继续幻想我们在世界上会协调一致地共同成为我们排放的主人。还要强调的一个问题是，我们究竟在实际上是否有能力足以使生态动力刹车？拟议提出的世界气候条约（到2050年把地球气温的提高限制在2摄氏度以内）（WBGU，2009）就去碳化措施方面在政治经济上提出了如此之高的要求，对此我们与其说有一种真切的期待，毋宁说是抱着但愿如此的心情。倘若我们从现实出发，那么我们要说：2摄氏度的限制是无法达到的，因为我们反应得太迟和太过不对称。然而以后又该如何呢？

我们是创世的顶冠的想法，一则在神学上，二则在科学上被否定：我们有了竞争对手，在我们足够长久地使其变化之后，创世的第二个顶冠逐渐振作起来，欲与我们分庭抗礼。我们召唤它出场，这开始逐渐被理解。它成为对于它来说是我们那样的事物，成了我们。我们与它构成了一个体系，这一点变得显而易见——接下来是下一个次序搅乱。在将我们从世界中心抛出的哥白尼翻转之后，我们经历了无以名之的转折，将我们从地球的中心抛出。我们将变成带危险边缘的有强放射性的壁龛。

领土的不稳定性：从全球到地方的公共财富

生态空间迄今一直被作为一种变化，一种在与植物群、动物群和空气相联系的框架内的变化加以理解；在气候议题中新加入的则是领土的不确定性，亦即领土组成大小的变形，无论如何这种情况会在海平面上升而引起的洪水泛滥或在出现新荒漠化的时候，或一个传统富饶农业地带总的趋向有所变化，或水资源短缺（不仅是咸海）的时候出现。

气候迄今被当作一个空气（污染）的题目，故而从经济角度，它被界定为全球公共财产。气候变化作用现今被当成一种类似的潜在的土地作用，即领土作用——这一点是显而易见的。它涉及国家公共财产或地方公共财产，故而它不再单单是全球公共财产。这一新的不对称，碰到了更多的问题：哪些国家有能力相应地作出反应，哪些国家能在财政上支撑基础设施的调整，哪些没有这样的能力？最后，哪些国家有力量在政治上比其他国家更能实现自己的利益？

财政

大气　　　　全球公共财产

政治权力

财政

土地　　　　地方公共财产

政治权力

全球公共财产问题要求世界范围的合作（如哥本哈根会议所清楚表明的那样，要涉及这方面的一切问题）。然而，不对称分配的地方公共财产空间蕴含着一种高度冲突的力量。因为这里涉及的不再是一般的公共财产（没有涉及的国家采用搭便车开溜的策略），而是涉及迄今地方公共财产的贬值（和其他地方公共财产的升值），因而与我们相关的是：

1. 经典利益政治的复兴（它总是只包括世界的部分地区＝冲突的地区化）；

2. 与此相联系而出现的对气候关切的兴趣普遍下降。譬如说对大洋洲岛屿就仅赋予象征的政治意义，在全球公共财产议题的总框架下把其纳入边缘地区的公共财产议题之中。

气候议题分化了政治，因为现今有两个层面的政治登场：

a）投入政策的全球层面——通过复杂的气候模式翻译——把生产非特定地统统判为消极的东西。因此一切均需合作。

b）然而我们却需与一大批不同的局部政治打交道，它们将专门阐述气候输出。很显然，我们将与三个等级的"当事者"打上交道：

b1）气候输家；

b2）气候赢家；

b3）气候不输不赢者。

"经典利益政治的复兴"将不把气候变化的诸部分当作一个整体而是为作各种地区问题来谈判。假定若干预言得到证实，譬如荷兰和北德被海洋淹没，那么，在自命不凡的玩弄思想者那里，在科学的演出场景中会出现"死亡终结"这样的字眼，而在事实上它只是一个欧洲问题而不是一个全球问题。气候议题的现阶段仍隐藏在一种全球负责的思想之中，却很快分为一大批局部利益。无论如何，全球调节（正在实现过程中）必须保持弄清个案问题而需要的模态。

因为气候政治现今已逐渐进入这样一个阶段，在这个阶段问题已不在于降低二氧化碳的排放，而是很快就要变成没有达标的二氧化碳的减排目标的后果要当作领土的特征来加以处置。迄今表现为世界性的问题要变为被按地区划分的问题。"大解决"因而变得愈益紧迫，然而"小规模后果"也会重新唤起老的政治反应（一直到战争的通常解决方法）。

这又有什么区别呢？全球公共财产涉及所有国家，原因和影响还模糊地分不清楚，故而每个人均有潜在责任。预测愈是清晰，政治主题就愈是"经典"。全球公共财产趋向于广泛建立成本组，而不管用户组很小且以另外的方式划分。人们已就谁造成了什么，并应为此付款而争吵不休，然而仍留在一个全球合作的关联之中。气候结果愈是具体，普遍准备好为所有的个别情况支付的意向就愈小。研究的水平尚不足以说清楚这一切。

气候不输不赢者首先退出，然后是气候赢家退出。全球责任评估当前处在一个阶段，这个阶段会继续持续下去，只要气候模式无法足够清楚地阐明哪些国家在何种程度上受到消极的影响。只要这种情况存在，人们就可以允许与约翰·罗尔斯有关"无知之幕"（veil of ignorance）相类似的看法（罗尔斯为社会保险所阐述的法则；Rawls，1971）：只要我不知道我在将来会遭遇怎样消极的后果，我在原则上会准备投资，以避免产生任何后果（它可能对我产生消极的影响——在我不知道它是否降临在我头上的情况下）。

然而倘若我确切知道，何事与我有关（或与我无关，或与我有关并会产生积极影响），那么"无知之幕"就会拉开，我就能更明确地选定我的立场。这将是气候政治下一阶段的主导倾向，当然是完全符合逻辑的，因为气候政治意味着在财政上的巨大花费，将在很大程度上对国家的现实政治起限制作用。因而这类负担的缩减、减轻总是一件受欢迎的事情。这种减负即是对气候议题范围内全球财政和分摊的公共池（common pool）的减负。

我们不妨谈谈我们所处的两难境地：气候议题愈是广泛地在全球传播，人们就可能愈愿意投入对此的研究，因为实际上的费用分摊尚不明确。然而研究愈是精确地指出地区分担的荷载，那么有关费用的陈述就将更具体、专门和细化。我们将进入一个气候变化的多样化和非同质化的阶段，在这一阶段日益显现的特征将被作为地区特点处理，而世界共同体对此并不担负责任。

只要世界气候政治没有专门针对各国的富裕水平并因此要求作出限制的话，人们仍停留在为此付出低费用的范围内，因而不会非常在意地加以运作。然而一旦作出的决议涉及各国的富裕水平的话，就开始了一个高冲突效应的高费用政策的阶段，即使事情尚处在潜在效应框架范围内。然后倘若最初的结果是肯定的话，它从一开始就保持为地区现象。而后各地区就依靠自己行事。

气候输家将在一种适应性预防的意义上进行巨大的基础设施投资，他已无法在全球分摊的意义上不言而喻地为此从气候赢家和不输不赢者那里得到财政拨款。现今作为合作阶段出现的东西，将在一个更加竞争的阶段以变化了的面貌出现。气候输家将与其他气候输家缔结联盟，也可能与气候赢家结盟，后者可能因前者失去领土而获利；后者因接受高水准的移民而对前者作出补偿。气候赢家将在双重意义上获得利益：在相对领土质量上和移民接受上，这将提升他们的国民经济。

相对领土质量产生于气候影响的多样性；一个地区的相对居留价值在变化。气候输家将被从负面评估其价值，这是显而易见的；气候赢家却并不仅仅因为没有受到负面的气候影响而增值，而且再加上对移民的吸引力而相对提高价值——然而后一点也使这些地区有必要采取预防措施。气候赢家（和气候不输不赢者）可能因移民影响而负担过重。

我们将面对移民问题，这不仅是指直接的移民，还有间接的层面：旅游潮的减弱、贸易关系的改变，此外，还有财产的重新分配（与不动产和基础设施的贬值相联系而产生的问题）以及资本的涌入等等。

　　没有人能为可能加剧的变化制定计划：我们就以荷兰和北德低地为例作些剖析。住在那里的人该迁往哪里呢？德意志联邦共和国通过上世纪50年代安置被逐出家园者而熟悉这一议题。也许我们在历史上已经准备好了，我们知道这样的事情是可能发生的。除了非常庞大的资本化为乌有（企业、不动产、基础设施）之外，我们还与巨大的人力资本的贬值相联系，这就需要开辟新的收入领域。然而它在哪里呢？

　　人们自然无法将汉堡、不来梅、吕贝克、奥尔登堡分别安置在共和国没有被淹没的剩余土地上。极其需要国际的解决办法。哪些国家是气候赢家？哪些国家要移民？斯堪的纳维亚国家会因此得利吗？

　　看来，在这里继续谈这样的设想会显得多余。在如此大的规模上世界所作的准备是不会大事声张的。从根本上说，我们面临的是一个"驱赶"的问题，在预测中，却并不是设想为面临的一种紧急状况，而是设想成一种按计划转移。试问，这样一种国际化的形式有可能开始实施吗？它基于部分民族国家可能消亡这样的事实，并得出对于我们来说非同寻常的结论：民族国家对这些问题的解决构成了并非必需的条件？

　　在这种联系下，酝酿着一个新政治议题：邻居（neighbour-hood）。消极气候后果分配的不对称是引出积极解决的原因。一些人所丧失的，正是另一些人所需要的。如果说得不错的话，西伯利亚的永久冻土带解冻（我们知道由此释放的二氧化碳可能是致命的），我们将得到一个潜在的繁荣农业地带，往那里移民并非是一件不可想象的事情。邻居意味着面临共同的问题基础，共同的预先操心和基础设施：作为气候输家的邻居，如果他们愿意因输家的极其严重的消极后果而提供帮助的话，他们会与气候不输不赢者或气候赢家结成某种合作关系。

　　倘若哥本哈根会议的设想——世界共同调控去碳化进程——的措施没有或没有充分去实行的话，我们就将代之以回归到双边（或相关多边的）合作，它不仅使邻近地区合作交流，而且还促使不同项目的实现（用不同革新层次）。也许作为哥本哈根设想的残余，会成立一个类似世界银行的气候发展银行专门资助特定项目。

　　相邻气候相关者的合作尚没有足够的财政手段保证实施必要措施，故在理论上对解决问题有所启示的内容就显得颇为重要。只有在气候赢家因为要面对气候输家的极其负面的影响或者欲缔结有利于得到优质人力资本的移民协议而开启谈判的情况下，财政手段才又再度有了着落——当然仅仅是从务实的角度而没有恶意地认为：哥本哈根有关全球气候公共财产的政策业已失败。

　　相邻国家之间关系疏远的气候输家之损失是双重的：他们真正是身单影孤。邻国关系疏远的首先是非洲、亚洲和拉丁美洲较穷的国家。在欧洲的国家合作中，更是一种邻居感觉，他们之间的距离总要比远方国家近些。

　　我们打破地区议题有关的限定是由于气候赢家的倡导：人们需要移民（Peuplierung）。由此将可能产生我们无法预见的社会吸引力。我们将经历同样是我们可能无法预见的文化位移。新景观兴旺起来，旧景观衰败下去（也许是在阿尔卑斯，也许是南意大利、南西班牙或希腊等地）。文化中心在变动。

　　只要历史是老文化景观的历史，我们就将改写历史。我们通过工业化已经把征服自然和利用其资源的历史改写了。现今，我们将撰写作为文化生态适应的历史。

　　在这里一直没有得到解决的问题是：带着深深政治—文化印痕的民族同一性将在多大程度上继续存在。贫穷国家（由于气候错位而更加贫穷）可能几乎无法保证自己的生存。他们是否与实力强些的国家合并，则是一个完全没有定下来的事情；我们已经熟知完全的分崩离析状况的选择（索马里、刚果的一部分、阿富汗或巴基斯坦）。另外一种建议——接受气候合作伙伴——听起来则有点殖民主义的味道。

移民而非防卫：变化要比气候还大

一直到现在，我们的反应却有所不同：如果从根本上说，那就是首先加强领土防卫措施。筑高堤坝？我们想要保卫我们的财产，然而防卫的费用将极其高昂（以建立基础设施那样的花费方式，亦即将产生超过公共预算幅度的财务支出，国家首当其冲）。

我们经历了国家处在持续的财政危机状况之中，一方面表现出有行动能力，另一方面却显现其负荷已达临界状态；哪一项高额债务能够由国家自行承担？因气候变化而要求的基础设施建设的宏大规划首先要求的是相应的支付能力。资本市场是否足够巨大和强大，能为国家提供这样数额的资金？首先要提出的问题是：现今通行的银行调控是否是一种适宜的手段，能否筹集到将来所需资金的数额？调节者是否会考虑得如此周详而又高远，能预测到气候范围的相关议题？我们不是正需要自由资本市场吗？

谁也无法阻挡我们致力于节省能源和减少排放，聪明地管理和调配水资源储备，开发充满活力和原生的聪明。然而这种防卫首先要耗费大量能量；第二，需要许多资源；第三，联系着许多期待，这些期待最后有可能无法实现。在消费者保护、生态生产统制和细致入微的能源概念等之外，我们还必须激发我们的政治智慧，就如同我们在欧洲——至少在创建欧洲一体化范围内所表现的那样。关键不在于保卫和维持经典意义上的领土。最后，关键可能也不在于资本维持的昂贵形式（不动产、基础设施等）——要变动，不要防卫。

气候变化促使我们采取国际动员的形式，这种形式不同于迄今已知的移民形式。在气候变化过程中，边境是极其昂贵的限制，我们无法允许在这一形势下的限制。因此之故，欧洲进程，至少在欧洲这个区域来说，作为文化行动的竞技场，作为人口混合和迁徙的准备（我们必须作这样的准备）是如此重要。

人们不可将其设想为一种突然的转变，而是要设想为一个缓慢的、几乎无法觉察的扩散渗透过程，当然在这过程中，确实一方面是各种文化重新混合，另一方面则是旧民族的慢慢解体。北欧的荒芜之地可能有人去定居，并采用最现代化的规划和建筑设计。我们将从事水下城市之类的实验，然而我们将首先在政治上对气候过程做好准备：我们将重新考虑国籍问题，对财产权作出反思，取消边界，引入新的宽容等准备事项。

一些事情对于许多人来说也许仍然是极端的事情，不过，面对气候过程它不仅在以后将成为不言而喻的事情，而且在今天已经有了先例：理查德·弗洛里达（Florida，2002）指出，我们早就拥有的全球创造中心（globale creative centers）就在世界范围吸引了高流动性的科技工作人员。在此我们看出了现今就能理解的进程：被吸引到工作和生活理想相结合的地方去。这即是在气候变化中将实行的流动性进程的模式和范例。到那时，我们将不再建造昂贵的房舍，教育成本将会降低，并就流动性进行训练。替代生态反抗的是我们将展现社会智慧。故而教育主题对于可持续政策来说，如果不是更重要，那么至少与环境政策同样重要。教育能够提高吸引移民的能力。

气候将重新为我们混合我们的文化。遭遇气候进程的那些人该迁往何方？就高水平人员而言，我们现今已经有了国际流动性模式。那么，低水平人员该如何办呢？因为我们不仅要研究北德低地被淹没这样的棘手例子，进入我们关注范围的还有次撒哈拉的非洲荒芜地带，也许还包括南欧农耕地带、在近东的水荒和孟加拉的水灾等等。大量没有受过教育的人将进入其他国家的领土，在那里他们既无法得到土地，也无法找到工作。移民村将成为一种新的生活形式，或者在大城市郊区的新贫民窟。两种形式均是在去除文化的地域性，存在严重暴力倾向。除了为移民村提供给养外，我们没有任何模式。这样涉及的就不再是"移民帮助"，而是全球化的福利国家的衰败形式。在北大西洋国家里，我们对低水平人员没有需求。我们正进入数字化知识社会（有着自己的诸如未受教育青年这样的问题）。这样的移民压力愈大，我们就愈没有意愿顾及在边界外的需提供支持的地区。移民的流动性愈大，接纳他们的意愿就愈小。

有意思的是，伊斯兰教将自身说成是一种跨民族的宗教，它的宗教共同性观念认为应摒弃西方的对生产效率的迷恋。它有潜力成为占主导地位的移民宗教，因为它在一个宣言中表明了对北大西洋国家的总体拒绝。它宣称，穆斯林就是不想融入西方。这样，移民压力就将它倾向性的贫困化转化为一种精神的张力，后者将巨大移民飞地的去领土化变成"圣战"或其他战争（特别要指出的是，它作为移民军队已经在这个国家存在，而反对该国正出于宗教的动机）。与此相反，基督教更降格成为一个防卫的宗教。

对于文化进程，我们除了与二氧化碳和财务打交道，尚无一幅蓝图。激进的伊斯兰教提醒我们记起那些除信仰之外一无所有者的信仰力量。处在我们现今状况之下，与此相反，我们想保住富裕地位，因而采用了一种有选择性的、作为我们人口减少的补偿的移民政策：只让有相应资质的人力资本由国外移入。气候变化将在如此之大的规模上激起问题（加上代价），这种规模我们一时还无法与我们的议题联系起来：政治权衡"民族混合"（ethnical mixes）、作为"哈尔茨四号"（Hartz-IV）全球景观的长期支援的"发展援助"、军事防御的费用、新型的反流行病策略和机构，然而也包括对新种族主义、精英宗教以及自由范围的界定问题的考虑（尽可能从"遗传学"的角度加以阐述）。刚刚摆脱了新自由主义阶段，我们却又将会带着渴望回忆作为自由文化的过去空间。气候变化激起一种文化变迁，它并不引起更高程度的自由，而是将我们与生态适应捆绑在一起。

　　然而生态适应的美丽画面却意味着收入、富裕和自由程度的降低。

参考文献

Florida, Richard (2002), *The Rise of the Creative Class: And How It's Transforming Work, Leisure, Community and Everyday Life*, New York.

Fukuyama, Francis (1992), *Das Ende der Geschichte*, München.

Jackson, Tim (2009), *Prosperity without Growth? The Transition to a Sustainable Economy*, in: SD Commission, 16.1.2010,
http://www.sd-commission.org.uk/publications/downloads/prosperity_without_growth_report.pdf.

Rawls, John (1971), *A Theory of Justice*, Cambridge/Massachusetts.

Wissenschaftliche Beirat der Bundesregierung Globale Umweltveränderungen (WBGU) (2009), *Kassensturz für den Weltklimavertrag – Der Budgetansatz*, Sondergutachten, Berlin.

随着气候灾难向何处去?

拉尔斯·克劳森[*]

气候变化与气候灾难

问题的关键不在于全球气候灾难。在地球上,随便在哪里均有气候变化。在木星上亦是如此。就更不必说退而求其次的位于南天后部的超新星了。所有一切尚不构成气候灾难。

因为就全球范围的气候变化而言,只有在下面的情况下方能形成全球范围的"灾难":第一,如果气候变化的速度极度加快;第二,如果在社会上彼此连接在一起的所有人均被牵扯到这中间的话;第三,气候变化原因全方位地被妖魔化。就我而言,这三个问题可在社会变迁的相应三个层面加以讨论(一个灾难社会学家也许可以以此为发端在理论上加以阐述)(参见:Clausen,2003 年)。

一场涉及地球生物圈范围的气候变化并不会使所有人产生同

---

　　* 拉尔斯·克劳森(Lars Clausen),退休教授、博士,基尔大学社会学教授,1978 年起担任斐迪南－特尼斯协会会长,联邦内政部保护委员会成员,2003 年至 2009 年担任该委员会主席。

样的惊诧，若干社会层面仅仅只会部分或极少作出反应。气候变化对人的影响也是极不同的，对若干社会层面的影响极小。故气候变化不会到处统统被概括为带魔法的灾难性命运并相应被恐惧化，而在一些社会层面那里，它被理性地当作社会能与之应对同时也应予担心的一种危险。

那么，"灾难"的全部含义究竟是什么？民主德国的一种老说法引导我们进入社会最内部的层面。"私人个体走在灾难前面"。在共同极其紧密联系在一起的社会网络①里，在口头交谈中所说的"灾难"实为每一个体在惊骇中各自的亲身经历，诸如一场火灾、一次羞辱、一场无法治愈的疾病。在第二和以后的层面上才区分地方、地区，最后方轮到国家范围所经历的灾祸（一次爆炸、一场飓风、战争的一次爆发）；而最大的区别在于因此死亡者或仍然生还者。假设会出现一次在世界范围的灾祸，而且它就像"气候灾难"那样最初了无声息，继而急剧发作，那么从社会角度考察，对这样的灾祸就一定会产生各种各样的看法。在 1986 年，乌尔里希·贝克强调的是灾难的等同的（民主化的）作用（Beck，1986）；而在本书中他的阐述则更有其理由："同样，也无法理解气候变化，倘若不顾及气候变化对社会不平等所产生后果的话"；环境政治所希望强调的相矛盾的东西："气候变化是两者：教阶制和民主"。②

要使世界范围的气候变化成为气候灾难，首先必须使"世界"能够处在"全球化"的状态——这是指社会彻底交互联系

---

① "社会网络"在这里指的是社会学定义里作为总体的社会关系中一种无目标的已有的联系，而不是指目标明确的政治或经济集团对该词委婉的掠夺（参见 Fuchs-Heinritz，2007：456）。

② 参见乌尔里希·贝克在本书文章中的议题 3 和议题 4，见本书第 36 页、38 页。

在一起；经济上、政治上以及在我们共同的联系上（首先是精神上的，即从情感一直到思想）。

在经济上，这种网络首先是作为资本主义的胜利进军而被绝对化，并由此而过分强调政治上必须"全球化"，过分强调其中包括的不断强化的"世界内政"（特别是在历次世界大战前后），它涉及从毫无觉察到来的、仍一直是区域性的宗教和世界观（它们产生新的思想价值取向的救赎和经营策略并努力理智地付诸实施，如泛斯拉夫主义和伊斯兰主义）的危机，一直到不声不响来到的、普遍的对世界的祛魔过程，这也就是今天还在做的对世界认识的科学化。在经济上，不断扩展的资本主义战略不仅意味着理性世界的剥削政治，而且由于国际复合大企业内部监督的崩溃，也意味着用无节制的投机代替企业的踏实经营。这种投机的明显标志是每一与商品相联系的品牌策略的失效并代之以即兴把宝押在金融衍生品上（ad-hoc-Wetten auf Derivate）。这已导致对风险费用"疯狂"的外化，这样就使一般危险（包括气候变化）的重新分配摊在欠发达国家相对巨大的人口部分上。在经济上将气候变化转化为有效益的因素，所面对的难解之题，是无法信任"观念上资本家总体"的（用马克思主义的说法）。"资本家总体"为此务须为自己购进一个世界国家或者捐建这样的国家。

在政治上，19 世纪的成功妙招（借助神授能力可以建立起巩固的国家，而后理性地把国家作为民族加以组织）已没有成效：面对世界范围的经济移民和逃难移民，即使古老国家也无计可施；面对年复一年的饥饿、贫困或新型的瘟疫，首当其冲的联合国相关组织也束手无策。通过"正义战争"，联合国于1945 年成立，如今却无法完成自己宣布的任务，用宣传来代替业已消失的神授能力。联合国繁琐和混乱的组织缘起与发展使人不由得想起德意志民族神圣罗马帝国一直到 1806 年所寻求的出路。在联合国之外，引人瞩目地出现了愈来愈多的与国家平行的组织。这也是世界在形式上由国家组成的这一状况的一个后果。如此这般将出现愈来愈多的由进行竞争的"权势企业家"所控制的失败国家（Elwert, 1997, 2001）。在这种情况下，带有危险性质的世界气候变化将可能会对胸怀目标的世界内政政策提出过高要求。

社会精神变迁的观点是：商业广告和政治宣传渗透一切文化层面。理所当然的行为遭到愈来愈多的诘问。即使扎瑞·朗德尔（Zarah Leander）① 的老宣传鼓动歌曲《世界不会因此灭亡》也不会像在 1944 年那样安慰德国人，使世人中的大多数增强安全保障的意识。情况与此完全相反。就罕见的却起稳定作用的因素而言，在近代创建的科学尚可为思想稳定产生作用。然而要将全世界整个人口纳入其影响范围之内，就不再是一种"胜利的进军"，而是趋于商业和政治的腐败，并导致混乱。因为这些学科彼此之间已无法沟通。在物理学中，愈来愈多地产生五光十色的宇宙假想。与无可争辩的全球科学化同时并存的是在互联网范围内，首先在学科之间，然后在民间和舆论中出现的谣言（"神话"）数量大大增加，它在世界范围内使科学理性像魔法般地受到打压。在这中间，对其作出回答的例子是在不断增长，部分地已扩充到整个世界的各种密谋理论——寻求理性价值妥协的尝试中的一种形式。依据科学，面对气候变化，全球社会变迁故而已不再能提供不受怀疑的基础。

我的结论：倘若说大气层升温，而后却并不会产生自然灾

---

① 扎瑞·朗德尔（1907—1981），德国纳粹时期颇受欢迎的歌手，电影明星。——译者注

难，而是很可能会产生很不相同的各种各样的文化灾难。

文化中的不快

依据在一切文化中起基础作用的基本感情，以上所言不妨可归结为：文化的基本信念已不再能够对付它自身的挑战。由此就出现了各种气候变化的新任务——部分是作为整个社会灭亡的威胁，如果海平面上升，有一半国家受威胁并需筑堤防卫；大部分人遭受新的社会不平等，如果饥馑或疾病等被重新分配的话。随之而来的则是否定一切理所当然的事情（die Falsifizierung aller Selbstverständlichkeiten），对于它的"灾难"也同样贴上了新标签。

令人宽慰的是，由可怕的前提出发，无法推出如我们经常在朱利乌斯·纳吉（Julius Nagy）那里听到的那些观点。那么，"西方文明"以及三大巨头对此又作了怎样的设想？我们知道，施宾格勒、汤因比和博尔克瑙作了预言并对此给出了经典的答复：他们截然不同的观点是众所周知的，尽管到了2010年，他们的门庭已显得颇为冷落了。①

这里还要提一下，与此相关，在一个世代以前还经常被阅读的经审慎考虑作出的回答——出自艾萨克·阿西莫夫（Isaac Asimov）的"科学虚构"（他的《基地》三部曲出版于1951年、1952年、1953年），从其欲作出经典预言的雄心出发，最后也遭到失败（参见 Günther，1975）。在他的作品中，不厌其烦地用他的魔术道具施展魔力，还加上无法去除的对社会隐秘的恐

---

① 参见 Spengler，1998；Toynbee，1934；Borkenau，1995。在这三人中，博尔克瑙（Borkenau）是远远超过前两者的杰出社会学家。

惧。在这里我就不再谈论他的作品了。

因为我首先想说的是气候变化的直接后果——在相应社会中对于每一种舒适而言的直接后果。这可能会以一种小小的不快开场：冬天下雪少了，父母要多花些口舌跟 6 岁的孩子解释，放在地下室的雪橇原来是做什么用的。欠缺也隐含在人们的观察中，在德国有许多家庭很迟才意识到，在暴风雪之后，倘若停电，不妨把放在冰箱冷冻室的融化的冻品扔到外面的雪堆上。社会学家观察到，一个不寻常的明媚春天会成为谈论话题，媒体会将其与"过去"相同时令的天气作比较。至于不断增加的紫外线照射所产生的危险，则更多的是澳大利亚人研究的课题。媒体不仅谈论臭氧层空洞，而且也报道飓风、海啸或森林大火，即使发生在偏远地区也大加报道，这样的变化是不愉快的和令人瞩目的。在德国，一场大雪压塌体育馆或者由于天气导致线路断裂而引发明斯特地区大面积的长时间停电，都会有不少人提出涉及生产经营监管和基础设施政策方面的问题。这意味着飘忽不定的不安取代了以"证明可靠"为前提的传统的风险处理方法。以往人们以敬畏之心寻求生活的地方，却愈来愈多地对之产生出恐惧。

全球化气候变化可以用德国社会学的创始人费迪南·特尼斯的话概括为"一个全球的社会问题"。他认为，这样的问题必须由国家来加以解决。[①] 对于他来说，这是国家依法有责任处理的内政事务，而且这是唯一可行的办法。

特尼斯把问题向前推了一步：如果这是一个全球化的社会

---

① 特尼斯认为，国家是有利于自己的利己主义的经营者建立的一个"社会目标组织"（类似股份公司），而并非如同信仰所表明的那样是"共同予以敬仰的那样的事物"（参见《团体与社会》，1887）。

问题，那么，就必须由一个"世界国家"加以处理（参见Tönnies，1917）。倘若有那么一个称职的"世界国家"的话，那么，它必定是拥有主权的。而主权使国家成为一种有利于第三者、亦即有利于霍布斯的利维坦的一切人的契约。然而，在这里全球化世界网络却没有行动能力。可以设想唯一现实可行、且能够寄予期望的那么一种起替代作用的联邦制的"世界国家"，然而它却似乎不可能会拥有主权。对于同一人类的分裂的权力，修正的社会角色是一种在补充中的矛盾（contradictio in adiecto），一个中看不中用的银样镶枪头。

如若不拥有主权，就如同联合国状况所表明的那样，那么利维坦就无法"解决"这一问题，并在此遭到失败。故而自1945年以来，联合国内在地追求的"世界国家"无法回答这一问题。

一个在这方面更为干练的"世界国家"在灾难出现前不会出现；在灾难中，更是束手无策，毫无施展的余地；在灾难后，就不再有世界社会。而呈现的情况则是一切安全保障的终结，一种失败的全球化。因此人们宁愿将"世界国家"这一麻烦制造者置于考虑范围之外，听任其自生自灭。

这样，在气候基础上产生的"社会问题"将无法得到解决，它还将吞噬所有国家的合法身份。这是一种不愉快的想法。

一个社会新问题，在世界范围、欧洲范围和德国范围

对于社会学家来说，要对一个"社会问题"有所研究，就要求重视社会差异，以便使问题摆脱日常争执，得出有说服力的社会学的回答。在我的议题范围内，人们似能看到我在谈到有关可能的大面积荒漠化"灾难"时，作了包含如下内容的定

义：它意味着（1）一切均仓促行事；（2）高度紧张；（3）以注重寻找传说原因为标志的问题基础。正是这种相联系的三点构成了"社会问题"的材料（参见 Clausen，1994）。不言而喻，人们尽管可以在社会学之外去谈论它。看来，人们必须止步于他的学术范围之内，诚惶诚恐于某个定义。然而，每个有关社会变迁的社会学理论倘若没有灾难分析，它就是一种应景的社会学，也就是没有理论的社会学。

看来，在这里我似有必要讲一下我建立在相应概念之上的灾难社会学的三个层次的要点，这三个层次是：世界范围、欧洲范围和德国范围。

首先是世界范围

（1）在社会变迁的高速维度内，社会变迁意味着：它与世界气候相关联，慢慢加速，世界范围的变化幅度要小于欧洲和德国范围。

（2）在彻底性维度内，甚至出现了在下述国家之间与问题基础相脱离的倾向：存在被淹没危险的印度洋和太平洋国家；存在荒漠化危险的非洲萨赫勒地区和南欧国家；而在其他国家中，极地附近国家有甲烷释放问题，也许威胁程度要低一点的是受到北上的瘟疫（如疟疾、登革热）威胁的国家（如美国、中国和中欧），甚至还有因气候变暖而在农业上受益的国家。这就是说，最初看全球问题的着眼点是按照国家划分的，并悄悄地使这个"国家的世界"四分五裂。"最贫穷国家"将成为救济对象，对发展有兴趣的国家的反应则存在从抵御到挑衅的各种态度，而"西方"的、或多或少得到巩固的民主制国家则被迫担当起孤零零剩下的"堤坝伯爵"的角色①如今该如何促进团结？2009年12月7日至18日举行的哥本哈根世界气候大会非常充分地表明了这种四分五裂，而且没有作出任何决议。

（3）在仪式的维度上（抑或应当说是在仪式支撑的一方面是理性"世俗化"，另一方面则是"妖魔化"巫术②极端宣言制度化的维度上）并非到处能预计到一种相同形式推进灾难的巫术。因为对于灾难场景典型的"专家—外行的冲突"：灾难承受者（"外行"）和他们的否认问题的专业人士（"专家"）分道扬镳（如同我们在医学或工程学科所知道的情况那样），这种冲突现今没有得到发展的机会，因为作为专家团体的气象学家虽然趋于一致得出将要降临的危险是什么，然而却从未足够明确加以阐述，俾使在世界范围与此相关的灾难—外行纳入安全之中。他们的对手——"气候怀疑论者"观望着脱茧而出，充当着污染工业、特别是小布什政府的院外活动集团，当然，他们不会去当惴惴不安的外行的民众团体的传声筒。③ 在相当的时间内，问题意识强烈的外行仍寄希望于专家，甚至以专家的马首是瞻。但这当然并不排除在大地域范围内有受宗教控制的（如受新伊斯兰教允诺所影响的）舆论或在政治上出现的地区动乱，还会出现热心寻找在灾难中出现的典型的"救世者"的现象。

---

① "堤坝伯爵"是旧时莱茵河下游对管一段堤坝的堤长的俗称。施托姆的小说《骑白马的人》描写当上"堤坝伯爵"的主人公霍克如何处在孤立无助的境况中。一天堤坝被冲垮，他正骑马在堤上巡视，见状连人带马跃入海中。——译者注

② 仪式世俗化的含义可查阅布洛克豪斯（Brockhaus）或维基百科（Wikipidia）的相关条目。而仪式巫术化则指譬如说"上帝惩罚"或"大自然报复"给人的感觉（参见 Clausen，1978）。

③ 其中所使用的伎俩参见克里斯托弗·施拉德尔（Christropher Schrader）2009年12月3日发表在《南德意志报》第12版上的文章。

小结：世界范围内统一的灾难场景不会来临。然而对在一些大区域如新伊斯兰教的近东或在北欧的民主制度中的情况则需加以关注。

把目光转至作为从灾难社会学角度考察的单元——欧洲

（1）在欧洲范围内，预计有怎样的与气候相联系的社会变迁将加速？在这里我想特别指出地中海周边的荒漠化和撒哈拉沙漠的扩张。它无疑将加剧因世界经济而导致的南北人口迁移的进程。这种迁徙趋势将加大，尤其是在饥饿的年份将更显现其巨大力量。人们从来无法将所有难民驱逐出境（驱逐至利比亚？）这尤其会导致欧盟社会停止开放（如同我们在美国南部加铁丝网的边境所看到的情况那样），并导致弱化它的合法政策：削弱人权法规实施的第三股力量的作用。有人将会幸灾乐祸地看欧洲的笑话，倘若欧洲弱民主国家毫无顾忌地听任难民被淹死，或将其作为一个新的少数族群，长期任其在类似加沙地带的难民营中度过的话。恰恰是这类使人与独裁制度相联系的"居留营"的新发展给人敲响了警钟①——但愿在那里出生的"第二代"命运有所改善！无论如何，对于任何民主制度来说，允许任人摆布、朝不保夕的营地的存在就是一个危险的标志：推而广之，仿佛人们进口了适用于所有公民的思维模式。然后欧洲联盟的各国就会日甚一日地互相攻讦，把建立营地的事推来推去。对此，在他们共同的里斯本条约里却找不到足够的依据。

（2）变化将变得愈益激进。经济危机的倾向性将强化社会

---

① 参见 Schinkel，2009，特别是从第 783 页起的章节。

内部矛盾，一种潜在的反资本主义潮流赢得了力量，而由于现实社会主义因经营不善而破产，社会上应运而生、而蔓延的则是对特别解决方法的幻想，即对某种新国家社会主义的幻想。移民迁入，加上已被纳入任人摆布状态的老移民下层，将使欧洲所有国家的仇外偏见得到实施机会，并因而使它们的平等民主观遭到破坏。欧洲运动最美好的成就就在于几乎结束了一切邻国之间的战争，这是对邻国之间在 20 世纪的战争灾祸的有力回答，现今似乎也已显得并不那么重要。在欧洲从未有过那么长久的和平——然而，战壕斗士和遭遇狂轰滥炸、疯狂杀戮的一代，那些让人能够从心底加以尊敬的人们在 1945 年后随着悠长的岁月而慢慢被替代，而后代则只能从报刊中获悉战争和大屠杀的画面，就是说已没有了亲身经历的切肤之痛，而无论如何是一种间接模糊的感觉。故而在新社会冲突之中对于欧洲的一种新细分的时机就已经成熟了。

（3）象征性地聚焦于虚假原因的巫术在全欧洲可以说是值得一提的议题。不言而喻，人们将找到这类衍生品（意识形态素，Ideologeme）。而后人们会追寻奴隶印痕的特征，以便能解脱、排除少数族群的困苦。极富象征色彩的联合的欧洲政治目前尚无法琢磨。因为从经济角度看，经济难民无非就是多余的劳动力。第一、第二、第三产业均能从已有的因产业结构原因尚未就业的原人口中找到劳动后备军。当然，后者亦有部分已失去劳动习惯，与工业化早期从农村来的劳动后备军习惯于艰苦的劳动不同。地位巩固的基督教也无法掉以轻心，恰恰是因为移民中有不少是伊斯兰教信徒。2009 年 12 月，瑞士全民公决决定：在瑞士禁止建造伊斯兰教寺院尖塔建筑。这可说是一种不祥之兆。当然，在这里首先是表现出不一致的意识形态素，最初在各国的表现是各不相同的，在爱尔兰不同于在英格兰，在爱沙尼亚不同于在立陶宛，在匈牙利又不同于在罗马尼亚。乌克兰和白俄罗斯虽说在欧洲联盟之外，却总还是在欧洲，它们则实行完全不同的方针。

小结：欧洲作为气候"灾难"的整体，在人口政治危险方面，由于欧洲凝聚力的降低，比整个"世界"更易受伤害。一场灾难更易悄悄到来，并以政治统一方面走下坡路的形式出现，然而灾难却也可能呈突发性态势。作为社会变化的特殊形式，欧洲的个别国家比较而言是更易受伤害的。这样，对一向由国家决定的社会作出区分就完全是不可避免的。德国又该呈现怎样的情况呢？

现在轮到讲德国

在这里我首先想援引考虑到出现最坏情况的防灾委员会的第三个险情报告（2006）①：

（1）气候变化加速了令人警觉的社会变化，这些威胁体现在哪些地方？在第三个险情报告中首先强调了化学和生物危险，然而气候变化的诸类后果涉及范围是多方面的。② 在这里举几个例子：由于大雨的增多或海平面上升而导致越来越多的大面积水灾，将使卫生防疫水平急剧下降而有利于瘟疫的蔓延。这里

---

① 该报告的 17 位作者，来自社会学界的有三位：拉尔斯·克劳森、沃尔夫·R. 董布罗夫斯基和埃尔克·M. 格南。第四个报告正在撰写过程中。（"防灾委员会"是下设在联邦德国内政部的一个学术咨询机构，本文作者曾担任该委员会的主席。——译者注）

② 险情报告并非按照其原因而是按灾难险情的表现形式，按其字母 A、B、C、D、E、F 的顺序依次叙述原子（atomar）、生物（biologisch）、化学（chemisch）等方面的险情。

说的是一般瘟疫（伤寒、副伤寒、痢疾和霍乱）。人们极易受自然事件（洪水、飓风）伤害的原因在于电力、燃气或油料远距离输送网络的基础设施极为脆弱。

（2）极端情况出现在电力的输送网络。业已有所预见的长达几天的断电，对于居民用户来说就意味着要忍受饥渴、寒冷等过分的痛苦。现今在德国已经没有了通过人工机械传动（压杆汲水设备）运转的紧急汲取井水系统：也许很快就会去喝受到污染的水。对于严寒也许能够用家里现有衣服抵挡一下，然而却无法煮食。在大雨、大雪降临的情况下，要设想道路无法通行、建筑物倒塌的情况出现。良好的营养水平也许会推延饥饿造成的后果。然而来自洪灾地区的临时转移者只能带出很少东西，由于汽油短缺，运输也只能指靠人扛大背袋或自行车，因为已经没有了手推车或马车。各家各户即使在思想上对短期的转移也是没有准备的，必然的后果是：婴儿、事故的直接牺牲者、病人、年老体弱者、旅游者和非法入境的不通语言者将遭受最大的伤害。这一切会使非德意志居民感到不安吗？是的。但却并没有针对他们的作出集体迫害气氛的任何征兆。德国从根本上引人瞩目地抵制这类征兆。然而更带有轰动效应和巨大社会后果的则是信息网络的崩溃。在最坏的情况下，这种崩溃将使银行柜台和自动取款机处在瘫痪的状态。家庭现款储备很快就会枯竭。这样，邻里之间的互助就会心有余而力不足，而家庭和个人就只能依赖在黑市临时放高利贷者或者干脆就去偷和抢。总括起来可以说，大多数住家均不拥有防卫武器。从防灾角度看，尽管多少年前就了解了这一日益扩大的在"自卫"方面的漏洞，对于堵塞这一漏洞，却没有全德目标明确的统一防卫政策，就更不用说对生活在德国的全部人口适用的相应政策了。这一缺陷不仅存在于应对日常事故灾难的下层防灾官方机构（县级和市级），而且也存在于依据基本法主管此事的 16 个联邦州。依据法律，联邦在这方面只有顾问、建议和帮助的权限，而不能直接指挥；基本法中明确规定，只有在战争的情况下，联邦方能直接干预。然而灾难并非仅仅是一个官方的管辖权问题。灾难的当务之急首先在于各家各户下降的自助自立的能力。从根本上说，这使人们在社会变化中极易受到伤害。

（3）一些天灾引起网络故障，出现了信息中断问题，这将使抱着各种企图的谣言四起。谣言是各种各样的，最主要的手段则是魔法化。涉及社会变化的第三个维度的是围绕随机而起的、失去理性的原因寻找。如果对在日常维护正常运转的国家失去信任的话，那很快就会感到"一切保障的终结"，这有实际事例为证。在这里我举些例子。覆盖面积大、牢靠而又灵活（不用电网电流）的预警网络极少，而且很快就不再顶用。最令人恼怒的也许是，德国"预警缺陷"只是不影响不说德语的家庭妇女、无家可归者、坐牢者和旅游者——人们无须对他们说些什么。到处都在寻找有用的信息，然而安慰人的声明总离官府要近些，而且是他们的杰作（"只是不要添乱！"）。他们计划人员撤退，却缺少役使牲畜和古老的防灾设备。一个中断所有其他广播、传递确切而又击中要害的官方通知却一直还在协商讨论之中，而私人电台则对大而无当的不解决问题的基本原则不感兴趣。与政治、经济或体育领域不同，媒体没有懂行和有经验的有关灾难的专业报道，能在这种情况下发挥一些作用。而平民百姓各家各户均按习惯在寻求、等待着性命攸关的信息。

小结：在我看来，在寻求原因的范围内，在与气候变化相关的情况下，在德国，引人瞩目的现行制度的合法性危机不会直接显现。仍能寄希望于乐于助人的平民志愿者，这特别体现在新联邦州发生洪涝灾害的时候。灾难的原因（所有人都认为由此对治理提出了极高的要求）还被看作是非人力所能左右的。而对灾难处置的延误则正在悄悄地进行着法律上的考量。气候危险尚不能马上摧毁德国社会。无论如何，德国社会的民主执行能力经受住了考验。

总结：世界范围的某种气候灾难一时尚无法预见；倒是会在极其不同的文化圈内、在大区域内和在一些国家的范围内出现气候灾难。世界气候变化将极大地影响作为整体的欧洲，并使之冲突更加频繁，而德国的治理则将受到更为严峻的考验。

从结构上看，那些只能依靠自己的力量，却完全没有作准备的家庭和个人居于最危险的处境：他们将在太长的时间里感到自己孤立无助地被丢在了一旁。最后，世界范围的气候变化终将分解为它的各种可能的灾难。

参考文献

Asimov, Isaac (1951), *Foundation*, London.

— (1952), *Foundation and Empire*, London.

— (1953), *Second Foundation*, London.

Beck, Ulrich (1986), *Risikogesellschaft. Auf dem Weg in eine andere Moderne*, Berlin.

Borkenau, Franz (²1995), *Ende und Anfang. Von den Generationen der Hochkulturen und von der Entstehung des Abendlandes*, Stuttgart.

Clausen, Lars (2003), »Reale Gefahren und katastrophensoziologische Theorie«, in: Ders./Geenen, Elke M./Macamo, Elísio (Hg.), *Entsetzliche soziale Prozesse*, Münster, S. 51–76.

— (1978), *Tausch. Entwürfe zu einer soziologischen Theorie*, München.

— (1994), »Zivilschutz als Soziale Frage«, in: Ders., *Krasser sozialer Wandel*, Opladen, S. 193–205.

Elwert, Georg (1997), »Gewaltmärkte: Beobachtungen zur Zweckrationalität von Gewalt«, in: von Trotha, Trutz (Hg.), *Soziologie der Gewalt*, Sonderheft der Kölner Zeitschrift für Soziologie und Sozialpsychologie, H. 37, S. 59–85.

— (2001), »Gewaltmärkte und Entwicklungszusammenarbeit«, *Wissenschaft und Frieden*, S. 12–16.

Fuchs-Heinritz, Werner u.a. (2007), *Lexikon zur Soziologie*, Wiesbaden.

Günther, Gotthard (1975), »Selbstdarstellung im Spiegel Amerikas«, in: Pongratz, L. J. (Hg.), *Philosophie in Selbstdarstellungen II*, Hamburg, S. 1–76.

Nagy, Julius/Heger, Chr. (1982), »›Katastrophe‹ und Katastrophe«, in Heckmann, Friedrich/Winter, Peter (Hg.), *21. Deutscher Soziologentag 1982, Beiträge der Sektionen und Ad hoc-Gruppen*, Opladen, S. 972–978.

Schinkel, Willem (2009), »›Illegal Aliens‹ and the State, or: Bare Bodies vs the Zombie«, *International Sociology*, Jg. 24, H. 8, S. 779–806.

Schutzkommission beim Bundesminister des Innern (2006), *Dritter Gefahrenbericht der Schutzkommission beim Bundesminister des Innern. Bericht über mögliche Gefahren für die Bevölkerung bei Großkatastrophen und im Verteidigungsfall*, Zivilschutz-Forschung, Neue Folge, Bd. 59, Bonn.

Spengler, Oswald (1998/1963), *Der Untergang des Abendlandes*, München.

Toynbee, Arnold J. (²1939), *A Study of History*, Oxford.

Tönnies, Ferdinand (1887), *Gemeinschaft und Gesellschaft*, Leipzig.

— (1917), *Weltkrieg und Völkerrecht*, Berlin.

作为分担问题的气候责任

迪特尔·比恩巴赫尔 *

"气候责任"是一个新术语，它与特定的义务相联系，而这些义务则产生于对于全球气候变化愈益严峻的认识。就需要这类特殊的义务而言，在这中间绝非没有争执，故而对于许多人来说，这个新术语本身就带有挑衅色彩。本文基于下面要谈到的假设而形成的出发点是：面对预计的气候变化及其经济和社会后果，探寻责任问题不仅是有道理的，而且带有某种紧迫性。

这些假设中的第一条：面对主要是产生不利后果（对南半球国家影响最大）的大气层和臭氧层升温，却采取一种限制变暖的全球战略，并非是一种在道德上说得过去的选择。应当采取一切办法、竭尽全力不让地球平均气温比工业化时期前的气温提高2摄氏度以上。按照今天的认识水平，要达到这一目标，只能通过彻底降低温室气体排放，特别是二氧化碳的排放。2009年7月在拉奎拉召开的八国集团峰会的决议计划，相对于1990年的

* 迪特尔·比恩巴赫尔（Dieter Birnbacher），教授、博士，在杜塞尔大学哲学学院讲授哲学，法兰克福叔本华协会副会长，联邦医师公会中央伦理委员会成员。

水平，到 2050 年世界范围的排放将降低一半。而工业化大国在同一时段则至少要下降 80%。

第二条假设：即使能源利用迅速与此相适应，并采取其他节制温室气体排放的相关措施，都不能阻止当前的气候变化对植物、对气候条件，并由此对极其依靠农业的许多发展中国家的经济产生不利影响。自 19 世纪工业化以来，愈益加剧的气候效应就像巨型油轮那样行事：在改变操纵指令后，需要长长的等待时间。温室气体排放就算从今天到明天就停下来了，仍然可预期会有巨大的损失。

第三条假设：不管是降低、提高抑或平衡温室气体排放，均与高代价的费用和机会成本预期损失相联系。这样就将提出问题：谁该为这些费用买单？无论是避免（进一步的）气候问题的战略，或者对气候问题加以适应的战略，以及它们产生的后果效应，均会提出分担公正性的问题：不管是避免还是适应，费用该如何分担？如果一个分摊标准被认为是合适的和公正的，那么它究竟应当有怎样的标准？——视相对的相关程度、气候变化形成的参与程度和采取适应行动的能力和乐意程度而定，还是依据非特定的标准如经济承担能力而定？

全球分担的公正性和责任分摊问题对于全球环境问题来说，并非首次在气候问题总的框架下被提了出来。引人瞩目之处在于，在气候变化总的框架下，在伦理层面却完全不同于在政治层面。在政治上，首要的关键在于解决实际问题，这种解决之道将实际存在的彼此联系起来，并以必要的外交谨慎引导发展，朝着通常被认为正确、却很少完全被阐明的方向前进。此外，为了避免冲突，据以衡量达到目标的责任和分摊费用的标准也是极为含糊的。气候政治是如此这般施展影响的：在所谓"提供适当过渡"的原则下，缩减目标并非那么被绝对化，而是从现状出发加以确定，约略如京都议定书确定一个基准年实际排放量。人们确定一个似乎能够完成的缩减百分比，并以不会对经济结构产生太大的损伤和适当的"摩擦损耗"为前提。成本分摊的"公正性"首先体现在人人有份，所有参与者承担大约同样的相对开支。至于原初水平的不同则并未涉及。

与在政治上讨论的进程战略方向不同，在伦理上讨论的模式在很大程度上专注于可由上述战略影响的全球费用分摊的结构。摆脱了在政治上的寻求意见统一的要求，伦理模式很少倾向于接受现存的不平等状况。这些伦理模式认为：自己的一项任务就是把原初水平的不平等本身作为问题提出来。这些模式并没有因为要减少由于气候变化而产生的问题，就依据已有数值相对地确定责任的划分；而是首先依据其性质（该性质强调未来分派受益和负担的适宜性和公正性）加以确定，而不管推行责任划分会在现实中能在多大程度上得以实施。

与实际的分担过程不同，这一系统分担过程有两个步骤。在第一个步骤，将在理想化和不考虑能否做到的情况下来考察：只要在道德上可行，何种可能的责任分担既能够达到目标而又公正？然后才是第二步，考察为了在道德原则和可行性之间作出平衡，怎样的分担在政治上是有可能加以实施的，怎样的削减在公正性和效果方面是可行的。

令人不感到意外的是，在全球环境问题伦理中所讨论的系统分担规则的显著标志是：第一，与在政治战略之后复杂的考虑相比，这些规则在构成上要简单得多；第二，它在现有条件下或多或少带有乌托邦的色彩，在实际的政治领域则被当作远期目标予以接受。在这里我将在气候变化中的排放分配的两个互相竞争、差异极大的"乌托邦"—伦理观点举例说明如下：

1. 每个地球公民在有损气候的温室气体排放上均有相同的

权利。全球能够忍受的排放总量将被换算成排放权利，以排放证书的形式平均发放给所有人。没有使用的排放权可以在全球市场上出售，也可以购买需要的外加排放权。这一旨在气候保护的排放证书建议今天已在一些地区作为环保政策的手段而加以推行。这得到彼得·辛格等人的支持（Singer，2004：35）。辛格的建议除了令人着迷的简单之外，他把一系列伦理的和实用的选择糅合在一起：他平等对待一切人，避免会导致没完没了差别划分的争执，如究竟是按照传统生活方式还是按照因气候因素不同而不同的生活方式问题，他不置一词；他允诺当前排放量低的发展中国家将被给予重要的外加资源以发展他们的国民经济；他大力提倡推进减少温室气体排放和建立尽可能低排放的经济发展，并以这样的方式阻止工业化世界在 150 年间所犯的气候罪孽。

而另一建议则从另一思路出发在理论争论上也颇具代表性，这一派也涉及历史公正性的观点。

2. 每一个自 1850 年健在的地球公民都拥有或曾拥有完全相同的有损于气候的温室气体排放的权利。全球能够忍受的排放总量将被换算成排放权利，以排放证书的形式平均发放给生活在这一阶段的所有人。没有使用的排放权可以在全球市场上出售，也可以购买需要的外加排放权。对于多用了他人份额排放权的每个公民来说，必须事后向少消耗自己排放权份额的公民购买。

两个体系的分配规则均没有考虑气候变化自原初水平开始的作用。两者均在效果和（平等的）公正角度的结合上来考虑问题。两者均规定分配排放权不得超越已定总排放量限度，给每个人分配相同的份额。在发放已定排放证书总额时，两者均为人口发展和认识水平留下了余地。与第一个分配模式不同，在第二个模式中，历史上的排放也是一个考虑的因素。即使如今在相同排放量的情况下，工业化历史悠久的国家要比新兴工业国欠着更大的债务。

标准的起点

就更有效地达到目标而言，在管辖和责任方面有怎样的分配这样的问题是一个经验问题，须放在历史和社会科学经验的基础上予以回答。而怎样的责任分配是公正的，在道德上是适宜的，则是一个伦理问题，回答此类问题必需的标准并非以经验价值为准，而是要求一种现实或假设的道德立场。下面我想从一种规范的立场出发展开论述。这种立场一方面吸纳了古典功利主义的因素，另一方面对其作出若干修正，以避免古典分支流派的直觉至少得以满足的一些结论。功利主义分配理论的标志是它仅仅依据其预计的效果来衡量划分管辖的道德质量，就是说，在尽可能少的开支情况下，达到作为"远期目标"的预定状况。这一"远期目标"被设定为要达到在空间和实践上不受限制的、超越了一切有感知力的存在且彼此相叠加的主观幸福的最高值。责任分配的目标是经久持续达到最高生活满意度。在这里，目标范围是有意从主观论的角度加以描述。重要的不是客观生活状况（包括经济状况）；重要的是方式和方法，即在主体经历中如何把它凝聚表现出来。由此得出的一个结论是：与历史上得到证实的人在客观上也能适应艰难状况能力的状况相比较，"远期目标"远非如它所表明的那样有多么高的要求。这里涉及的并不是给人类带来高水平的富裕生活，而是避免灾难的困境，诸如营养不良、没有自由、战争、内战等所产生的困境。

在我看来，为了与基本的公正性直觉（对一种生活质量的重新分配从处境好的向处境差的倾斜，一般会给予积极评价；反之，从处境差的向处境好的倾斜，则一般会作出消极评价）相适应，对功利主义加以某种限定无论怎么说都是需要的。在相应起始条件下，经典功利主义却并不排除"由下至上倾斜的"重新分配。为了至少给这一结论制造困难，有人提出，相对于在较高水平上的收益增长和收益损失，要大大提高对在较低水平上的增长和损失意义的评估。这种观点今天被称之为"优先主义"（prioritarianism）（参见 Meyer/Roser 2006：236；另见 Parfit 1997：213），出自所谓的"负面功利主义"的传统（Birnbacher 1989：26）。在某一行动对全体当事者可能产生的积极和消极影响的评估中，社会地位较弱者以这一方式比社会地位较强者在（积极和消极的）相关事宜上赢得有利地位。边际效用递减律指出，源自对商品更多占有而产生的效益增加却随着该商品的可供支配数量的增加而减少；而优先主义则认为，因增加收益而产生的价值增长随着效益水平的提高而减少。

在优先主义意义上修订的功利主义的前提下，产生了一系列也与气候政治相关的结论。第一，产生了一个涉及面广，并且在空间和时间方面顾及作为或不作为的远期后果的责任。为了能在道德上得以通过，行动或搁置务须在利他主义的原则上加以衡量，即表现在其对避免或减少困境在世界范围所作的贡献（这并不意味它们的动机也须是利他主义的——在推断论道德中，看重的只是获得的结果，而不是动机）。我们在道德演化产生的条件基础上，倾向于把我们的责任局限在家庭、地方或者地区的范围内；而功利主义如同其他所有的普济主义伦理一样，要求超越我们同情和同感能力的边际，树立"摆脱边际的责任"。对于气候责任来说，则意味着要用一视同仁的态度和方式来对待一切受灾者：对待远方的民众（如由于海平面上升而受到威胁的孟加拉湾民众）要像对近邻、老乡或同胞一样地关切。

在时间的维度上，也适用类似的原则。康德在他的哲学史中指出："人类天性使然，即使是远溯到上古，只要涉及我们的同类，我们就不持取麻木不仁的态度，倘若他们只能用确信方可加以期待的话。"（Kant，1902：Band，8，27）即使这一有关"人类天性"的画面肯定太显夸张，而且也忽略了人"忘记将来"的倾向，然而它却是一切普济主义伦理和道德的一个标志，对作为或不作为履行的一种职责，也意味着对"将来"而言的"摆脱界限"。对于康德来说是这样，对于经修正的功利主义来说也是如此：对将来责任的唯一合法限制是愈益增加的结果的不确定性（对于涉及遥远将来的决定就更是如此）。在时间上相隔甚远者正面和负面的遭遇就如同在政治设计上经常碰到的情况那样，同样极少能够"被兑现"，这对于在地理位置或社会地位上相隔甚远的涉及者的后果而言也是如此（Birnbacher，2001）。

在基础规范的框架范围内，其他推断初看起来颇为令人诧异，特别是康德式的伦理敏感。这些推断当然并非源自功利主义的某些特点，而是与所有推断论伦理的本质特征紧紧相连：昭示按照义务论观点在日常道德中获得却首先是不讲义务论的若干原则，并由此结论出发，即机能主义地表明这些原则的正确性。属于这类观点范围内的有：提供行为和期待保障，减少妒忌，团体感的实现可能，修正现实和潜在的有害社会的行为方式和动机基础，以及个人摆脱过度的道德压力。以这样的方式就能考察，在多大程度和怎样的条件下，即使并不特别讲义务的道德准则也能按义务论作出解释：如在有害后果和次要后果（蓄意的损害一般要比因容忍而引起损害的行为受到更严厉的谴责）之间的规范差异，在作为与不作为之间的规范差异（因主动行动而引起的损害要比不作为引起的损害遭到更严厉的谴责），也包括平等原则和平衡（协调）与分配（分摊）原则。公正原则，无论它有多少个别的表现形式，在推断论伦理的背景下总是无法自我证实的，而是需要一种逻辑严密和在总体上文气通达的阐述。有鉴于此，一视同仁并非不言而喻地（eo ipso）要优于不一视同仁；结果相同并非不言而喻地要优于不相同；冤冤相报并非不言而喻地要优于宽恕；关键在于它们的公正性取决于这些原则在各自的"领域"所担当的作用（Walzer 1992）。在当前这样的总体情况下，症结在于：并非一切在家庭、地方以至国家范围内施行的原则在国际和全球范围内也能适用。面对气候问题的全球性和长期性的维度，许多在团体道德约束下的维度内有效的范畴丧失了它的适用性。一个在道德上阐述的气候政治，必须比在其后果和附带后果在空间和时间上较易界定的政治决定有更长时间的有效性。不作为的罪孽应该与因道德原因而未达目标遭到同样的惩处。平等原则不能像处理国内情况（在那里，不平等挖空社会凝聚力和社会团结一致的基础）那样要求优先权。即使在一国内部和跨国范围实行的原则，如成因者原则（一个由损害公正赔偿基本原则导出，在许多领域不可或缺的公正性原则），也必须如同所表明的情况那样限定在一定范围内，限定在作为基础的意义重大的道德观背景下的适用范围内。

全球气候政治应遵循怎样的原则？

依据前面所言，全球气候政治的第一个目标必须是针对紧急状况所采取的防备措施，这些紧急状况是如此严重，对人适应的潜能故而就提出了过高要求，大大超出了人所能忍受的范围。气候政治质量的根本标志因而就是它在怎样的程度上降低发展中的权利侵犯潜力（Right Violation Potential）（Dominic Roser），亦即降低风险——减少有人落入生活质量某一最低水准以下的危险。故而讲到这类在如此联系下的"权利"，不能将其理解为唯一或主要因主动进攻而受到了伤害。权利也可能因对困境的单纯容忍——如在发展中国家里大部分人口对绝对贫困的容忍那样——受到伤害。

倘若事关减少紧急状况的风险的话，那么，问题的关键就可能不在于这些紧急状况是否归因于或不归因于有能力补救者的某种主动行动，倘若这些补救者拥有阻止或减缓这些紧急状况的能力的话。起核心作用的一种考虑的结论认为，减少温室气体排放（或帮助适应已形成或无法阻挡的未来的损害）的责任从根本上说，首先不可依据成因者原则加以衡量，而须依据福利原则加以阐述。依据福利原则，不管有没有能提供证据表明是气候变化成因的参与者，均有责任投入预防性地减少风险或其他辅助性措施的行动之中。成因者原则却并不因此完全被取消。这样做的好处首先就在于为适应的费用找出主要成因，这将对降低排放是一种刺激。从全球和长期的角度来看，支持遭损失者快速适应因气候损失而形成的情况，预防性地减少在将来进一步损失的风险——将作出双倍的支付。这一考虑还同时产生了一个更激进的结论：就出自经修正的功利主义的下述预防和支援责任而言，究竟是否以及在怎样的程度上就即将来临的气候变化而追溯过去和如今的温室气体排放，最终均是无意义的事情。就遭受气候变化最大打击者的预先关心和当时救济责任来说，无非都是同样的说法：归之于自然的、非人为的或人为影响的因素。一种紧急状况究竟是自然造成的或者是因为人对自然的干预而形成，这对于减缓紧急状况的责任来说是没有区别的。一般来说，人均有这样的倾向，接受天灾要比接受人祸容易，这却并不意味着会在伦理的角度阐述相应的差异。比起"人为的"风险，人们更易接受自然风险这样的心理倾向，找不到相应的伦理学理由。

对于气候责任的基本原则来说，第二个方面是把必要性、预防和援助措施首先集中在发展中国家。这方面的理由是显而易见的：第一，这些国家即使在今天就不仅在客观上（依据《人类发展指数》），而且从主观生活质量而言均处在最差的位置上。第二，按照今天所有的有关地球变暖的统计测算，这些国家遭到的损害最大。第三，预期的气候变化将对这些国家的人民打击最大。在气候变化中，他们主要依靠农业的经济基础将比工业国的经济在更高的程度上遭到伤害。最穷的发展中国家在摆脱气候状况对经济发展影响不断加速的进程中还完全处在初始状态。有鉴于此，他们即使在今天就要比工业国在更高的程度上遭受水资源匮乏、土地退化、环境破坏和因气候或部分因气候而引起的瘟疫和病虫害等多方面的侵袭。更重要的是第四点，即人口统计学上的理由。我们必须基于这样的出发点：温室气体在大气层排放的影响在以后数代方会充分显现。在当代，最贫穷国家的人口发展已大大超出当今的一般高水平；而工业国的人口的发展则呈现停滞和萎缩的状态。这意味着，将来气候状况的消极影响要比如今涉及更多人口。从推断论伦理学角度出发，故而对可以避免的遭受紧急状况影响者的人数不能抱麻木不仁的态度：数量很重要。对于预防责任的规模和紧迫性来说，不仅欲避免后果的质量是起决定作用的，而且数量方面也应考虑在内。第五个理由是在预测最贫穷发展中国家的经济前景时的不确定性。对于工业国家和若干新兴工业国而言，预计它们随着持续的经济增长和技术、社会的革新在将来会拥有得到极大改善的可能性，把他们的经济活动调整到排放低的技术基础上，他们的生活方式也会与新的挑战相适应；

而对最贫穷国家和被传统紧紧束缚的发展中国家来说，它们在共享在经济增长、教育和医疗方面进步的机遇是非常不确定的。近年来的生产发展在最贫穷国家里几乎全部为大量的人口增长和环境破坏所抵消。可以预计，恰恰是遭受气候变化打击最大的国家，在用自己拥有的经济和技术资源去补偿和减少灾难后果方面困难也最大。它们极其紧迫地指望着发达世界的援助——然而这并不意味着，它们可以毫无顾忌地将他们的资源用于获取成就的机遇。从效率角度考虑也是一个重要方面，即使这意味着在分配公平中的损失，不是最穷国家而是次穷国家获利。

在成因者原则的另一边

上面集中讲述了气候责任里的一个方面：责任客体。那么，在另一方面责任主体又是怎样的情况呢？减少排放的责任应落在谁的头上、有多少责任？损失补偿又该如何分摊？

就气候变化损失的补偿而言，呈现这样的情况：一般而言，富国是气候变化成因的主要构成国，它们并非按照其造成气候变化的原因与规模，而是按照它们一般的经济偿付能力衡量并决定他们的责任参与度，如向某个全球援助基金缴款。在直觉上，这种办法一开始似乎很难让人接受。总会出现这样的虽说是个别的情况：相对于其现实和历史的排放量，一个富裕国家须向基金缴纳要高出许多的款项。恰恰是特别富裕，同时又非常注意环保和低排放的国家如挪威或瑞士，它们有理由提出问题：为何恰恰是它们有责任为主要是其他国家引发的灾难损失付款？

这样提出的问题是可以理解的。然而，从理论上讲，一个国家即使成功地做到了它的温室气体排放为零，也无法摆脱援助主要受灾者减免灾害的被理解为救济的责任。还可以进一步把话说得更直截了当些：即使气候变化和由此引发的灾难完全要归结为"更高力量"，那么为消除灾难的责任分摊也不会有实质的变化。

　　这种异议却忽略了恰恰是经一再修正的功利主义责任分派的要害之处：责任的方式和规模完全按效率观点安排，而追溯性的原因分派则尽量向效率观点靠拢。从这种考察角度出发，按照生产能力进行的责任分配肯定要比另一种分配优越：一个国家的富裕程度愈高，它就愈容易拿出为减灾所需的资源。在此应该承认，牺牲最小化的观点和成因者首先要担当损失责任的观点在现实中并非总是一致的。能力高的国家虽说大多数也是产生气候问题最大起因的国家，然而并非没有例外，如波斯湾富裕的石油输出国。

　　乍看起来，尽管问题责任划分的功利主义解决办法总是显得那么格格不入，但我仍总为下面的情况而感到疑惑：成因者原则的解决办法是否确实显得更有说服力？为此我们不妨看看在当前讨论中起主要作用的两个典型模式：一个模式是依据当前或当代的温室气体记录数字加以衡量，决定为适应气候引起的损失所作援助的责任。而另一模式则依据自工业化开始以来所有温室气体排放总量来决定责任。按照第二个模式，早期工业化国家不仅要再次弥补自知晓排放和气候变化之间的联系以来，甘冒风险而产生的灾难损失，而且还要弥补因缺乏必要认识而产生的不可避免的灾难损失。

　　两个模式均诉诸根深叶茂的公正意识。两者均把帮助消除灾难责任视为公正调解的要求，区别仅仅在于一个只把明知故犯的损失原因作为责任归属的基础，而另一个还要外加因无知而引起的损失原因。

我则认为，只要第一个模式出现与按能力划分责任的模式相同的结果，那么它同样是有说服力的。在所有其他情况下，则是没有说服力的。在最近 G8 峰会上对大幅削减温室气体排放有了共识，有鉴于此，不能排除出现人口众多的新兴工业国的温室气体排放很快就会超过"老"工业国和人口少的工业国这样的情况。新兴工业国是否该承担起为消除灾难损失本来集中在少数工业国身上的适应费用的主要负担？新兴工业国是否该为了达到它们的谦逊的发展目标（在富裕国家看起来）而动用它们所需的资源？而发达世界在此除了指出自己为减少排放所作的努力外一筹莫展地袖手旁观？我个人的正义感在这方面却寻到了另一路径：具有决定意义的并非是寻求平衡的公道观点，而是社会救济的公道观点。后者主张按照相对的能力划分责任。

工业国不按其现实或当代的尺度，而是按其历史累积排放的尺度加以计算——至少在国境保持不变和当前的国家在历史排放方面能够相对清楚地加以归类的情况下——这样的主张有多少令人信服的力量呢？这一模式的问题首先就在于，本来作出平衡的公平观念对于个人而言是很有意义的，然而却扩大转用到世代传承的构成，如民族或国家那里，而使后者不被许可地个人化了。对待一个国度、一个国家（或其他联合或集体主体）不能用对待道德主体、个体那样的方式来对待。一个法人并非是一个道德人。责任因与一系列概念诸如意向、动机、信念等相联系，故只能用在个体身上，而且只有加诸个体才有意义。联合体或集体的责任只能是如老生常谈般总是按个案情况确定的许多个体责任的总计。只要"责任"在实质道德意义上加以理解，现今工业国组成人员的消除气候损失的责任，与他们祖先对造成这些损失的成因作用无关。正是历史成因者原则的代表尝试保留过失分派的建议（在逻辑上，今人已无法阻止这样的过失）（参见 Neumayer，2000：189）。而今人绝不能因他们的先人的无所作为而受到株连。这派代表更是以历史机会均等的原则陈述他们的理由：一切国家应拥有相同的机会排放温室气体。然而这样的论述保留了一个成问题的道德集体主体架构——"国家"。此外，在内容和标准方面也不由得对按历史尺度衡量赔偿责任的可信度产生怀疑。基于英国更长期的工业化历史，难道英国要比法国和西班牙承担高多少倍的适应费用负担吗？那些得到比他们实际排放要高的设定的"份额"，他们是否该多付款，以便其他用完份额的国家获得机会？在历史上积聚了沉重的排放负担、而现今变穷的国家也该多付款吗？应当承认，历史成因者原则比起现实成因者原则有其可取之处：在确定赔偿责任义务方面不仅考虑到一个国家现今实际的温室气体排放，而且又考虑到这个国家达到如今富裕水平恰恰主要是过去动用了稀缺的资源而有了可能。后代虽极需要这些资源，却已不再拥有。然而以能力为标准的责任划分模式也拥有这样的可取之处，只不过并非完全出于相同的理由，而是出于元伦理和伦理的世代传递的损失责任的问题原则。问题在于历史成因者原则却也出于实用主义的理由提出：对于那些老工业国来说，会产生赔偿支付太高的问题。这样的赔偿支付是否每次都能被接受就成了问题。

就相关国际协议有可能实现的政治——就实用方面而言，至少有一个重要的国际文件对持推断论解决分配问题的方式表示了接纳态度，这就是 1992 年里约热内卢大会产生的《联合国气候变化框架公约》。在这个文件中，对历史上气候问题形成份额的极不平衡划分仅仅在序言中提了一下。责任归属问题的基调则是面向未来的。如第 3 条第 1 款就有这样的表述：

各缔约方应当在公平的基础上，并根据它们共同但有区别的责任和各自的能力，为人类当代和后代的利益保护气候系统。

一方面，有区别的责任的原则在如何以及依据怎样的标准划分责任层级等方面并没有进一步加以明确；另一方面，公平和有差别的能力的原则则指出了这里所代表的观点。在公约的另外章节则在联系最不发达国家情况下强调了效益问题：

> 各缔约方在采取有关提供资金和技术转让的行动时，应考虑到最不发达国家的具体需要和特殊情况。（同上，第4条第9款）

而在坚持成本效益上则指出：

> 当存在造成严重或不可逆转的损害的威胁时，不应当以科学上没有完全的确定性为理由推迟采取这类措施，同时考虑到应付气候变化的政策和措施应当讲求成本效益，确保以尽可能最低的费用获得全球效益。（同上，第3条第3款）

从实际政治角度看，最紧迫的不是就灾难损失平衡的分担原则达成协议，而的是就避免灾难的分担原则达成一致。在此处，以个人而不是以集体如国家或跨国共同体作为责任单元在我看来要显得更为适宜，而排放量的计算，则以一个个的地球公民为计算单位。按照专家的观点，现今每人每年排放量约为2吨至3吨。在这里一个不确定的因素是，在阻止严重灾难后果有效的情况下，是否每年的总排放量必然会在一个长期过程中逐渐下降？（参见 Müller，2009：191）倘若面对历史上对大气资源的过分消耗出现下述理想的状况，"从下面"向可持续负荷水平靠拢，并且在世界范围内加以调节，使排放低于长期可维持的程度（参见 Wolf，2009：371），那么看起来"从上面"向可持续价值靠拢就是现实的。如果人们把这些数字与温室气体排放快速增长相比较，联系德国人当前每年人均排放量约为 10 吨，而美国人则达到了约 20 吨这样的事实的话，那么，人们就能估计隐藏在这些指标数字里的挑战。看起来只有下述的做法是公平的：通过一个系统平等地分配可交易的排放权，相对于当前和近期实际排放来说，人口众多的新兴工业国和发展中国家会大大增加，而工业国则必须大大降低。

将这一模式付诸实施肯定会是的从超量消费的富人到消费不足的穷人之间的生活机遇进行道德的重新分配的一个重大贡献。它或将是迈向更公平的世界的重要一步。

参考文献

Birnbacher, Dieter (1989), »Neue Entwicklungen des Utilitarismus«, in: Bernd Biervert/Held, Martin (Hg.), *Ethische Grundlagen der ökonomischen Theorie. Eigentum, Verträge, Institutionen*, Frankfurt a.M./New York, S. 16–36.

— (2001), »Läßt sich die Diskontierung der Zukunft rechtfertigen?«, in: Ders./Gerd Brudermüller (Hg.), *Zukunftsverantwortung und Generationensolidarität*, Würzburg, S. 117–136.

Kant, Immanuel (1902ff.), *Werke*, Akademie-Ausgabe, Berlin.

Meyer, Lukas/Roser, Dominic (2006), »Distributive Justice and Climate Change. The Allocation of Emission Rights«, *Analyse und Kritik*, Jg. 28, S. 223–249.

Müller, Olaf (2009), »Mikro-Zertifikate: Für Gerechtigkeit unter Luftverschmutzern«, *Archiv für Rechts- und Sozialphilosophie*, 95, S. 167–198.

Neumayer, Eric (2000), »In Defence of Historical Accountability for Greenhouse Gas Emissions«, *Ecological Economics*, Jg. 33, S. 185–192.

Parfit, Derek (1997), »Equality and Priority«, *Ratio*, Jg. 10, S. 202–221.

Singer, Peter (2004), *One World. The Ethics of Globalization*, 2. Aufl., New Haven/London.

United Nations (1992), *United Nations Framework Convention on Climate Change*, New York.

Walzer, Michael (1992), *Sphären der Gerechtigkeit. Ein Plädoyer für Pluralität und Gleichheit*, Frankfurt a.M./New York.

Wolf, Clark (2009), »Intergenerational Justice, Human Needs, and Climate Policy«, in: Acel Gosseries/Lukas H. Meyer (Hg.), *Intergenerational Justice*, Oxford, S. 347–376.

个人的环境行为
——问题、机遇与多样性

气候悄悄地却不断在变化着，而我们则在灾难气氛（"人类文化从未有过的变化"）和视而不见（"好景尚在，何不买辆跑车"）这两个极端之间摇摆着。这里的理由早就是众所周知的了：在面向将来的和着眼于公共的利益之外，每个人尚有自己短期和短视的需求。为了知晓和评估一切，世界对于我们来说太错综复杂了。缓慢的变迁很少能进入我们的意识。总体而言，有着一千条充分理由表明：只要我们的事情并非真正火烧眉毛，那么行为的改变就不是唯此为大的事。然而我们真的希望情况就是这样的吗？本来演进就赋予我们极大的惯性，而令人遗憾的是，还要加上气候变化更显现出完全的机能障碍，该如何办呢？

当我们谈论人和气候变化时，我们的问题症结究竟在哪里？这是一种道德的愤慨？对我们经历的自我分裂表示愤慨？——即使知道该做些什么，却又感到我们自己的惯性受到威胁，而去

* 安德烈阿斯·恩斯特（Andreas Ernst），教授、博士，在卡塞尔大学环境系统研究中心讲授环境系统分析。

观察他人有哪些不同的好做法。然而在实际上，我们中的每个人只不过是数十亿中的一个。故而个人产生影响的可能性就天然地受到限制。而相反情况则随即成了一个上佳的认识，因为他人是有错的，他们是多数。随之还提出了一个过高要求，诸如"让我安静"，"我就不要听'气候'这个词"之类。然而，总会有人向我们灌输"我们所知道的那样的世界末日"之类的预言（Leggewie/Welzer，2009）。而在实际上确实非常有可能，在下一时段的世界会经历从未有过的变化并显现把我们的一切把控在手的力量。自然、技术和文化将在同样的程度上受到变化的影响；保护区和优待空间将愈益缩小。在尊严中，在没有大的混乱中度过这一变化——完全有理由把它称为是对人类最大的一场挑战。这种观点显然与"现在与我无关"的消极态度完全相反。在这里因而就形成了感情激扬、大讲道德而又壁垒分明的分裂。

在人们完全放弃之前，再看一眼对环境友好的行为是如何被纳入现存社会、制度和物质基础结构之中，还是有其意义的，因为在这里涉及的是在大范围改变行为的重大因素。提供个人容易接受的信息对于没有先入之见者是有裨益的。合理形式的社会规则和巧妙建立的环境友好型基础设施将有利于提倡最初选择的环境友好行为。

本文拟从心理学角度论述个人的环境行为，包括阐述在个人、社会一直到国际共同体的联系之中存在怎样的行为障碍以及怎样的类型。另一方面，将论及在这里会有怎样好的可能出发点，以促进可持续生活方式变化的形成。作为这一切的前提，如在文中将指出的那样，对于社会的多样性而言，这个前提就是一种基本的坦率，这种坦率因而对于思想财富来说也是必不可少的。

变化困难的原因是什么？

一般而言，常讨论的是三大可持续发展策略。人们将"效率"（Effizienz）理解为以少的环境投入形成一项服务或一个产品。"一致性"（Konsistenz）则从另一角度意味着追溯到原料，以便减少资源的消耗。这两个策略无疑是政治的宠儿，因为它们允诺我们：纵使没有提高，也能保持我们现今的生活水准，而且在这同时世界也没有灭亡之虞。然而这无疑完全忽视了在数十年内预期增长的人口，后一情况已使不断提高物质富裕程度成了泡影（历史状况见：Malthus，1798）。一个这样的临界价值的考虑表明，这样的愿景将无法实现，即使在紧急提高创新率这样的前提下也无法做到。

现在，我们再看看有关"充分性"（Suffizienz）的可持续发展策略。充分性意味着环境利用者（消耗者）必须改变他们的需求行为方式，最终还要以这样或那样的方式来学习放弃。效率和一致性诚然是重要的、在技术上须支持的措施，然而却很难想象，在总体上没有人类有节制的态度的配合会呈现完善的局面。气候保护和气候适应在这里碰到了一起。而从心理学瞭望台看出去，这应是同一类问题。在这里是若干因素产生一个作用，我将按序对这一作用加以陈述。

第一，环境是一个复杂系统，这肯定会使人产生某些或多或少带有特征的行为（Dörner，1991）。倘若众多的变量彼此极度充分地缠绕在一起，那么一个复杂系统就得以成立。这样的关系就使人无法在系统的任一处插手而不冒他的行为在另一处（即使两处相距甚远）在某种程度和某一时刻被觉察的风险。所有的一切均在联系之中（部分为间接联系）。围绕在我们周围的各种复杂系统（包括生态、经济或社会等系统）情况也完全是如此。

第二，一个复杂系统在许多情况下是自动的：系统在没有我们的干预下向前发展。我们在睡觉时，世界在变化。这却也意味着，我们从未能够建立一个完善的数据基础，因而我们从未有能力非常准确地对系统及其发展作出预言。尽管有可能在概率走廊的界限范围内对可能的将来加以描绘，然而它的精确度无法达到作长期预言所要求的程度。

第三，复杂系统是不透明的。许多事件并非可以直接通过人的感官知觉加以获取，尤其是我们不拥有围绕我们四周的系统的结构性联系的先验知识。尽管经历了相当大的科学进步，我们仍远远没有达到充分懂得这些系统的地步。在复杂系统"社会"那里，这一点就表现得极其明显：我们在描述、解释和预言社会发展上做得有多差。我们依据在经验上断断续续观察到的征兆，从而推断出可能成为基础的变量和系统联系。由此就提供了一个归纳结论，而根据定义，它是不确定的。人们就是仅仅以这样的方式渐次接近真理。

以上所述三点：复杂系统、围绕我们四周的系统的自动化和不透明使人形成某些并不总是很好配合的行为方式。这里的理由就在于，因认识和掌控这样的复杂系统的需要而提出的在认识方面的要求，也许大大超出了人脑原初经历了数千年而适应了的那些要求：在一个原则上不确定然而同样在原则上一目了然的范围内作出迅速、近期生效、坚定有力的决断。我们现今更是与有关我们的行为在时间和空间上相距甚远、不确定和充满风险的结论打交道。

现将与复杂系统接触时在认识方面的弱点归类如下（同上）：

单一因果性假设（Monokausale Hypothesen）。事物越是复

杂，我们就越是试图在认识的层面上将其简单化，以避免完全丧失对全貌的把握。这就意味着，我们力图抽出强调我们认为起主要作用的因素。在大多数情况下，这只不过是在我们看来更为重要的一点而已。诸如此类的单一因素的例子，我们可以举出很多。对于我们来说，制造并储存一幅简单化的画面，要比将我们所观察到的多样性呈现出来容易得多。如此这般，简单化在自然科学和社会联系的认知和精神再现上以及在更狭小的社会范围内占有优势的地位。

这类简单化中的一种是乡土思维（"亲眼所见，亲身经历"）。我们眼前的事物均是我们可以直接与之搭上话的。倘若只相距很短距离，那么只要削弱它的认识意义，诉诸有效行动即可。环境运动从一开始就猛烈谴责这一乡土思维，这是有道理的，因为，对于环境运动来说，重要的是以有意义的方式展现全球关联，同时又是带乡土色彩的，就是说要有效地行动。这在现实性方面没有任何损失。

时间非直线过程的直线化（Linearisieren von nichtlinearen Verläufenüber die Zeit）。大部分发展采取一种非线性的时间过程，如许多生长过程。成问题的是它的自我加速。后者在人们的观念中持续变得不重要，因而就长期的后果而言急剧地被低估。这表现在瘟疫的传播，也同样适用于随着时间愈益加速的气候变化。使问题更棘手的是，还要加上人们在非线性发展开始时几乎无法将之与线性发展相区别（某种程度的迷糊，这就表示在数据中一开始就出现了不精确）。随之在大多数情况下就展开了长时间的讨论，讨论这是否本来就是一种非线性发展，而一旦所有人都清楚了并取消了曲线，宝贵的调控时间却已过去。

超乐观主义（Überoptimismus）。不考虑以上的欠缺，我们

在总体上（我指的是心理健康的民众）是绝对相信我们将掌握
我们的将来，无论我们为自己对将来作出怎样的描绘。虽说这
种超乐观主义也许曾在发展过程中发挥作用，然而它却并非永
远在任何时间、任何地点都是适合的。每个人都能在自身观察
到一时机能失调的超乐观主义。我们对需完成工作的时间计划
总是像递交纳税申报表那样有着老一套的错误。

随之而来的是所谓的控制幻想（Kontrollillusion），亦即我们
坚信，我们在通常情况下能够完全掌控和影响事物。我们在许
多方面相信，只要我们想做并一定去做，我们就能做到调控事
物。在这种绝对的、无批判的可行性意识中，包含着这种坚信
的一个原因：技术能够解决人类的一切问题。而在这里面所谓
的大资源幻想也在发挥作用（Messick/McClelland，1983）。后一
幻想描述了这样的现象：世界对于我们来说是无法想象得巨大，
那种认为人们长久在地球上会伤害生命的想法是荒谬的。如此
这般，这种想法艰难地以说明了理由的怀疑方式找到进入人们
头脑的通道。

即使是超乐观主义和控制幻想最后也无法使当代的一些问
题自动消失。于是不由得就产生了愿望要回避问题、闭目塞听
或王顾左右而言他——去研究其他一些能直接取得成果的讨巧
事情。在这后面并没有任何险恶用心，而是对过高要求的自然
的和非常人性的反应：这是一种在个人范围内适宜的而从社会
角度看却是没有意义的对付个人无能为力感情的办法。

比已描述的认识方面更为困难的是，环境行为把我们推到
许多两难之中，并给我们造成不少动因问题。两难用在两个事
物或两种行为之间毫无出路的选择来折磨我们，而无论选此选
彼均会感到损失。两难使我们的内心撕裂，因为我们同时抱有
的不同目标，却无法同时得到满足，最后问题仍归结为：目标

中的哪一个赢得胜利。这些两难显现，当人们共同利用自然重新生成的资源，如同在环境利用方面大多数情况那样。这里谈谈其中的四种情况（Ernst，2008a）：

1. 社会陷阱。在社会陷阱中，有一个先行状况是：一种自然资源的利用给某个参与者带来了利益，产生的相应成本却要由所有参与者分摊。用排队时插队这样的例子就能很好加以说明。我插在排队等候的十个人前面，我得到的好处是赢得了十个单位时间（以每个人的相应排队时间计算）。而这一做法使在我后面的排队者增加了一个单位的等候时间。很明显，倘若没有人干预的话，我这样做是值得的。这里的好处由我享用，而形成的损失却要由所有其他排队者来分担。在环境范围内，人们在实际上到处碰到类似的社会情况。开汽车者消耗了能源，排出了废气，并由此获得直接的好处（舒适而干净地抵达目的地）而他的消耗和排放最后都要分摊到其他人的头上。也许他车内的空气还经过了过滤，从而也使他免遭他自己的排放之害。这种状况的刺激无疑会倡导实行和保持这种行为。当然，所有人都会为这些刺激所左右。故而社会总后果要差于没有这种行为时的情况。

2. 时间陷阱。所谓的时间陷阱常常会与社会陷阱联合出现。它产生于环境利用并马上显现效果，而相应的代价要在以后才清楚显现。如我们使用化石能源，要到多少年后才有一个有关二氧化碳排放的结论而且是以气候变暖的形式出现。掉入时间陷阱的基础是时间偏好的心理现象：我们对于马上就能得到的事物明显要比一年后或十年后方能拿到的东西喜爱得多。虽然做不到，我们却总希望宁愿在当今就得到效益。反之，对一切损害和不舒服的事情我们却乐意将其推到将来。一切并非直接出现，我们见不到、经历不到和感觉不到的事物比起我们眼前能看到的事物来，前者在我们的决定和思维过程中所起的作用要小得多。

以上所说陷阱，即社会和时间陷阱共同构成所谓的公地悲剧（Drama der Allmende）（或称公地困境，资源或公地两难窘境；Hardin，1968；Ostrom，2003）。

3. 空间陷阱。此外，还要经常加上所谓的空间陷阱（Vlek，1992）。在这种情况里，效益发生在一处，而为此付出的代价却被挪往他处。一个典型的例子表现在河流的上下游关系中，这也被称作邻避综合征（NIMBY-Syndrom）（不在我的后院综合征）：建绕行道路没有问题，垃圾产出也无障碍，核电照用，只是别放在我的家门口！空间陷阱的例子大量出现在地方、地区和国际的层级上，它伴随着相应的利益、有时会产生全身心声嘶力竭地投入的经济或政治的冲突。

4. 安全或易伤性陷阱。如果人们把陷阱逻辑推广到气候变化的全球联系之中，那么人们就将确认：气候变化的富有的首要成因者恰恰主要在化石能源的帮助下为自己奠定了一种外加的富裕，它使这些富人有可能抵御恰恰是他们引起的气候变化的后果。而穷人则依然处在易受伤害的状况之中。以海平面上升在欧洲和亚洲地区的例子作比较，同样的海平面上升在荷兰和孟加拉国，对生活状况和社会就产生了完全不同的影响。

总起来可以说，以上所述的四种陷阱反映了在个体理性和集体理性之间的矛盾。从原则上讲，就参与者的个体理性、自私自利和短视的或地方的利益而言，行为刺激被错误地发动起来。由此也可以清楚地看出：要消除这四种陷阱或抵御它们对行为的导向能力，仅仅有好的愿望或者对所有人作出呼吁是远远不够的。

在回答"环境行为为何常常惰性十足？"这样的问题时，要指出"舒适"在此总起着某种极关键的作用。通常把人对学过、见识过、尝试过的事物的坚持称为所谓的"消耗现状"（Status-quo-Verzerrung）。一种习惯之所以使我们如此留恋，因为它会不由自主地产生，就是说无需紧张的精神活动，它常常会毫不费力地、简单地进行发展下去。除此之外，我们的许多习惯对其他人也会产生社会影响，而自身也遭受社会的影响。社会准则相应地拥有高度的坚持力量，就是说，改变习惯、放弃习惯和采用其他的行为方式要付出高昂的代价。营销学知道要使顾客改变习惯，从一种产品转向另一种产品，为这种转变要付出高昂的心理代价。

这种惰性被从多方面加以利用。如读者首先在数周内收到免费的杂志。倘若他没有及时书面拒订，他就自动成为付款的订户。并非所有人会及时寄出拒订杂志的合同，许多人认为不值得费这个劲。这样分送杂志就成了一种好买卖：顾客的惰性付出的是一年的订阅。在使用相应设备时人们同样领教了默认和传递设置的威力：只有极少的人更改他们新手机的默认设置。

我想得出的第一个结论是：人被创造出来本来就不适合一个迅速变化的世界。世界的错综复杂提出了一个须认真对待的认识问题。对于我们来说，讲述出来的灾难不是灾难（Siegrist/Gutscher，2008）。只有我们亲身经历的事情方能触动我们。我们并不按照仅仅知道的那样去做。再加上公地悲剧向我们提示了：去做在表面肤浅和短视的观察中对我们个体有利的事情，而不做对我们集体、对长期和对全球有所裨益的事情。因为后一点对我们无论是在动机和认识上均提出了过高的要求。人们不妨直截了当地说：人是囿于习惯的惰性动物，而技术进步的真正动力则是为了人的舒适。这就像只能进不能退的玩具：要在舒适生活里向后退，我们是不会轻易就范的。从这样一个角度观察，要造就一种新人就是没有意义的。这样的新人并不会产生。

机遇

从另一角度看，则应提到部分如雪崩般地进行着的伴随着社会变化机遇的社会变革。这些社会变化的杠杆在何方？

为了弥补前述的知识缺陷，有人想到了初步获得知识的办法，其中譬如说就有联合国可持续发展教育十年的规划［见：http：//www. dekade. org（22. 1. 2010）］，在这一规划中就有许多促进推广环境知识的机敏的项目。除了一般的知识讲授外，要减少我们对因时间和空间的距离过于遥远，却与我们关系甚大事物的认识不足，就需不断从技术认识深化和某种程度的感知预兆的角度上告诉我们：我们的行动究竟产生了怎样缓慢发展，在时间上又被推到极为遥远将来的后果，并使之深入我们的内心。这在一方面可能是用技术手段模拟环境状况，另一方面也可能是通过场景技术对将来可能的发展提供一个观察切入点。通过在眼前的展示使我们对环境变量和我们行动的可能共同作用的感觉变得极为灵敏，这将大大有助于认出微弱的信号，在其他情况下则很可能被忽略。它可能是早期宣布对于短期作出反应必不可少的发展趋势，以这样的方式缩短在行动和环境效果之间的造成当代大部分困境的反馈周期。此外，由此也确认了地域热点。在所谓的决断支持系统中，这一点也得以实现，这个支持系统最初主要是从环境问题的自然科学方面提出（如气候模拟、水土利用等），然而已有愈来愈多的社会方面纳入该系统的发展范围（Ernst，2008）。比如说，它已尝试评估如何在社会中推广观点、行为方式和技术革新；一项政治措施在民众中有多大的接纳程度。

能够使每个人都熟悉复杂的环境之间的关联——这当然是一种相当理想主义的想法。然而也仅此而已，没有更大的危害。人们有能力操控许多复杂系统，却并没有统统掌握系统关联的细节。我们中的每个人都试过拿着笤帚把以保持平衡，往往很成功。我们却并不熟悉这个过程的物理学原理（老实说有谁记住了在不稳定状况下摆动的公式?）。尽管如此，我们仍旧能驾驭这一系统，并保持稳定状态。故而没有必要把一切都弄明白。这里的秘密在于反馈周期的长短。如果我们能周密地观察一个发展过程，那么，我们就能周密而迅速地对其作反应并加以掌控，即使没有对其的内在联系进行彻底的研究。

然而缺少的不仅仅是教育和知识（Ernst，2008b）。环境利用的两难表明了即使在良好愿望和最好的知识准备下仍然会出现的情况是：我们相应地行动，而给出的刺激则是错的。倘若人们欲改变行为，须弄明白的一点是：行为并非单独存在，而总是居于一种行为语境之中。这一行为语境既有物质和物理的方面，也有社会的方面。在日常生活中，我们远远高估了由我们的行为独自作出决定的比例。而在实际上，我们日常行为方式的绝大多数是由建筑艺术的、物理的、地理的、生物的和最终由社会和直觉的事物决定，使我们按一定的方式而不是异乎寻常采取某种行为。

这也不仅仅是一个坏音讯。它展现了变化所提出的要求：行为和它的物质、社会和制度环境的共同演变。行为变迁单单通过意识变迁而引起这种说法把问题看得太简单了。这将招致失败，如果语境并不在同样意义下随之而发展的话。把行为和其他物质或社会结构紧紧绑在一起被称为"锁定"（lock-in）。举例来说，从可持续发展的观点来看，希望的行为方式（由于未经投票而无法实施）有：暖气或空调不可由使用者个人按每一房间加以调节；或远郊公交线路太少，车次太少，或根本没有，因而被迫使用私人轿车的问题（见 Gessner，1996）。还有就是将本来没关系的功能强制联系在一起。一辆小汽车本不过是代步工具（不管是在附近购物或远距离旅行），而现在被赋予特殊的名声问题、塑造自我形象问题，以至于与自我满足和梦寐以求的自由和独立联系起来。这些名堂彼此交织在一起，使我们在购车时几乎无法理性地加以考虑。所有这一切均使正确意识和正确应对问题受到极大的限制。

故而现在要去做的是打破这种锁定状态，积极地利用物质、社会和制度的境况去调节行为的结构，并用同样的思想参与调控，而调控的目标则在于产生正确的行为。特勒和森斯坦在他们的有关自由主义家长式作风（libertarian paternalism）的观点论述中运用了这一原则（Richard H. Thaler/Cass R. Sunstein，2009）。他们指出，（恰恰是在刚才谈到的意义上）没有中立的对环境的干预。由于人无法总是从集体和长期利益的角度加以选择（由于前述多种欠缺和困难），所谓选择建筑师（choice architects）的任务就在于对环境作这样的安排：从集体和长期的角度看，生命价值最高的最佳条件由此得以产生。在这过程中每个人均保留了完全的选择自由。你所设计的故而并非是强迫。在这里起到调控作用的经常是单纯的舒适和行为的放松。如此这般的对环境处置的诱惑却能在多方面作用下使行为朝着希望的方向转变。作者称这一小小的推动为"轻推"（nudge——他们的著作就是以此为标题的），是行为环境干预给予每个参与者的轻推。这可能是政治设施混合物的一个重要部分。在这里人们得以确定的是：突然一下子习惯变得可塑性很强，而改变习惯则仅需极小代价，倘若物理环境变化了，而且在某种程度上赶在发展的前面。这类"轻轻一推"并非全新概念，我们每天都在这样做。如用闹钟使我们早晨准时起床。还有专门针对贪睡者的厉害闹钟：届时先在床头柜上叫起来，后滚到地上又转又叫，主人不起来关掉开关绝不罢休！或者还有另一种创新模式的：放在床前小地毯下，它没有感觉到主人的全部重量（表明他确实起来了）是不会停止叫唤的。所有这一切均是环境的变化，目的就是帮助我们，使我们的行为朝着指引的方向前进。在较大的具体背景下，行动障碍和行动刺激相对而言部分是下意识的，比如在一栋建筑物内，进楼者直接就能看到电梯和楼梯，究竟是走楼梯还是乘电梯就是这种情况。这将在极大程度上决定着这个或然率问题。

我们的行为总要置于某一背景的联系下加以考察，而所希望的行为更新愈是与个人、物质和社会背景相适应，也更会在这一背景下被接受。一个好的"生态设计"要符合以下规则（同上）：

1. 等着错误的出现。这并没有什么坏处，因为多数人会被引诱到所希望的行为途径之上，尽善尽美是没有必要的。

2. 铺砌障碍最小的道路。铺平你为一切人所期待的道路。

3. 给出回应。短反馈周期方便了对自己行为的监督。

4. 也把心理刺激包括在内。却不要因此忽略物质刺激。

5. 构建复杂选择。在我们无法通观事物全局的时刻，我们把自己封闭起来，并不再表现出兴趣。

在行为掌控中一个不容忽略的因素是社会影响。从童年起我们就以他人的行为作为自己的榜样，因为对于我们来说，这是有利于我们自己的行为与环境相适应的无穷信息的源泉。社会影响却是一把双刃剑。它能使不希望的行为方式相沿成习；同样也能使希望的行为方式逐渐形成和相沿成习。

　　然而如何在以后使更新在社会中扎下根来，并使之兴旺起来？一个有趣和令人惊诧的实验正是为此而设计（Salganik，2006）。一个主要为年轻人访问的网站，开辟了一个专门的音乐节目，播放全新的音带，而且可以转录，访问者须对音乐作出评价。而14000名参与者中的一部分知道以前评估的结果。参与者被随机分成8个"世界"，而得到的音乐内容则完全相同。最后也确实选出了"明星"——转录成绩最佳者。令人称奇的是评估结果，每个"世界"推出的音带"冠军"都是不一样的。谁获得冠军，并不取决于他的音乐，而是取决于实验开始时参与者的态度。以后的参与者则是简单地跟随。在这里问题又再度提了出来：究竟这是好的还是坏的新情况？在这样的关联下，我们应将我们的关注点集中在社会变化及其引起的后果上。与技术革新不同，社会革新指的是行为变化，它并非时时与科学上的新认识和在现实世界里的技术变化相随而行。在历史上，就有这样涉及社会革新的例子（Grübler，1997）。如12世纪在欧洲西多会教团修道院的扩张，19世纪初在英国收割农工破坏由蒸汽推动的脱粒机，这类机器夺走了他们的工作。社会革新也在时间的进程中颇为典型地如同技术革新扩散那样拥有相同的特性。在人们经历接受者（为自己接受革新者）的累积频率之后，即出现一个S形曲线（Rogers，2003）。在持续一段时间后，一直到曲线经一个徐缓的开始后上升，然后它进入一个急剧成长阶段，在此阶段某种行为迅速扩张。发展临近结束即在革新达到它的完全饱和之前，每个时间段上只有少数晚到者，而曲线则趋于平缓。

　　人们完全可以用相同的方法描述出技术革新的扩展状况，列出社会革新的积极标志（Mulgan，2007）：社会革新通过积极的想法及其先导作用为行为变化给出社会刺激，社会革新是一种先导行为，故被认为是新现象，而且它为舆论引导者所引导。社会革新的其他标志（如同技术革新那样）有在个体生活的联系下相对的优点，它对于本身生活所感知的好处，还在于与最晚近的行为和自己生活的相容性。这就是说行为实施的被感知的简单、新行为规范的可行性、可观察性（由此人们很清楚行为实施的成绩或败绩）和自愿。如果社会革新被纳入正确的物质和制度的联系之中，而且为此找到恰到好处的积极的社会故事，那么，它就是有成绩的。这样好的例子有"大赦国际"、"绿色和平组织"、"世界自然基金会"、"乐施会"、公平贸易、小额信贷、自由软件如 Linux 或 Open Office、维基网站或 Leo 词典，也有涉及服务的组织如汽车共享或自行车共享、公共/私人合作关系等。也要提一下这样的地方能源提供者，它们由公民自愿倡议并提供了预付，以便以接受地方系统和能源供应的形式重新赢回部分能源供应的责任。在这里，上述动机和认识上的困难将有效地得到解决。

这使我们得出第二个与第一个悲观结论有所不同的结论：人被造出就是为了快速反应，人根本无须作出变化。人只要处在运动中就足够了。人是很能应付突发状况的。社会并非独块巨石。对于社会变化来说，重要的是社会的主导环境、先进环境，它们为其他环境所感知、所观察并值得拿来作为榜样。将人的行为纳入社会、制度和物质的框架条件之下，因而既是灾难同时又是幸运。在这里的关键是相应改变事物和不把责任仅仅推给个人，因为这样的做法完全是过高要求个人——如果没有对个人行为约束和行为促进的边际条件的共同演化在此作出帮助的话。这里涉及的是这些方面的协调。人终究在集体中要比单单一个人有能力转向完全不同的行为方式。革新是有感染力和产生乐趣的。

多样性

为了使环境和社会群落生境拥有成长空间，为了使创新得以试验并得以自立，继而发展到积极的锁定状况（地位已如此巩固，这些创新已能够进入社会和在其他环境之中继续发展），社会的多样性是非常重要的。作为社会革新形成和发展的关键，似就在于看社会能在多大程度上为不同发展和试验提供多大的发展空间。从生物角度看，多样性是卓有成效的适应变化的基本前提。单一文化是脆弱和易感染的，易受环境变化的伤害；而多样性文化则是强壮的和恢复能力强的。在一个多元社会里引发合适的适应战略的概率明显要高了许多。如果说，文化树立了规范的话，那么，多样性的元规范就是非常必要的了。更有必要的是，这个多样性必须积极地得到保护，以避免其可能的夭折。多元化的文化必须是有自卫能力的，以便捍卫正当盛年的行为革新。

无论从系统理论或从进化角度考察，不时总会显现某种社会适应的现象，这并无任何新鲜之处。活跃时代在即。关键的问题是：因等待和不作为要忍受多少非线性发展？而需在何时引发、允许和保护社会的转换调控？

参考文献

Dörner, Dietrich (1991), *Die Logik des Misslingens. Strategisches Denken in komplexen Situationen*, Reinbek.

Ernst, Andreas (2008a), »Ökologisch-soziale Dilemmata«, in: Lantermann, Ernst-Dieter/Linneweber, Volker (Hg.), *Enzyklopädie der Psychologie*, Serie IX, Umweltpsychologie, Bd. 1, Göttingen, S. 569–605.

— (2008b), »Zwischen Risikowahrnehmung und Komplexität: Über die

Schwierigkeiten und Möglichkeiten kompetenten Handelns im Umweltbereich«, in: Bormann, Inka/de Haan, Gerhard (Hg.), *Kompetenzen der Bildung für nachhaltige Entwicklung. Operationalisierung, Messung, Rahmenbedingungen, Befunde*, Wiesbaden, S. 45–59.

Ernst, Andreas/Schulz, Carsten/Schwarz, Nina/Janisch, Stephan (2008), »Modelling of Water Use Decisions in a Large, Spatially Explicit, Coupled Simulation System«, In: Edmonds, Bruce/Hernández, Cesareo/Troitzsch, Klaus G. (Hg.), *Social Simulation: Technologies, Advances and New Discoveries*, Hershey/NY, S. 138–149.

Gessner, Wolfgang (1996), »Der lange Arm des Fortschritts«, in: Kaufmann-Hayoz, Ruth/Di Giulio, Antonietta (Hg.), *Umweltproblem Mensch*, Bern, S. 263–299.

Grübler, Arnulf (1997), »Time for a Change: On the Patterns of Diffusion of Innovation«, in: Ausubel, Jesse H./Langford, H. Dale (Hg.), *Technological Trajectories and the Human Environment*, Washington, D.C., S. 14–32.

Leggewie, Claus/Welzer, Harald (2009), *Das Ende der Welt, wie wir sie kannten. Klima, Zukunft und die Chancen der Demokratie*, Frankfurt a.M.

Malthus, Thomas Robert (1798), *An Essay on the Principle of Population*, Vol. I.

Messick, David M./McClelland, Carol L. (1983), »Social Traps and Temporal Traps«, *Personality and Social Psychology Bulletin*, Jg. 9, H. 1, S. 105–110.

Mulgan, Geoff (2007), *Social Innovation. What it is, why it matters, and how it can be accelerated*, London.

Ostrom, Elinor (2003), *The Drama of the Commons*, Washington.

Rogers, Everett M. (2003), *Diffusion of Innovations*, New York.

Salganik, Matthew J./Dodds, Peter Sheridan/Watts, Duncan J. (2006), »Experimental Sstudy of Inequality and Unpredictability in an Artificial Cultural Market«, *Science*, H. 311, S. 854–856.

Siegrist, Michael/Gutscher, Heinz (2008), »Natural Hazards and Motivation for Mitigation Behavior: People Cannot Predict the Affect Evoked by a Severe Flood«, *Risk Analysis*, Jg. 28, H. 3, S. 771–778.

Thaler, Richard H./Sunstein, Cass R. (2009), *Nudge. Improving Decisions about Health, Wealth and Happiness*, London.

Vlek, Charles/Keren Gideon (1992), »Behavioral Decision Theory and Environmental Risk Management. Assessment and Resolution of Four ›Survival‹ Dilemmas«, *Acta Psychologica*, H. 80, S. 249–278.

并非这里，并非现在，并非是我

——对一个严肃问题含有象征意义的探讨

乌多·库卡尔茨*

人们如何对待全球气候变化？倘若他们一点也不付诸行动——若果真如此的话，他们又会认真对待与此相联系的后果问题吗？认识问题的态度是因国家、阶级、阶层和生活经历的不同而有所区别的吗？这样的问题在今天至少有社会科学研究开始作出回答。如同任何新研究领域那样，未知范围总要远大于有把握认识的范围：首先缺少令人信服的明确模式，告诉人们为何个人的行动远远落在他们认识的后面，而且也远远落后于他们在日常生活中有关行为改变必要性的认识。

正是在这一点上，气候意识研究与在 20 世纪 90 年代已站住脚的有关环境意识和环境行为的研究传统产生了某种程度的联系。后一种研究一再抱怨在意识和行动之间的所谓裂痕，却从未在理论上或者在实践上加以解释和解决。（Kuckartz/Heintze，2006；Kuckartz，2007b）在那里，"世界气候保护"与论述得极为宽泛的"环保"题目相比有一点更切实际的东西：直截了当

---

* 乌多·库卡尔茨（Udo Kuckartz），教授、博士，马堡大学教育学院院长，主持方法与评估研究组（MAGMA）的工作。

地涉及有害气体的减排和保持二氧化碳排放下降的趋势。家庭能直接为二氧化碳排放的降低作出贡献，而且有测量数据为证。这样，每一个人的碳足迹就能如同社区、工业企业或整个地区的排放那样加以精确计算和统计。这就是说，有关成群的青蛙穿过大街、大鸨在规划的城市快速通道孵化和因山毛榉树生病而引起的环境伦理争辩等问题已不再是热点了。也不再优先关注垃圾分类和在日常购物中放弃用塑料袋。已经不存在任何借口；而可持续发展三个支柱的模式及其对三大方面（生态、社会和经济可持续发展）等量齐观的主张，对于针对气候变化的斗争来说也是有问题的——这一点已经是再清楚也没有了，而一开始就主张环境公正行动要求的象征主义也走到了它的尽头。

上世纪 90 年代中期，当社会科学工作者寻找环境公正行为的表现时，他们碰到了诸如用布袋去购物、垃圾分类和购买再生厕纸等做法的行为方式。在调查阶段，调查者询问调查对象近来有没有按照这样的行为方式去做。当然，在这方面并没有产生问题——如同入境美国那样，都会按照"正确方式"加以回答，这就意味着已进入了"彻底的环境保护者"的高贵社会。然而这一切对于气候保护事宜来说是远远不够的：并没有因此产生实质的变化，没有二氧化碳总排放量的显著缩减。我们先不妨看看民众对气候变化的认识，他们是在怎样的程度上认真对待气候变化和平时他们是怎样做的。

对气候变化的认识：总体上的积极画面

对大范围民众的调查结果表明，气候变化这一观念已在德国人、欧洲人的心目中生根。大多数人对气候变化已有认识，并将其作为一个事实加以接受。按照欧洲标准，有 80% 以上的人认为气候变化是一个严重问题。如果把对问题的认识由"根本不是问题"到"极其严重问题"共分为 1 到 10 级，那么选择 9 级和 10 级的人员共占 42%。

相信气候变化的存在，当然并不意味着等于看出人也是引起变化的原因之一，更谈不上人们已认识到自身要承担阻止气候变化的某种责任。然而仔细分析调查，同样能判定：在欧洲人口中几乎有四分之一是气候怀疑论者。

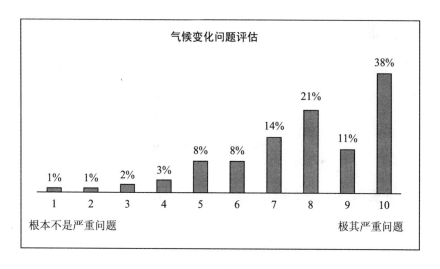

图表 1："您对当前气候变化和全球变暖问题的严重性有何看法？"，全欧洲询问 15 岁以上人员共 26661 人，回答共分 10 个级别。

（资料来源：欧洲委员会专刊《欧洲情况调研》，第 300 期，2008 年）

在对问题的认识上，我们可以看到在南北欧之间存在的带倾向性的认识差异：在斯堪的纳维亚国家中，人们极其严肃认真地对待气候变化。而在以往的东方集团国家（特别是波兰和罗马尼亚），以及在南部国家葡萄牙、意大利和西班牙，人们则认为问题并没有那么严重。当然，希腊和塞浦路斯是例外，它们属于对气候最为敏感的国家。国家间的差别是相当大的：

82%的瑞典人认为气候变化是当今最大的世界问题之一，而只有32%的土耳其人、30%的葡萄牙人和33%的波兰人有相同的认识。就对问题的认知而言德国归在欧盟前五分之一国家之列。

总体而言，金融危机并没有使情况有重大变化。尽管2008年至2009年将气候变化列入最大两个世界问题的人数由62%降为50%，然而气候变化在2009年仍被列为世界最大问题的第三位。故而没有理由认为金融危机打乱了步骤，现在只讲发展、发展、发展！即使在今天，欧洲人对气候变化作为解决问题的态度仍然是严肃认真的，这一点是没有疑问的。然而自己要起怎样的作用？谁将担当起气候保护的责任？而人们是否也认为自己是责无旁贷的？

认知的局限

在德国约有89%的人听说过"全球气候变化"的概念，其中三分之二的人能将其与温室效应和全球变暖相联系；22%的人认为是气候的通常变化；12%的人则将其与极地冰盖的融化联系起来。由此可见，有关气候变化的知识就比有关可持续发展意义的知识传播得要广泛得多。然而，前者也仅止于来自大众传媒的知识而已。那些很少在传媒提及的与气候变化相联系的现象（如有关"生物多样性"的议题）在大众的意识中也就乏善可陈了。而许多认识又颇为肤浅：如有34%的人在调查时表示曾听说过碳排放交易，但进一步询问，约有四分之一的人则说不出所以然来。总起来说，大多数的欧洲人在主观上感觉自己对问题获悉的信息是充分的。主观认知的程度愈高，气候变化问题的重要性就会被估价得愈高。这一点看起来完全是理由充分的，而且被研究的欧盟所有国家的总体情况看也是适用的。然而认识愈多，对危险估计就愈高，这一规则也存在令人惊讶的例外：荷兰人与英国人虽在欧盟中自认为掌握的有关知识最为充分，却把气候变化定为不甚重要的问题。首先令人感到惊讶的是，这两个国家恰恰是会最先遭受所预言的海平面上升等后果打击的国家。看来，在气候讨论中一再提及的遭受灾害的设想会在极高程度上提升问题的敏感度和关注度这样的说法至少在这里并未得到证实。也许症结就在于，特别是荷兰人在与海洋斗争的几百年里所获取的经验使得他们对面临的危险淡然处之。

就认知度而言，值得注意的是，其时有一半的欧洲人自认为并没有很好地获知信息。故而在各种层次上有大量的知识普及和解释工作需要去做。特别是较贫穷国家如葡萄牙、保加利亚、罗马尼亚和土耳其的民众感到他们的相关知识相对贫乏。而与此相反，在斯堪的纳维亚国家、荷兰和英国则有四分之三的公民自认为对气候变化的原因和后果达到良好的认识水平。

近年来，尽管对气候变化问题总的关注度有所降低，然而在具体的观点上却并非均是消极的发展。如在今天已有愈来愈多的人坚信，改用生物燃料意义巨大，甚至有愈来愈多的人期待与气候变化的斗争将会对经济产生积极的影响。

用垃圾分类与气候变化斗争

2009 年春，被询问的欧洲人中有 59% 表示自己已经为阻止气候变化有所行动，这比一年前少了 2%。"您是否亲自为阻止气候变化有所行动？"这样的问题是一个很宽泛的问题。只要人们在过去的一年中哪怕只购买了一只节能灯，就能用"是"来回答这个问题。图表 2 列出究竟具体做了些什么。

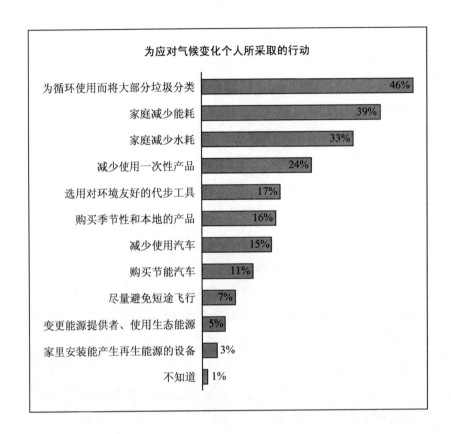

为应对气候变化个人所采取的行动

行动	百分比
为循环使用而将大部分垃圾分类	46%
家庭减少能耗	39%
家庭减少水耗	33%
减少使用一次性产品	24%
选用对环境友好的代步工具	17%
购买季节性和本地的产品	16%
减少使用汽车	15%
购买节能汽车	11%
尽量避免短途飞行	7%
变更能源提供者、使用生态能源	5%
家里安装能产生再生能源的设备	3%
不知道	1%

图表 2："为应对气候变化，在下述措施中您个人采取了哪些项？"共询问 26661 人，可提供多项答案。

(资料来源：欧洲委员会专刊《欧洲情况调研》，第 300 期，2008 年)

很明显，居于第一位的是家庭垃圾分类，应当说，这是对减少气候气体作用有限的一项措施。在研究这些数据时要考虑到一些情况，如在德国有关环境意识的调查中，在 2006 年曾有一个涉及内容很广的问题："您个人为环境保护采取哪些行动？"如果回答是肯定的话，请简单加以列举。在回答这个问题时，被问者首先要考虑自己在私人领域做了什么，然后主动加以回答。这就大大不同于对选择题的回答。即使对这类非选择题的回答，答案居第一位的仍然是垃圾分类（占65%），而且与其他行为方式的间隔差距要远远高于《欧洲情况调研》中所示。

　　尽管在图表2中所列各项行为方式在德国的实际操作要高于欧洲平均水平，然而德国在所有各项中也没有任何一项达到顶尖水平。显而易见，这产生于对自己的自满自足，因为在任何其他国家都没有像德国那样有那么多的观点认为，自己的公民已做得非常好了。

　　而在实际上许多人做得很少，即使所做的也或多或少停留在象征的意义上，即间或做做这样，做做那样。在一般表示的意愿和在日常生活中切实照着去做之间存在着巨大的差距。如在《欧洲情况调研》中所说，75%的欧洲人购买对环境友好的产品，然而只有其中17%的人坚持到最近的一个月还如此去做。初看起来，这类调研呈现的结果甚佳，如《欧洲情况调研》所提供的数据：59%的欧洲人亲身参与了反对气候变化的斗争——误导恐难避免。诚然，已经做了许多事情：气候变化为人们所认识，并被当作重要问题，公民也意识到自己的责任，许多人甚至已作出了贡献。非常好！然而人们还要继续做下去，必须把已有的认识更好地转化为行动。仅仅看看对实际行为的统计（如电力消耗、平均汽车行驶里程、飞行与远途旅行次数等）就能得出，实际行为并没有跟上。这又有什么原因？在我们所作的一项调查中，没有采取拟定问题并对问题提供几种可能的答案这样的模式，而是以《气候变化和自己的行为》为题进行开放式交谈，这样人们就能更多地从两方面了解被调查者的情况：一方面是行动动机及其相应的原则评估和观点；另一方面则是平时的实际习惯做法。根据这一调查，我们认为，不作为的三大原因是：

　　——空间原因："在德国，我们本没有遭到很大的威胁。"

——时间原因："当前有其他问题需优先处理。"

——大众意识、利己主义原因："怎么又该是我？其他人这次不该先做些什么吗！"

在下面将对这三大原因一一作出剖析：

并非这里

大多数德国人都认为，只有北德沿海地区方称得上因气候变化而引起、达到危险级别的受严重威胁的地区。此外，剩下的甚至是令人汗颜的期待：德国将会热一点，这并没有什么坏处（诸如"让梅克伦堡-前波莫瑞州生长棕榈树吧"之类的说法）。这种把灾难异地化，感到在德国相当安全且很少受全球消极发展影响的倾向早已不是什么新东西了。环境意识研究早就发现了在感知环境质量上有特色的远近差异：在德国，世界——或者说得确切些——环境尚完全处在正常的状况之中，而这首先适用于住所的近旁四周：街角的公园、自己的园子、自己的住地——这一切在总体上相当不错。而只要自己不住在沿海地区，或不是某条河流的直接投资者，就没有什么可害怕的。

对环境质量的评价随着距离的增加而改变：人们彼此相距得愈远，对方环境质量就被评价得愈低。85%的德国人认为他们的社区、城市的环境质量很好或相当不错，然而却有82%的人认为世界范围的环境质量极糟或相当糟糕。最大的不幸在外面、在遥远的世界，我们在这里原本就没有受到威胁，即使有威胁的话，我们也能很好地保护自己，诸如筑高堤坝之类的措施。

威胁人们的灾难在远方这样的意识究竟从何而来？如果情况确实是这样的话，那么为什么有那么多人恰恰在假期前往远方？远途旅游不是显现出有很大增长的态势吗？正是在远游中，愈来愈多的人更喜欢远方的旅游目的地了（如加勒比海、古巴、澳大利亚、毛里求斯、塞舌尔群岛等地方）。

环境质量评估

表中数字为百分数	优	良	差	很差
在您的城市、您的社区	13	72	14	1
在德国	4	60	34	3
在全世界	1	17	56	26

图表3："您对环境质量在总体上有何评价？"共询问18岁以上人员2021人。（资料来源：《德国环境意识》，2008年）

　　显而易见，人们去度假的远方并非等同于危险的远方。一种远方是国际旅游联盟集团（TUI）① 和托马斯·库克所涉及的世界；而另一种远方呢？人们大概会从下述设想出发：危险的远方，即为气候变化后果完全左右的远方，是在传媒中特别是在电视里看到的那种远方。而后一种远方只要按一下遥控器就会消失。而仅仅在有的时候，梦幻假期的世界和在媒体呈现的灾难的世界会交汇在一起。许多人会回忆起2004年圣诞节的海啸，那场灾难是那么真切地就在近旁：（几乎）每个人都认识某个人，他的一个熟人到那里度圣诞假期或几乎就要成行了。

并非现在

　　一切均变得越来越糟糕。以前总会把将来与积极的变化联

---

　　① TUI 全称为 Touristik Union International，是在德国经营的最大一家旅行社。——译者注

系在一起：技术进步，增长的福利，由于更好的养老照顾而得以提高的社会保障，人控制自然和自然灾害的能力不断上升。人对自身是有把握的，人类的前途将会更加美好：将产生技术更臻完善的交通和信息交往系统，生产自动化，将告别炎热、告别肮脏的煤与钢。乌托邦思想在大多数情况下会产生积极的使人满怀憧憬的效果（当然，情况并非总是如此，请想一下赫胥黎、奥威尔那样的消极乌托邦）。"我们孩子的生活将更加美好。"是许多父母的愿望。父母为此大量存款，为儿女得到良好的教育而操心，而德意志国家将愈来愈富裕。

这种乐观主义的未来观在一些时候以来已有了根本的改变。今天已到了谈将来而色变的地步。当然还能过一段美好的日子，但人们已明确意识到，情况将愈来愈糟。今天在我们生活的圈子里，全球变暖的后果几乎尚没有成为一个议题，然而在多少年、几十年之后，情况将会变得完全不同，大多数人都坚信这一点。就此而言，本来就有足够的理由让政治作彻底的改变并完全改变自己的个人行为举止，然而——并非是马上。我们一定要享受最后的日子。我们知道冬天终将来临，而我们现在过的是秋天最后的日子。就像抽烟者在戒烟前，深深吸上一口那样享受一下。

自一些时日以来，有关将来的言论中悲观主义占了上风，在这样的联系中，人们面对不看好的将来并没有首先考虑社会整体，而是更多地考虑自身。德国人对于以后十年的期待，几乎在所有方面都预示着情况的明显变坏（见图表4）。

从后代的角度看，这种展望与以往"我们的孩子的生活将更加美好"的说法完全背道而驰。后代不仅要面对巨大的债务，而且要面对人们从未面对而且看来也不想面对的世界。如此这般，依据上述第一个行动准则（"并非这里"），就产生了把所有这一切与德国分隔开来，只将其与远方的遥远世界相联系的想法。这也包括若干说法（如"为原料打仗"），但也并非总是如此。譬如人们担忧自己的后代会因环境而不断增加健康方面的问题。只有不到五分之一的人认为现在就会遭到环境问题的困扰；而有四分之三的人则肯定在 25 年内他们的孩子和孙辈必定要面临很大的环境困扰。这一切消极的期待本可以成为决定性转变的良好动机。然而情况却并非如此。看来，人们似乎连自己的话也无法相信，或者寄希望于"奇迹武器"，寄希望于类似"加速发展法"之类的法宝，只要其中有一项发挥作用的话，在将来就有机会不慌不忙地行动——"当日不取"，就像联邦邮局当年在取包裹单上写明的那样。

对今后十年可能发生情况的评估

表中数字为百分数	肯定发生	也许发生	多不会发生	不发生
能源和原料价格猛涨	59	35	5	0
能源和原料消耗因中国和印度等新兴国家而猛增	53	39	8	1
富国与穷国的差距加大	53	41	6	1
世界石油燃气储备大减	48	40	10	2
转基因植物种植增加	28	47	22	3
世界范围缺乏干净饮用水	26	47	24	2
因石油、金属等原料而爆发战争的危险大增	23	50	23	4
为争夺水源而引起的冲突将常态化	20	48	27	4
温室气体排放将明显减少	11	39	42	9

图表 4："今后十年在世界范围里您认为表中所列情况发生的概率有多大？"共询问 18 岁以上人员 2021 人。

（资料来源：《德国环境意识》，2008 年）

并非是我——或我们是谁？

为什么有那么多的人在气候保护的事情上袖手旁观？《欧洲情况调研》的一则调查表明，在这方面一无所为的41%被访者列举了不作为的理由（见图表5）。

首先，人们把过失推给他人、政府、企业，故而他们要先行动起来。在回答"为何许多人言行不一"这个问题时，一个被访者给出了与《调研》得出的三大主要理由（他人应行动起来、不知道和无影响）完全相仿的解释并在原则上要求国家强制力量的参与，要求有约束每个人的法规。否则的话，干脆就不会有足够自愿行动的人。

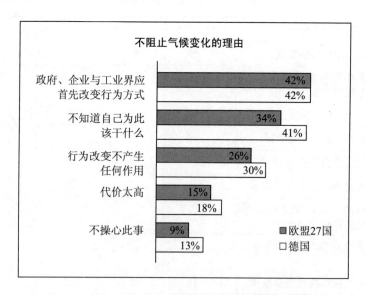

图表5："在这里所述不阻止气候变化的理由中，有哪些理由适用于您？"询问对象为没有采取个人行动来应对气候变化者。

（资料来源：欧洲委员会《欧洲情况调研》第313期，2009年）

第 31 个被访者："人就其行为而言，我想，每个人都会是明智的。我们只有一个世界。要说二氧化碳排放、臭氧层空洞和气候变化，每个人都知道问题之所在，然而并非每个人知晓，他作为个人在这中间有何干系。"

访问者："肯定有这样的人，他们说，他们为环境投入很多，做了许多事情，而在最后的成果中，在实际行动中并没有体现他的说法。对此你有什么想法？这种言行不一的原因又是什么？"

第 31 个被访者："也许是因为不知道该如何去做。倘若在 1 万个人中只有 500 个人投入行动，意义也不大。也许要颁布一项法规，规定每个人必须为大自然做些什么。要让人做些什么就有必要耳提面命。"

上述所引观点是颇为典型的。对于个人能够为气候保护贡献些什么，每个人并不十分清楚。就全体公民而言，他们是担当起责任的——这一点是很清楚的。我们并没有直接问我们的被访者有关他们的行动与看法之间的差别，而是把他们当成专家那样来对待，询问如何解释在他人那里存在的这种差别。最令人惊诧的是，被设定为专家的人有关差别的看法与真正专家的看法大相径庭。前者看问题的方式完全相反：他们从行为出发，把差别首先解释归因于"说漂亮话"，就是说，他们从当今社会存在的一定压力出发：要标榜自己是对环境友好的人并因此表达出相应的忧虑。差别故而就存在于实际行动和漂亮的应景话语之间。

我们这里的人为什么要如此这般行动？我们的被访者既谈了内在理由也谈了外在因素。内在理由首先是长期形成的习惯，说一套现成话的便捷，甚至是懒惰以及没有想法，简言之，就是对此根本不作思考。

首先要提及的外在因素是已说过的社会鼓励的形式，即人们感到自己处在社会压力之下，须作出积极的环境友好的表态，表现出一种"政治正确"的姿态，这里只是说说而已，并不涉及任何行动结果。其次被当作理由经常提到的是缺乏相应的知识。这是面对迅速膨胀的信息而表现出的一种不安：一方面，有人大力提倡使用地方产品以节约运输能源；而另一方面，又有人指出从温暖的西班牙运进反倒要比在布兰登堡温室内种植更节约能源（Kuckartz 2007c）。

在公开的调查中值得关注的是，在为大多数人所接受的社会准则（"善待环境！""人人为保护气候作贡献！"）和个人考虑之间存在着显著的差异。这反映在典型调查的结果中：在2008 年德国环境意识调查中，引人瞩目的是，以"公民"、"我们"为主语所涉设计的问题均得到很高的附和率。如84%的人表示赞成"我们公民能够通过我们的购买行为对环境保护作出重大贡献"的说法；86%的人附和"公民能够通过有环境意识的日常行为对环境保护作出重大贡献"的意见；75%的人相信"由于公民的压力而产生气候保护的有效措施"；72%的人赞成"公民能够通过他们在环境和自然保护组织中的投入对环境保护作出重大贡献"的主张。显而易见，在这里个人的思想与之联系的是"我们"而不是"我"。而一个能很好说明相应思维模式的例子来自我们的调查之中一个大学生的说法：

　　要说"每个人在生活中都应该有环保意识"，这起不了什么作用。至于说到每个人现今在冬天是否必须吃来自异邦的樱桃……当然完全谈不上"必须"。（笑）说不好。然而现在的世界是否会因此上升两度气温，原因就是在于人们吃了来自马里廷巴克图的樱桃，（笑）这我无法相信，人

无法拥有这么大的影响。（第 31 个被访者：17）

从象征主义到现实账户

按照气候专家的说法，要减少二氧化碳排放一方面在时间上极为紧迫，故而在改变人们的行为方式上也因此显得非常紧迫；而在另一方面，个人行动的实际成绩恰恰又并不令人鼓舞。按照《欧洲情况调研》的数字（由于到处起作用的迎合社会期望的做法，这些数字显得有些夸大），即便如此，该刊表明：有 41% 的人在气候方面什么也没有做，而以某种形式表现积极的 59% 的人（2009 年的情况）也仅仅是停留在象征意义上的行动。每个人本来应对他个人的碳足迹情况非常熟悉，并由此有针对性地改善纪录。而有关个人行动的讨论方式则反倒明显鼓励行动的象征性意义，忽视在现实中可测的实际效果。这样就会将效果极不相同的行动等量齐观地一一列出，而经验社会研究则紧跟其后选择它的标识：对外出购物用布袋与投资建造太阳能屋顶完全同等对待。也许，99% 的居民根本就不知道他们的碳足迹，故而下面一点就毫不奇怪了：许多人坚信，在这里装一只节能灯，在那里的市场上购买一块生态面包，周末骑一趟自行车或到郊外公园走一趟，再加上对垃圾进行分类就算已经作出足够多的贡献。

如今，无论是公民个人还是经验调查所看重的并非是实际的行为，而是感觉的到的缩减。人们不得不是现实主义的：公民们已经如此习惯于象征性行动和同时讲的漂亮话，预计在短时间内这种倾向不会有根本性的转变。谁提出一项减排目标（如不来梅市提出减排 40% 二氧化碳的目标），谁就不该过多地把希望寄托在公民的分摊上。在如今是无法对公民有所期待的。更重要的是，社区和所有中心组织要正确评估公民的气质和能动力量。现实主义是不言而喻的，其中包括接受这样的事实：个人对切实改变自己的积极性是不高的，同时却又在很高的程度上将改变的相应观点和企图诉诸语言。这对于政治活动家来说并非是一个辉煌的起点，然而总还是在气候保护政治行动中给予赞许的一种声音。

参考文献

Europäische Kommission (2008), *Einstellungen der europäischen Bürger zum Klimawandel*, Spezial Eurobarometer 300, Brüssel, in: http://ec.europa.eu/public_opinion/archives/ebs/ebs_300_full_de.pdf (13.11.2009).

— (2009), *Europeans' Attitudes Towards Climate Change*, Spezial Eurobarometer 313, Brüssel, in: http://ec.europa.eu/public_opinion/archives/ebs/ebs_313_en.pdf (13.11.2009).

Kuckartz, Udo/Rheingans-Heintze, Anke (2006), *Trends im Umweltbewusstsein. Umweltgerechtigkeit, Lebensqualität und persönliches Engagement*, Wiesbaden.

Kuckartz, Udo/Rheingans-Heintze, Anke/Rädiker, Stefan (2007a), *Tendenzen der Umwelt- und Risikowahrnehmung in einer Zeit des Wertepluralismus*, Vertiefungsstudie im Rahmen des Projektes »Repräsentativumfrage zu Umweltbewusstsein und Umweltverhalten im Jahr 2006«, Berlin Umweltbundesamt, in: http://www.umweltbewusstsein.de/deutsch/2006/download/tendenzen_risikowahrnehmung.pdf (13.11.2009).

— (2007b), *Determinanten des Umweltverhaltens – Zwischen Rhetorik und Engagement*, Vertiefungsstudie im Rahmen des Projektes »Repräsentativumfrage zu Umweltbewusstsein und Umweltverhalten im Jahr 2006«, Berlin Umweltbundesamt, in: http://www.umweltbewusstsein.de/deutsch/2006/download/determinanten_umweltverhalten.pdf (13.11.2009).

— (2007c), *Informationsverhalten im Umweltschutz und Bereitschaft zum bürgerschaftlichen Engagement*, Vertiefungsstudie im Rahmen des Projektes »Repräsentativumfrage zu Umweltbewusstsein und Umweltverhalten im Jahr 2006«, Berlin Umweltbundesamt, in: http://www.umweltbewusstsein.de/deutsch/2006/download/informationsverhalten.pdf (13.11.2009).

— (2007d), *Das Spannungsfeld Umwelt und Gerechtigkeit in der öffentlichen Wahrnehmung*, Vertiefungsstudie im Rahmen des Projektes »Repräsentativumfrage zu Umweltbewusstsein und Umweltverhalten im Jahr 2006«, Berlin Umweltbundesamt, in: http://www.umweltbewusstsein.de/deutsch/2006/download/umwelt_gerechtigkeit.pdf (13.11.2009).

在气候文化特征和社会经济发展作用范围内的建筑和城市建设

贝尔恩德·洪格尔*　　维尔纳·维尔肯斯**

　　数千年来人类把自然界和气候看成是自己的敌手，抵御它们的挑战，特别是用针对气候而形成的居住形式和建筑来加以抗衡。如果说，在前工业化社会里，利用气候和自然并将其纳入自己的建筑和生活方式之中还是一种不由自主的必然的话；那么，采用工业方法的建筑和居所看来就完全与具体地点的自然条件没有关系了。

　　这样一来，倘若人们把气候视为自己的对手的话，要证明人已变成气候的敌人就不再是一件容易的事情。由人引起的气候变化转而反对人自身。变化的负担却诡异地并非由早期工业化国家——主要成因者承担，而首先由其他地区，特别是处在困境、在生存线上挣扎的发展中国家来承担。

---

　　*　贝尔恩德·洪格尔（Bernd Hunger），哲学博士、工学博士，自由职业城市设计师、城市社会学学者，德国房地产企业联合会（GdW）咨询师。

　　**　维尔纳·维尔肯斯（Werner Wilkens），社会学硕士，德国社会住宅发展援助协会（DESWOS）干事长，参与了在亚洲与非政府组织合作的相关共同项目的设计与实施。

· 167 ·

谈到气候变化的主要原因，当首推温室气体排放和对自然领域的侵入。而成因力量则主要集中在工业国和新兴工业国的城市中心。在那里也在从事减缓、阻止气候变化的活动。我们也要考虑到：在地球完全不同的其他地方所产生和加速的排放和对自然的消耗，均源于富裕国家的需求而形成的全球化商贸和物流。需求者与生产者常常相距甚远。

产地经常在不利于在当地生活者的情况下被利用和剥削。破坏环境、不受控制的城市化进程、对自然资源的掠夺式开采，一直到对物种多样性的破坏，这样的例子真是不胜枚举。遭难民众常常是处在文明社会的起始阶段，很少有话语可能，因而施加影响的可能也很小。经济和政治权力则集中在拥有极大影响力阶层的手中，他们生活在远方，与直接受害者分处一方。

下面将分述欧洲的情况和趋势以及在发展中国家的情况。很长时间以来，曾作为发展中国家待以后补做的现代化主要模式却因生态和气候的结论而被归谬（ad absurdum）否定。但是，这个星球上的所有人都应享有公正和相同的机会，过上有人的尊严和充实的生活，仍然必须保持为首要目标。为了达到这一目标，也需要建筑、城市规划和空间规划上的相应努力。

前进中的欧洲气候保护

在欧盟范围内，当前有关气候保护和可持续发展住宅和城市规划的讨论使人看到了希望：欧洲终于开始走上可持续发展的道路（至少在自己的区域）并担当起全球责任。

德国在建筑和城市规划方面是走在前面的国家之一。在节能建筑方面，不断提出高检测标准，而被动设计的建筑——即基于很低的能源需要而无需传统取暖设施的建筑——将在几年之后成为技术规范。在十年之内，新建筑将不再需要值得一提的能源消耗。与新建筑相比，问题更存在于已有建筑的能源利用改造上，技术上已无问题，问题就在于房产主和施工委托方的经济承担能力。在建筑中愈来愈多地贯彻了生活循环的观念，就是说在设计中不仅要考虑新建筑的费用，而且要考虑整个建筑的利用和存续时间。建筑材料的循环利用已成为一项准则，对于垃圾的产出也适用同样的原则。无法再利用的剩余垃圾也会通过效率很高的垃圾焚烧设备重新赢得能源并输入电力网和热力网。由于水处理技术的提高和人们行为的改变，家庭水耗已有所下降，这种现象已持续多年。

与世界其他地区相比，为何恰恰是欧洲成为在气候保护方面的先行者？很显然，这是由于民众大大提高了对良好环境文化价值的评估，由于在气候保护之中涉及全欧并超越党派的政治努力的决心大大增强了。

爱护环境（特别是在北欧和中欧的表现）的有利因素有三：即生育行为方式、有所改变的技术基础和文化传统。代替19世纪和20世纪上半期爆炸式的人口增长的是逐渐的、可持续的人口收缩过程，它相应减轻了对自然资源的压力。用珍惜资源的技术和服务产业替代破坏环境的老工业也取得了同样效果。

结合在林业上大面积采伐并再度造林的可持续发展的认识，早在19世纪对代代相传的文化景观的文化价值评估就得以贯彻（浪漫主义所描述的自然景色对此起了强化作用），它虽然遭到工业发展的干扰，却至少减缓了极端的滥采滥伐，而今天则为景观恢复采取措施方面在民众中大造舆论。

作为对建筑意图的一种平衡，给补充措施和应对措施留下发挥作用的余地则成了规划中不言而喻的事情。就复兴老工业地区而言，20年前在鲁尔地区国际工业展览"埃姆舍园区"开始时还显得颇为新潮，而今天在整个欧洲均是如此做法。置于大面积森林和湖泊景观之中的庞大的劳齐茨露天煤矿改建是一个以其规模令人印象深刻的晚近例子。它是卡托维兹周围上西里西亚褐煤区复兴努力的体现。而另一例子则是因工业和无序移居而使景观遭到破坏的威尼托地区的整治（Hunger，2005）。

2004年生效的《欧洲景观公约》（Europarat，2000）概括总结了这些原初设想。公约的目标是维护和继续推进欧洲文化景观的多样性。在一个国际法意义的协定中，第一次不是将各别群落生境的保护作为关注的中心，而是关注欧洲景观有助于同一性标志显示的整体，关注其发展的动力。公约是文化和景观认识的全面体现，这些认识将随着时间的推移得到愈来愈多的贯彻。

由于欧洲城市一般均拥有大气的、连成一片并受到保护的绿地、公园，拥有便于扩充和改建的技术、社会基础设施（两者是19世纪的成就，在20世纪得以继续扩展），这些城市看来有较好的设施来应对气候变化。遗憾的是，新兴工业国虽在许多方面着迷于追随西方发达国家的做法，然而却并没有采用涉及城市可持续发展政策上的这两大带战略性优势的做法。

随着内城闲置地带的逐步重新激活，开放空间品质的欧洲城市将得到扩建。以前曾被工业所使用的河岸地区一部分将变成吸引人的居住区，一部分将成为绿地。考虑到预计的今后气候变暖，将保留、部分扩大新鲜空气的林间通道——在城市人口缩减趋势条件下，由此为城市改建提供了极佳的可能性。

从地方区域的角度来考察气候变化，欧洲城市拥有这样的优点：欧洲的居民结构并非以超大城市及其落后的腹地为标志；它的特征是，城市系统既有中心又分级联系很好和城乡差别相对较小。

欧盟成员国在 2007 年用《欧洲城市莱比锡宪章》和《欧盟领土议程》就城市建设和空间规范模式达成共识。这一共识的目标是在社会团结、气候保护和经济增长之间达到一种平衡。《莱比锡宪章》强调在城市整体发展概念基础上的全过程规划的必要性，并特别关注遭忽视的城市区段的发展。在这背后起作用的则是重要的、人们不妨将其称为"欧洲的"思想：社会协调是经济增长、技术进步和全社会富裕的前提。

而在"领土议程"上，也遵循着相同的主旨。在地区发展的角度上，欧盟成员国同意，一方面要强调高效的增长核心对全社会发展的意义；另一方面则要用可观的款项支持缩小地区之间的差距。在《莱比锡宪章》中规定，各成员国有义务"在欧洲多中心城市体系的基础上促进均衡的地域发展"和"提升城市综合发展的手段"。

总起来看，与其他大洲比起来，欧洲对气候变化的应对准备要充分得多。其中的一个原因就在于欧洲经历了数百年的争斗和战争，从而认识到：共同协调的行动最终将对所有人都有好处。这既适用于成员国的政治层面，也适用于社区和邻居的日常文化层面。在后一层面，公共或公众领域和产业（"公地"）的价值认同和作为文化规范的合作准备似已就绪。当然，事情还没有达到不言而喻的地步，而是作为不断重新谈判和拟定的题目，就如同勃兰登堡州是否该拥有出海口的现实争论所表明的那样。

人们要给予新的城市和社会运动更多的关注，因为这些运动以"回收城市"（Reclaim the cities）为政治口号，要求"由下开始"的整顿，要求直接当事者有更多的参与话语权。这些运动用实例表明了哪里的城市和空间改造项目与新项目陷入资本利用的操控之中，或者由于国家财力错误的分配而导致关系紧张。

另一关注点是电信和交通，它使人与人之间的联系得以实现、使必要的物流在有利于气候发展的情况下运转起来。普通货物的远途空中运输和无节制的远途旅行则是不利于气候发展的过分行为。即使个人使用交通工具的当今形式也成为考察的一个对象，而城郊公共交通线路则不能成为是否赢利的考察标准的牺牲品（柏林城铁出现的故障就是一个现实明证）。

比起以往，城市规划和建筑务须更多考虑之前和之后的过程，考虑"气候一揽子因素"。在这里，工业国和发展中国家的全球联系将更清晰地进入视野：若干进口原材料在将来会丧失信誉，因为它是通过对自然、对人进行极端剥削之后方被廉价进口。已产生最初的一批城市致力于公平购进（也由于公民运动的压力），对生产者和自然环境均给予关注。

障　碍

在压缩二氧化碳排放和弥补老工业社会损失的重要进程中，欧洲的居民区正面临须认真对待的障碍。一方面，跨城市、跨地区的竞争影响经营活动所在地的决定，而这总伴随着不断的土地要求。有鉴于此，德国制定了一个国家可持续发展的总目标：从 2020 年开始，要结束至今每天要占用 30 多公顷土地搞建筑的局面（可持续发展委员会——Rat für Nachhaltige Entwicklung, 2004）。当然，现实与这一目标的距离还非常之大。另一方面，与进入纲领文献并被宣布为目标之外的不同方面——地区各团体的社会团结——则在实践中处在危险之中。社会两极分化的趋势，再加上公共任务私人化、国家财政困难和社会福利的减少是几乎所有欧洲国家或多或少均表现出的特征。这种趋势表现出对新自由主义社会政治模式的坚持，而自相矛盾的是，这恰恰发生在一场世界危机之中。这场危机向每个人清楚表明了极端市场化观念的失败。晚近数十年来的洗脑在这里显然还在持续发挥作用，从危机中什么也没有学到——看来此种情况不仅仅适用于金融部门的头面人物。

冲突最为突出的是东欧国家，冲突集中表现在低下的经济能力、社会争斗和气候保护诸方面。这些国家虽说正在设法挤进欧盟或刚刚变为成员国，却更以极端市场化的国家观念和经济观念推行相应的建筑、住房和社会政策。这种在心理学上可以被理解为对已不复存在的国家社会主义的逆反做法，体现在空间上就是为富人服务的封闭社区（gated communities）。为此，不事声张地不惜对这样的住房建设动用公共促进资金，对投资作出迎合的用地决定，而这些做法却是与在空间规划和城市建设上可持续发展的努力背道而驰——将来的问题已进入预编程序。

与北欧近几十年来扎实的繁荣发展相比，在南欧呈现出在空间规划上不加调控的混乱的居民点设立过程，对于气候发展影响极大。譬如说西班牙沿河而建的人口稠密居民点、旅游中心，再如没有任何空间规划设想的意大利波河平原的乱盖乱建。

鉴于能源消耗的实际下降，北欧对于预计的气候变暖更持欢迎态度；而南欧由于需要人工降温则要消耗更多的能源。很遗憾，由于地方建筑传统的消失而使问题更其尖锐：使建筑物自然通风和自然降温的精巧施工技术让位给了一时更有经济效益的建筑方式，后者依赖于高耗能的空调设施。总括起来说，北欧在暖气上减少的能源消耗，南欧又将其用于冷却降温。简言之：欧洲站在十字路口。

欧洲是否已为控制气候变化做好了准备？关键就看欧盟在最近几年是否使主张社会平衡和领土一体化的力量继续贯彻他

们的主张；或者再倒退到民族国家的利己主义之中，后者对于
欧洲的景观和人口居住系统将产生毁灭性的后果。

发展中国家情况

在发展中国家里主要问题肯定是首先考虑人民的紧迫需求，
同时尽量减少在气候变化方面的支出。紧要的是使贫困阶层能
够体面地居住和生活，同时又不破坏环境。

好消息：这个看来困难的题目在技术上是可以解决的，在
人类面前没有解决不了的问题。坏消息：仅仅是技术起不了什
么作用，运用技术的前提是相应的文化行为方式和政治行为
（Radermacher/Beyers，2007）。数代人的情况很遗憾地表明，文
化适应要比技术革新需要更多的时间。

如同在工业国一度出现的情况那样，在发展中国家也展现了
经济和社会变迁的进程，它的表现形式和周期就其结果而言，参
与者只能部分知晓。故而在发展中国家的专家、政治家和民众组
织尝试着寻求适宜的解决办法，特别是同时抛出众多问题。即使
是发展援助组织如 DESWOS① 也不得不在必要时进行自我限制。

减少对城市的压力

为了赢得时间，发展对气候友好和对人友好的居住新形式
（即使在城郊贫困地区也应如此），一个相应的战略是减轻城市

①　DESWOS 全称为 "Deutsche Entwicklungshilfe für soziales Wohnungs-und
Siedlungswesen e. V." （"德国社会住所和安居发展援助组织"）总部在德国科隆，
成立于 1969 年。具体情况可见其网站：http：//www. deswos. de。——译者注

的人口压力。在超大城市和大城市，如果寮屋区和贫民窟人口占30%到50%，那么就值得采取多重小步前进的解决办法。在这个过程中，不仅会涉及建筑师、工程师和城市规划师经常会首先考虑的空间技术解决办法。而且为了能够气候友好地生活，人们自身也必将重新组织他们之间的关系和联系。

能源节约型建筑

谈到发展中国家的建筑方式，首先要研究的是如何使用能源节约型建材和稳定的能源节约型居住形式：在生产建材时节约能源和降低二氧化碳排放；而房子又造得如此巧妙，在日常居住中有可能达到能源消耗的最低化。

引人瞩目的一点是，重新形成的原料也能作为建材加以利用。造林规划、休闲地的利用和阻止土壤侵蚀均是朝这一方向所作的努力。另外，长纤维自然物质如稻草、麦秆、芦苇和其他草类等也能加以利用。在建筑材料黏土方面也有新发现，它的多种用途，过去既没有研究也没有投入实际使用。那些仍在使用它烧制黏土砖的地方，不妨试一下自然晾干的黏土坯是否也能起到相同的作用。

还需指出的是，许多建材是可以被循环使用的。此外，节约能源的另一种方法是减少新建；多增加对现有建筑的功能更新、扩大和改建的项目。

可以从文化和组织的角度来考察居住形式从"占有"到"利用"的转变，就像住宅合作社有可能如此做那样——显而易见，后一种形式是与在农耕乡村集体的传统共同意识相联系的。

为了把赢得富裕生活与气候保护彼此联系起来，利用传统集体形式完全可能成为一种文化战略：在发展中国家里，大家庭保证了更有效地利用住所空间。它免除了小家的其他担忧，如抚养孩子，照料病人和老人。而值得推广的现今解决办法：使居住在小的空间里并顾及所有使用者需要的状况成为可能。

就居住形式而言，作相应发展和少量变化因此也是必须的。为了压缩占用土地面积，即使在农村的居民点也要考虑多建多层建筑。在这里要考虑当时的使用和以后的扩建。在出于力学原因要使用钢筋混凝土的地方，要注意优化的尺寸标注。而火山灰质硅酸盐水泥由于碳足迹方面的理由要优于硅酸盐水泥。决定性的因素则要看对于气候的影响和使用的技术要求。

第一个例子是 DESWOS 的一个援助项目：印度泰米尔纳德邦古德卢尔塔鲁卡地方农村房舍建筑和建立一项对地处偏远的本地人有生活保障意义的生产自救项目。

项目援助对象是 162 个低收入家庭，家庭人口共计 800 人以上，他们是居住在乌达加曼达兰（乌堤）以西的偏远山区的帕尼亚原住民部落，因处在特别落后的状态之中，被印度政府划在需特别帮助的人群范围内。项目执行方为发展援助组织"部落和乡村发展信托中心"（Centre for Tribals and Rural Development Trust——CTRD）。项目与相关家庭协商计划，并按他们的需要和家庭经济状况各自作了协调。

项目创建了符合人的尊严的居住空间，改善了参与家庭的收入状况。通过乡村的共同施建，部落成员的归属感和认同感增强了。对孩子首次实行的基础教育，增强了他们日后在公立学校学习的信心。定期的健康监护降低了村民的高患病率。

在几个村落的 162 个家庭，结合传统的黏土建筑方式，采取自助的方式建造他们的永久性住所。历史上地方建筑的文化被吸纳，又加上了现代坚固的基础构造和高度压缩的黏土坯块技术，建造质量大大提高。建材循环使用的局面就此形成，而能源的使用则降到最低。坯的压制采用手工方式，而压制而成的坯条则采取自然晾干的办法。

在施工措施中有一项通过有资质的技工进行非正式培训的措施。经过培训，年轻人提高了技能，掌握了维修和从事建筑一行的技能，他们的瓦工和木工技艺是他们除农活外增加的一项谋生手段。

在项目施工时间之后，创收措施主要围绕小型庭院、农业和畜牧经济展开，它将成为创收和必要再投资的承担主体。

图1：住房建筑使用自然晾干的黏土坯——与烧制砖相比节约了能源，对气候有利，还便于自己施工。

家庭低能耗

在家庭能源使用方面，由于拥有了利用再生能源的效率更高的技术，在不降低生活舒适程度的情况下，节约能源的潜力大大提高了。

第二个例子是 DESWOS 的另一个援助项目：在印度安得拉邦建造节能炉灶和再造沿海森林。

援助对象：在印度安得拉邦沿海地区韦达巴莱姆地区周围的若干村落的农民，在 2004 年海啸之后该项目由地方援助组织 ASSIST 执行。

除了重建工作外，为援助家庭建了炉灶：材料是水泥，设计虽极简单，却成功地替代了原先在三块石头上煮食的老炉灶。依然烧柴的新炉灶能效提高了三倍。这既节省了妇女和儿童拾柴的时间也保护了地区的植被。此外，防风的节能炉灶也能利用低热值的燃材，如棉秸秆或块茎植物。

未雨绸缪为将来使用的燃料作准备，于是在沙质的沿海地区开展大面积种植木麻黄的活动。这些由村民承担种植、养护的木麻黄林，一方面将在热带风暴时起到挡风作用，另一方面将有利于减少对土地的侵蚀。由于生长较快，故可定期抚育采伐。新鲜树叶则是山羊的绿色饲料。树叶逐渐形成的地被物形成了腐殖质，这使土地更有利于林木的生长。森林成了村庄的公共财产。

DESWOS 的其他地方合作组织也大力宣传使用节能炉灶。他们依据各地的具体情况，建造活动式或固定炉灶，材料则是废板材、土坯或砖。固定炉灶装有烟囱，免得烟在屋里损害人的健康。此外，节能炉灶的隔火功能很好，这对于曾面对危险的明火的孩子来说就显得尤为重要。学习建造这样的节能炉灶既很简单，费用也很低。

聪明的房舍对气温的自然调节有很大意义。大量耗能的空调装置是无批判地接受富裕、较凉爽的北部国家建筑和居住方式的强行陪伴者。在合适的情况下，自然制冷的强制通风是可行的——在许多雨林国家的传统建筑中就常常如此做。围绕游廊半敞开的空间、平台屋顶或阳台的利用均是有利于气候、有利于社会交往的解决办法。

图2：在安得拉邦沿海地区种植作为防风林、炭薪林的树林。

在赤道附近的许多发展中国家，暮色降临很早，故为了劳作或晚上娱乐消遣的需要，需寻求光源就是不言而喻的了。电力网并非无处不达，为地处偏远的家庭输电在经济上极不合算。太阳能光照系统则是用得起、易于维护的，也能在移动中使用。LED技术既节能，光照效果又极佳。当然，太阳能源也可用在家庭的其他用途上，如移动通讯、家用电脑、收音机和电视机的用电。这些设备对于农村家庭也是不可或缺的，因为对于农村发展的最重要手段是信息的传播。

实行农村地区电气化的意义越来越大，因为生产粮食灌溉需要水泵送水。然而电耗在那里很少能精确加以度量并诚实地加以结算。谈不上查电表，对偷电也就只能睁一只眼闭一只眼了。这样，许多农村家庭虽通上了电，电压却极不稳定——用电设备使用得越多，情况就越是如此。人们虽早就用上了国际电工技术委员会（CFL）推荐的小型紧凑的节电荧光灯，困难却在于因电网系统的低效和低产出而引起的极端的电力缺乏。故而有时在这里的工厂，有时在那里的农村会时不时出现停电现象。如果谁随时都需要用电的话，他就需要自备发电机，效率既差又对气候不利，电费还要贵上好多倍。

在农业上赢得能源、减少有害物质的新途径

农业作为食物的生产者将不得不寻求发展新途径，因为它本身就是二氧化碳的制造大户。农业发展的新方向是使农业同时成为将能源输入电网的能源生产者。故而，将太阳能生产、沼气池生物模块的利用、温室余热用于农产品干燥或作为其他用途的热源……把这一切联系起来对于发展中国家来说也并非不可想象的。

为了避免生态崩溃而出现的新技术并不与传统农耕和传统建筑文化相矛盾——这是一个带来希望的好消息。工业化前的农耕社会小心谨慎地对待自然、利用其资源的经验恰恰在工业化的农业中丢失了。

另一方面，在有些地方却需要迅速改变传统的农村工艺。如建筑方面在田野敞开焚烧的低效的烧砖窑，它消耗了大量木

材资源，而大量使用黏土也影响了农业用地的面积。

为稳定水情必须整治土地。由于在农村地区砍伐森林和错误的农耕操作（沿水流方向的土地板结和耕犁）使雨水极快流失，带走了肥沃土壤，留下了侵蚀沟槽。地下水位下降。不合适的灌溉导致土地盐渍化。大工业和农业企业过度使用地下水，农药和肥料投放的负担危及到农村的供水。

改善居住环境微气候

鉴于城市地面硬化，需要费用高的径流调节截流雨水收集器。对于城市整合来说，甚至对于乡间的居民点而言，为了改善微气候，采取一定的措施是必不可少的。在居住区绿化以除尘、降温和阻止水土流失；屋顶种草、攀援植物和遮荫绿应该是项目不可缺少的内容。空地、行道树、树篱绿和溪流也应在此范围内考虑。

倘若劳动力无法被市场所接纳，那么园艺工作作为自我照料的因素也将赢得意义。补充经营将获得外加的收入，并成为在住地的一种工作机会。

很显然，以上观念与地主获取收益的战略完全相反。他们在密集的棚户区获取惊人的利润。现今仍然通行的情况是：即使在技术上可行，而且也符合人的行为的传统文化观念，然而只要与经济和权力利益相悖，就久久得不到实行。

运输节能与地方经济

对气候有害的能源使用的一大部分归之于运输。航空交通、空运普通消费品、实时物流服务、对食品的降温和解冻等等，吞噬着大量化石燃料资源。

在总归要将其农村劳动力纳入劳动市场的发展中国家里，就存在开辟自我组织经营的机会：既可以作为自给自足的经营，也可以小范围经营（提供简单的商品和服务）的地方经济而发挥作用。远距离运输得以避免，地区经济则得到了新的推动力。

以传统方式为楷模的生产的这类形式要求在空间规划和建筑设计上有相应的考虑。居住和工作的联系，以附近居民需要为服务目标的公共工场提供了居民与生产者之间在经济和社会方面结合的机会。地方经济和交换服务对象是地方的生产者和消费者，它将作为全球化的一种相反运动创造出一种新的价值。除了纯粹以价格作为衡量标准之外，消费者变化了的价值观将来也发挥作用。诸如"健康和可持续发展的生活方式"的口号会给人原初的第一印象，而其他新价值原则会接踵而来。

小　结

在建筑和人口聚居发展的范围内，欧洲以及发展中国家对气候变化有何反应？

第一，非常有必要使文化与自然相适应。建筑和城市形式不是与自然相适应，而是反自然发展，这种发展在不长的时间内就已被证明是没有前途的。老工业社会式的在技术上的狂妄自大必定会被谦恭所取代。

第二，令人高兴的是，目前在技术上已经有了这样的可能性，即在不影响富裕生活水平的情况下，大幅度减轻环境负担和减缓资源消耗。在不久之后，这种技术能力又会有更大的改进。在技术人员和自然科学工作者那里并不存在因自然和文化之间的和解失败而产生的问题。新技术再加上对环境友好和传统——在建筑和城建方面处理气候相关问题巧妙聪明的传统，这就是建筑的将来。

第三，在社会关系没有变化的情况下，对气候变化没有相应持续的社会反响是能够想象的。无论是在宏观的世界社会的角度上，还是在微观的周围邻居的角度上，问题均在于促进团结、构成合作协商基础的社会平衡的尺度。建立可持续发展的城市和空间结构就需要增强合作和社会凝聚力，减少冲突和社会两极化。

水、空气、土地和景观均是公共财产，它作为自然资源构成社会作为整体的生活基础。享有特权的少数人对其的私人占有引起极大问题，故对此至少需要社会认证和监督。在政治行动中，没有良好治理的合乎道德的规则就不可能减缓气候变化，就无法与这种变化不可逆转的后果相适应。

第四，对气候变化的文化反应不需要全新、在迄今的历史中闻所未闻的行为楷模。在数千年来人类针对自然所采取的行为举止仅仅为工业社会短短的一段时间所排挤、所淹没。是再度回忆工业化时期以前经验的时候了！回忆那些充满敬意地对待极其强大的自然以及极不容易赢得资源的经验。这种回忆将推进形成人们的日常意识，特别是在受到气候变化逼迫的情况下。

参考文献

Bundesregierung (Hg.) (2008), *Für ein nachhaltiges Deutschland. Fortschrittsbericht 2008 zur nationalen Nachhaltigkeitsstrategie*, Berlin.

Europarat (2000), *Europäische Konvention für die Landschaft*, Florenz, in:: http://www.coe.int (25.1.2010).

Hunger, Bernd (Red.) (2005), *Landschaften verwandeln. Empfehlungen am Beispiel dreier industriell gestörter Landschaften in Europa*, Dokumentation des italienisch-polnisch-deutschen Projektes »Restrukturierung von Kulturlandschaften«, im Auftrag der Internationalen Bauausstellung »Fürst – Pückler – Land«, Berlin.

Radermacher, Franz Josef/Beyers, Bert (2007), *Welt mit Zukunft*, Hamburg.

Rat für Nachhaltige Entwicklung (2004), *Mehr Wert für die Fläche. Das ›Ziel-30-ha‹ für die Nachhaltigkeit in Stadt und Land*, Empfehlungen an die Bundesregierung. Berlin, in: http://www.nachhaltigkeitsrat.de/uploads/media/Broschuere_Flaechenempfehlung_02.pdf (25.1.2010).

城市治理与气候保护

乌尔里希·巴蒂斯[*]

谈到气候保护，德国法律工作者首先会想到国际法，想到在国际法意义上的协议，如在里约热内卢、京都和哥本哈根会议上签订的协议。参与者是各个国家或国家的组合，如欧洲联盟。后者同时又是为欧盟成员国确定的欧洲先行规定的主角。这一点明确表现在环境法中。在德国的公法中，没有任何其他领域会像环境法那样带有如此典型的欧洲特点。这一论断并非是不言而喻的，人们要想到欧盟曾以经济共同体的形式起步，目标在于经济竞争和对其不加控制。

倘若气候变化构成了对 21 世纪世界风险社会的环境政治的主要挑战的话（Beck，2007：155），那么气候保护就不仅仅是国家和其超国家的组合如联合国、欧盟或亚太经济合作组织的事务。在全球活动的非政府组织如"绿色和平组织"或"课征金融交易税以协助公民组织"（attac）就应考虑也成为其中的一个参与者，一个可理解为作为地方公民所代表的与国家官僚相抗衡力量的参与者，即在德国宪法中予以特别保障的地方自治。

---

[*] 乌尔里希·巴蒂斯（Ulrich Battis），教授、博士、名誉博士，柏林洪堡大学法律系国家和行政法教研室主任。

德国基本法第28条第2款规定："必须保障各市乡镇有权在法律范围内自行负责处理各地方性事务。"然而，必要时会在全球范围内加以考察的气候保护也可能是一项地方性事务吗？为了能够有效保护气候，地方确实就该拥有管辖权吗？气候保护不以地方的边界为限。这样，在气候保护方面是否就缺少地方自治一直所遵循的属地原则？

从法律角度看，基本法第28条第2款就地方自治的法律架构给定了框架，属于这一范围内的包括相应的联邦州法律和联邦法律。德国的规划法就表现出一种德国特色：地方规划的基础即批准土地利用计划和建筑计划，从内容到顺序均受联邦法即联邦建筑法典的制约。之后在施工中，地方则拥有了实施规划中的自由。这种联邦立法和地方规划的紧密合作和重叠的作用有时给予各州提意见的由头，然而，这种形式即使在"联邦制改革 I"中也没有被放弃。

然而人们不要忽略，德国各州还是能够通过区域规划和分区规划，通过专门法如州建筑规范条例等为地方的气候保护创造框架条件。在这里仅举出在区域规划上（在居民点设立、交通、滨河与滨海地区、航运水道等方面）样板地区的相关样板工程，如在前波莫瑞、中部和南部黑森、上易北河河谷/东埃尔茨山脉，以及依据建筑法规实施的建筑物保温墙和屋顶、墙体绿化和拱廊加顶等方面的工程。

—

下面将具体介绍为贯彻在社会中气候保护的城市建设更新目标，联邦立法和地方建筑规划之间的紧密合作（参见 Battis/Kersten/Mitschang，2009）。

　　"城市和社区新生态运动"是《法兰克福汇报》经济版的栏目标题(《法兰克福汇报》,2009年9月12日第11版)。该版的一篇文章谈到了慕尼黑市和该市的热电厂计划从2015年起做到百分之百利用再生型能源发电。慕尼黑的情况在德国绝非个案。杜塞尔多夫、卡塞尔、弗赖堡,以及加尔兴、克尔海姆、菲尔斯比堡等大小城市也定下了它们的目标:在一般情况下,利用非集中的再生型热电站,成为能源自给自足的社区。对于德国城市议会秘书长斯特凡·阿蒂库斯(Stephan Articus)来说,再生型能源是地方气候保护的关键措施。故而德国城市议会早在2008年5月就提出了一个《城市环境保护意向书》(Deutscher Städtetag,2008)。

　　社区的先锋作用要获得成效,就需要当地的男女公民共同倡导、共同承担因地方新气象政策而产生的责任。在这里,关键的问题就在于,在联邦德国和欧洲联盟多层次的政治体系中,为地方自治获得合法地位。相对于国家的立法,地方倡议有着特别的优势,因为公民能够对决定进程施加影响,对于全体参与者来说,其结果更其是一目了然、便于监督和可以通过投票来加以抵制的(Faßbender,2009:623)。

　　在地方的层面上,围绕气候保护在观点和利益上的争论是非常活跃的。"市议会的生态专政"是反对马堡市议会通过太阳能章程决议的用语(见《法兰克福汇报》,2008年6月23日第11版)。《独立地产所有者报》指责柏林市政府借口一个拟议中的气候保护条例"厚颜无耻地、不符公益原则地把手伸到私宅主的口袋里"。① 地方商贸的国家框架法规也不时遭到指责,如

---

　　① 见《VDGN消息》2009年9月18日第1版——VDGN的全称为Verband Deutscher Grundstücksnutzer——德国地产使用者联合会。——译者注

德国房地产企业联盟（GdW）在它的最近一次年会上对《能源节约条例2009》（EnEV）大加抨击，指责它对房地产业的投资会产生毁灭性的打击（见《法兰克福汇报》，2009年9月25日第39版）。而科隆大学著名的经济政策教授、住房法和住房经济研究所所长约翰·埃克霍夫（Johann Eekhoff）既不认同《能源节约法规2009》，也不看好强化保温措施等国家规定的增加的住房建筑措施。他认为这只不过给公民增加了没有必要的条条框框的束缚（见《法兰克福汇报》，2009年6月19日第41版）。

房地产业的院外活动集团的抗议，在第17届议会任期基民盟（CDU）、基社盟（CSU）和自民党（FDP）联合执政协议中得到了反映。该协议在"气候保护"的标题下，相当直接地部分取消了欧洲联盟在法律上有关能源节约方面的法规精神并声称："我们将对《能源和气候纲领2010》中所列措施的效果进行考察并相应作出调整。"在接下来的文字中也遵循这一基调谈到了"能源效率"："世界范围的能源消耗在近年来将大幅上升。故我们希图通过由市场为导向和技术开放的框架条件更多地依靠刺激和消费者信息而非依靠强迫，前者将极大抬升在能效领域的巨大潜力。"

执政者同盟却并不想单单依赖自愿，在"建筑修缮和保温范围使用再生型能源"这一标题下则相当肯定地指出："我们将更有效地组织降低碳排放的建筑修缮工作，以大大提高当前的建筑修缮率。在租赁法中出现的障碍将在对房主和租户均有利的情况下得到缓和。已有商业供暖的可能性（Energie Contracting）将扩大至出租私宅领域。为实现这一目标而采取的修建措施，应予容忍，不能成为降低租金的理由。"（CDU/CSU/FDP，2009：特别是其中第26页、28页）

二

地方是否拥有为气候保护而实行城市建设更新的权限，这在法律界如同通常情况所显现的那样绝对是有争议的，特别是其结果将严重涉及基本法所保护的财产权，既关系到房产所有者，也涉及住房租户。

基本法第 28 条第 2 款关于管辖权的规定，同时也划定了管辖权的范围。曾经有地方作出决议宣布自己的地方为无核武器地区，而相应法院则宣判该决议无效。与此相联系将部分得出这样的结论：全球气候保护也不可能是地方乡镇的事务，并因而被置于地方权限之外。这个问题不仅在法学理论界有争议，即使在主管的联邦法院，即联邦行政法院（BVerwG）内部也有争议。

联邦行政法院 2006 年 1 月 25 日就私人住户被强制连接和使用市政供热一案所作判决，对在地方自治范围内的一般气候保护问题的处理是非常矛盾的（德国联邦行政法院，《新行政法学杂志》——NVwZ 2006：690——BVerwG，NVwV，2006：690）。一方面，法院从气候保护预防措施的角度考虑，准许地方章程的制定者拥有对私人住户强制连接和使用市政供热的权限，绝对意味着在一个全球的广度上授予其一个书面证明（见 BVerwG，NVwV，2006：690，693）。另一方面，法庭又坚持，城建要求（《联邦建筑法》第 1 条第 3 款）亦即城建理由（依据《联邦建筑法》第 9 条第 1 款）在城市建设计划中只有在有限的地方状况下方能合法地得以确定（见 BVerwG，NVwV，2006：690，693）。

联邦行政法院第八审判委员会就其司法管辖的地方政府法

所作判决将"受限制的地方状况"概念一方面理解为对于气候保护来说只要有一种土地法的联系就已足够，即使这些措施是涉及保护全球气候。另一方面，从出于全球气候保护而掀起的强制连接和使用市政供热的相反角度考虑，将会得出城市建设决定就其"受限制的地方状况而言"无法因普遍适用的理由提出，而只能因为地方、最多因地区气候保护的理由提出。

一个对地方事务（基本法第 8 条第 2 款）和城市建设要求（联邦建筑法第 1 条第 3 款）以及城市建设理由（联邦建筑法第 9 条第 1 款）作如此限制性的规定却并不符合联邦行政法院第四审判委员会的判例精神。后者早在联邦建筑法 1998 年版生效的情况下就冬季热电站的地点决定作出如下解释：

> 国际协议如京都议定书所包含的预定目标可作为斟酌标准纳入规划之中。对于州、地区规划的实行者和乡镇来说，均将随其意愿是否在全域以及在建设的发展和以其规划法手段所作整顿中实行气候保护的政策。（BVerwG，NVwZ，2003：738，740；参见 Schmidt，NVwV，2006：1354，1357）

最近，柏林行政法院甚至许可柏林的各区（按基本法第 28 条第 2 款本不享有地方自治的权限，在管辖范围内本无权实行自己的气候政策）拥有独立地方的一些权限，如禁止在过道上设置庭院加热器。告到法院的餐馆老板认为，在餐馆设置加热器对气候没有可观察到的影响——他的陈述被法院驳回。

> 由于在大气层的温室气体排放上升至迟从 19 世纪开始，中间经过了漫长的岁月，由多少个亿的因素累积而成，单

独看，每一因素对于排放量的增加均只起了极为微小的作用。倘若放过这类因素的说词的话，那么温室气体减排的全部努力就将功亏一篑。（参见：《柏林环境保护法杂志》，2009年，第556页）

越来越多的人认识到，城市建筑法不仅对于地方、地区的环境保护，而且尤其是对于全国的气候保护能起到一种持续的、计划性的贡献。城市建设气候保护原则性的支撑点是欧洲法律中的先行规定，这一原则早在2004年就被德国联邦的立法机构吸纳到联邦建筑法典第1条第5款中。据此，建筑规划"应考虑到在普遍气候保护方面的责任"，为保障符合人的尊严的环境，保护和发展自然的生存条件作出贡献。规划在一般意义上，旨在气候保护的城市建设更新，在特殊意义上故而均是地方自治的一项任务。

自施行"联邦制改革I"以来，基本法学者在下述问题上存在着很大争议：是否该依据基本法第84条第1款宣布2006年7月的联邦制改革法所包含的规定——禁止联邦直接干预地方气候保护授权的内容为无效？换言之，联邦立法是否可以通过联邦建筑法典授权地方进行气候保护，并为它们提供相应的机构设置可能？在这里，下述的单独设定应该是允许的：按照正确的观点，所理解的禁止联邦直接干预正好不能去除按照基本法第28条第2款由基本法所直接授予地方的任务。这中间恰恰就包括城乡建筑规划和旨在保护气候的城市建设更新的计划。

按照基本法第14条，财产权将得到保障。各种利益诉求可以理解地在这中间得到反应，一般将通过协议和其他合作形式推行保护气候的城市建设。为保护气候，建设新居住区的城市建设计划，或者更为重要的在老居住区通过新设施优化条件的

建设计划，将在基本法第 14 条第 2 款的意义上，适当应用保护
财产的法律内容和限制规定，合乎规章制度地使之得以批准和
实施。这样的内容和限制规定使环境保护方面的国家目标得以
实现（基本法第 20a 条），并使基本法第 14 条第 2 款所指"财产
权的使用应有利于公共福利"的内容有所体现。这一法律评估
是以下述假设为出发点的：旨在保护气候的城建措施适合用来
消除或减少城建中新形式的弊端，如同在老建筑中作为气候变
化结果而产生的弊端那样。人们会回忆起在上世纪 60—70 年代
大量合法存在的建筑物，诸如建在户外的厕所和其他卫生设施；
而变化了的观念则将其作为城建的弊端，用新设备、及时更新
和养护来应对。这一实践同时也表明了：因直接责任而形成的
片面措施，诸如建筑指令、改建责任或没收，仅仅作为最后的
极端手段方能做到，况且，在实践中如果没有国家的资助，一
般在资金上是很难做到的。

三

在基民盟、基社盟和自民党的联合执政协议中表示：对围
绕批准气候保护的地方建设规划的争议将在政治上作出决断。
该协议在《建筑和住宅》一节中，在"建筑规划法"的标题下
写道："我们将一如既往地重视规划法和规划目标，注重气候保
护，加强内部发展，致力于批准手续的去官僚化。为此，我们
将设法使《建筑法典》（BauGB）与之相适应并扩充其内容"
（见该协议第 42 页）。

然而这样的表态并没有实际解决地方建设规划如何继续进
行，以及通过怎样的措施使其得到支持这样的问题。当然，可
以这样想象，而且情况也确乎是如此：在建设规划的斟酌考虑

中，气候保护与其他相竞争的方面如交通、经济、住宅建设相比，在法律上将占有优先的地位。也许，地方在气候政策方面的权限有所增加，特别是在扩大使用有利于环保的设施和投入使用新设施方面，在有关改建、扩建老建筑的规章制度方面，以及使用新能源或限制使用、禁用污染空气的能源方面等等——这不仅体现在对传统燃料的选择上，也体现在工业生产或在技术防护措施上使用太阳能或高标准的保温材料（对此还有不同意见）。在理论上是可能的，而在实际上却无法实现的一个例子是在一个地区不批准建筑零能源消耗的房子，在该地相应的地方规章以及规划法均规定必须连接和使用由地方热电厂所提供的可再生能源。

比起推行城市建筑计划中的已定方针，更重要的也许是城市建设法与新的包含相当严厉内容的能源专门法如节约能源法、节能条例（EnEV）和热电领域可再生能源促进法更紧密地联系起来。恰恰在后一方面应通过使用太阳能、环境热能、地热和生物质能，部分也通过强迫连接和使用公共热电来加以推行。

一直到现在，城市建设法和欧盟制定的能源专门法并没有得到很好配合。实行这些法律在政治上会出现反抗行动和在地方上却得以贯彻这两种均存在的可能性，如同在联合执政协议中有关能源专门法的段落和围绕马堡太阳能章程所展开的争论所表明的那样。倘若在联邦立法中将更严格的能源专门法的内容纳入建筑规划法之中，那么就像马堡太阳能章程那样的规章就不会出于权限划分的理由不被批准。在建筑条例法规上不许可的，在建筑规划法规上则可能是允许的。

在实现建筑规划法规方面的决定上，一般不应在强制的对抗中推行，而只能在与私人合作的过程加以实施。地方当局在实现它们的规划中在很大的程度上要依赖于相关房产所有者的投资愿望或其他的销售机会。这在一个建立在个人自主权和所有权基础上的市场经济中是习以为常的。

城市治理的另一相关手段也许是与地方发展相关的《建筑法典》第 171 条 f 款。据此，在私人负责和国家、地方的帮助下，城市中心、内城、住宅区和商业中心的发展应予加强。这种通过气候改善区（Climate Improvement Districts）的形式继续发展所谓的商业改善区（Business Improvement Districts）的过程已成为把市民的积极性用于气候保护的一种含义深刻的典型（参见 Ingold，2009）。

植根于欧洲法律原则的参与式民主，植根于气候保护的国际协议奥胡斯公约，又由于 2004 年对建筑法典的修订，大众对建设规划的参与程度有所增长。在大众参与方面规定的开放性质使得参与公共项目的可能性增加了。这样的例子有《柏林气候保护城市协议》，这是在联邦、柏林手工业同业公会、工商业联合会和德国工会联盟柏林分会的共同倡议下就地方的气候保护而制定的。公众的倡议得到欧洲联盟的《城市纲领》的支持，很长时间以来已成为地方城市建设政策（它被理解为就是城市治理，并把公共和私人参与者吸纳进来）的一个不可分割的组成部分。

公众参与绝不会因为不断增加的地方的新规划问题而受到限制。这恰恰是因为在萎缩的城市中，依据气候研究，譬如德国气象台受委托对美因河畔法兰克福和科隆的相关研究所表明的那样，一个与城市气候规划相联系的城市非建筑面积和绿地规划将成为观点交锋的热点。城市建设的气候保护在弱势城区也能目标明确地被当成实行或不实行地方环境公正政治的一种手段。相应例子有与社会空间相联系的规划，如宿营地的经营，或社会城市措施的专门合作形式（《建筑法典》171 条 e 款）：这个项目是在地方和私人共同设计的发展项目的基础上共同投入，在这个项目中，将把学校包括在内，而且学校和学校会议将在这中间起到决定性的作用。

自 1997 年以来，在《建筑法典》中有了有关"与私人合作"的专门段落。在这一部分，除了规范在城市建设合同中的意向和发展计划外，首次给予私人在法律上拥有否决的权限，同时私人也须承担起以往未明确的责任。另一方面，在部分私有化进程中，在地方和投资者非正式合作前加了一道法律上的批准和引导的条款。许多城市如明斯特市就充分利用这些条款，取得了很好的效果：只有城市所希望的气候保护目标得以实行，才签订意向和实施计划合同。

在围绕城市更新气候保护手段的投入方面意见分歧的讨论中，一个通过私人中介的部分私有化进程将会是有用的（如《建筑法典》第 4 条 b 款所特别规定的那样），诸如在保温要求和建筑结构或古建保护之间矛盾的解决，以及解决在强制连接和使用由地方热电厂所提供的新能源和零能源消耗建筑之间的矛盾。

在气候保护方面，除了法律之外，财政方面的投入也是实现政治目标的最重要的国家手段之一。一个给人深刻印象的例证是在 20 年前即使是积极主张者也认为不可能做到的可再生能源在德国的凯旋进军。与此相衔接，在基民盟、基社盟和自民党的联合执政协议中，宣布了促进发展可再生能源的大规模一揽子措施（CDU/CSU/FDP, 2009：25-30）。这一宣告的实现应该是最重要的"贿赂"：为一项气候保护城市更新的政策赢得公民们的支持，不管他是投资者、房主还是租房户。

参考文献

Battis, Ulrich/Kersten, Jens/Mitschang, Stephan (2009), *Stadtentwicklung. Rechtsfragen zur ökologischen Stadterneuerung*, Forschungsprogramm ExWoSt, im Auftrag des Bundesministeriums für Verkehr, Bau und Stadtentwicklung (BMVBS) und des Bundesamtes für Bauwesen und Raumentwicklung (BBR), Endbericht siehe: http://www.bbsr.bund.de/cln_016/nn_21686/BBSR/DE/FP/ExWoSt/Studien/2009/RechtsfragenStadterneuerung/downloads.html (12.01.2010).

Beck, Ulrich (2007), *Weltrisikogesellschaft*, Frankfurt a.M.

CDU/CSU/FDP (2009), *Wachstum. Bildung. Zusammenhalt. Koalitionsvertrag zwischen CDU, CSU und FDP, 17. Legislaturperiode*, in: http://www.csu.de/dateien/partei/beschluesse/091026_koalitionsvertrag.pdf (23.11.2009), insbesondere S. 26 u. 28.

Deutscher Städtetag (2008), *Klimaschutz in den Städten*, Positionspapier, in: http://www.staedtetag.de/imperia/md/content/beschlsse/8.pdf (12. 01.2010).

Ingold, Albert (2009), »Climate Improvement Districts (CID)«, in: *Umwelt – und Planungsrecht* (2009), S. 431–436.

Faßbender, Kurt (2009), »Kommunale Steuerungsmöglichkeiten zur Nutzung erneuerbare Energien im Siedlungsbereich«, in: *Natur und Recht* (2009), S. 618–623.

"政治就是命运"

——公元前50年关于全球变暖的哲学书斋对话

托马斯·施尔恩

> 他（拿破仑）说，现在，什么是命运？政治就是命运。
>
> ——歌德论拿破仑

宇宙大爆炸：非常有规则的世界末日和
重新开始的形而上学

经自然科学的预测而推算的当代全球气候普遍变暖，被说成是当前状态下正在面临一场灾难的骇人听闻的消息，这绝不是西方思想史上的新鲜事。如果我们忽视中世纪末期的基督教末日图景——它们是新约中神的王国降临的福音的反映和阐释，神的王国降临之前往往是宇宙大灾难，① 那么，我们就会在前苏格拉底的哲学学说中发现，世界的现状可能并不是永恒的，因

---

① 见《马可福音》第 13 章第 24—27 节；《马太福音》第 24—25 章；《希伯来书》第 12 章第 26 节；《启示录》第 6 章第 12—14 节。参看 Gerwing 199；1997。

为世界的现状本身也从来不是一成不变的。对这些传统说法的解释虽然在个别情况下总是有明显的不确定性①，但是人们还是能够普遍发现，前苏格拉底的哲人通过数量极其有限的实体活动，从实体论上解释我们周围可感知的世界的丰富多彩。比如，阿克拉加人恩培多克勒（公元前约495—435年）设想，有他称为四根的东西，通过联合或者分离（"爱"或者"争"）彼此混合，从中生出世间万物，正如画家调色一般，以此来表现世界。② 与多元从一元的本体论的不可动摇的基础（fundamentum inconcussum）中的上升相适应的，是四元回归到使它们得以成为可能的一元：从前作为多元分离的在变幻无穷的世界万象的舞台上上演的所有事物，在某个时刻（几乎）毫无差异地重新聚合在一起。值得注意的是，恩培多克勒甚至将进化论融入到了从一元到多元的过程，因为他认为，那些还没有显示出其所有功能的后来才发展起来的事物，在某个时刻也将发生聚合；因为有些肢体独自乱走，努力寻找比它们刚刚找到的更好的整体。③ 特别是赫拉克利特（约公元前500年），因其费解的格言式风格而被称为晦涩哲人，据说他将火表述为一般的互换原则，也曾讲授"宇宙大爆炸"，就是说世界彻底成为火海，即世界大燃烧。但是这绝不是说宇宙的毁灭，更确切地说，是万有回归

---

① 之所以有这样的不确定性，是因为前苏格拉底哲人的残篇几乎是完全通过间接的论文给我们留存下来的，因此，这些重构的思想应与保存这些思想的人意图区分开来。

② 前苏格拉底哲人的大型著作集是迪尔斯和克兰茨编辑出版的（1951—1952年版和再版）。恩培多克勒关于四根，所谓"友谊"和"争论"的学说，见比如恩培多克勒（Diels/Kranz 1951，6、8、17、20 – 23、26、350。关于恩培多克勒的宇宙论，见奥伯莱恩详细论述（O'Brien 1969）。

③ 比如，见恩培多克勒（Diels/Kranz 1951：1，61）。

（apokatastasis），也就是说世界"回归"到一种完全实体论的一元的原初状态。然而，语言学批判说明，赫拉克利特对火的解释是一种斯多亚式的诠释（Reinhart 1916，1959：163 – 183；Dilcher 1995：177 – 200）。这位斯多亚派学者通过实体论的同一也得出了这种学说。作为一元论者，他将逻各斯，即宇宙结构等同于形成宇宙的富有创造力的火（pyr technikon）。如果一元论认为，宇宙实质上是火，那么，在宇宙大厦的逻辑中，所有的一切在某个时刻又会变成它们的本原，即火的表现形式；从这种状况中又诞生宇宙的新一轮，根据内在不断构造的理性，这个循环一直持续到我们当代，正像现在也有新的苏格拉底、柏拉图和芝诺。① 当人们断言宇宙循环源自宇宙结构的时候，这也许是需要解释的。对这位斯多亚派学者来说，这种论断之所以贴切和理智，是因为在前苏格拉底的哲学中，实体论的思想家受到的教育是，从哪里诞生就必须回归到哪里。因此，宇宙大爆炸（Ekpyrosis）也不是炼狱般的宇宙毁灭图景，而是一种客观的争斗平衡：形成物亏欠于自己所索取的存在（Sein），只有在它归还以后，才清偿这种债务。因而，只有在实体论的更高形式的一元重新形成以后，世界状态才归于平衡。富有创造力的火（pyr technikon）究竟为何开始发展，作为形而上学的根本问题只能这样来回答：许多现象是富有创造力的火的潜力的表现，也是逻各斯的潜力的表现。在这样的影响下，事物的新一轮变化再次开始火中存在的最高级的积累。

---

① 关于斯多亚派的思想，参看 Pohlenz（1964）；Steinmetz（1994：495 – 517）。关于这里描述的火的宇宙作用比如参看阿尔宁《斯多亚派的古老片断》第 1 卷第 98、120 页；第 2 卷第 596、605 页。另见亚·利科波里斯《反对摩尼教的思想》第 19 卷第 2—4 页；斐洛《永恒的世界》第 76、77、90 页；关于这个问题，参看 Long/Sedley 2000：327 – 333。

　　这位斯多亚派学者如何看待这种有限性——不是存在的有
限性，而是他所生活的这个世界的有限性——和自身的存在呢？
也许类似于我们今天的看法，比如我们听说，太阳之前多倍膨
胀（超新星），并把地球上的所有生物都烤死以后，有朝一日会
变成一个白色的侏儒。对末日图景的想象可能无法完全触动愉
快的观众，因为数百万年的距离毕竟超出我们的思维和想象的
领域之外。当然，对于这位斯多亚派学者来说，这里存在着些
许救赎的希望，因为逻各斯如果有朝一日重新清醒，那么，即
使没有贤人，也会产生完美的智慧（sapientia）。但是，这样的
图景一旦绘就，那么，在毁灭的时候，一种独特魅力就会介入。
这当然也是士瓦本导演罗兰·艾默里西引起轰动的电影比如
《后天》和最近的《2012》取得巨大票房价值的原因。除了这种
在古典古代已经从美学上加以阐述的对恐怖片的兴趣①，主要是
因为避世思想（contemptus rerum），这位斯多亚派学者想靠避世
思想摆脱使他感到刺激的影响。因为人们认为具有价值并据此
奠定人们自身价值的一切事物终将毁灭，同整个宇宙一样，只
不过毁灭还要快得多。可见，避世就是学会脱离外部世界，如
果人们从一开始就原则上预测到世界的毁灭，并且天天加以关
注，那么就是学会了。智者从此变得宁静，而宁静是这位斯多
亚派学者追求幸福（eudaimonia）这个目标的前提。这位斯多
亚派学者的幸福源自拥有自我满足的德行。罗马皇帝马可·奥勒

---

　　① 塞涅卡《马可论安慰诗》第26篇第6节，参看罗森巴赫（Rosenbach
1989），1989年拉丁文/德文第4版；汉·布卢门贝格（Blumenberg 1979）将这
种现象归因于卢克莱修笔下的有观众的海难图（《论天然需要》第2篇第1—61
节）并将之解释为存在的隐喻。面对严重的气候变化，电影制片人没有退回到
他们想象中比较稳固的位置，而是更看重他们能够获得的东西。空间距离变成
雯时间距离。

留·安东尼（Maucus Aurelius Antoninus，公元 121—180 年）赋予了这种宁静以引人注目的形式："这紫袍不过是在蚬血里染过的羊毛；至于性生活，亦不过是体内的消耗和一阵阵地分泌黏液而已。"①

西塞罗书斋中的基本哲学

当西塞罗寄情于哲学读物时，并非因为他对此特别感兴趣，更确切地说，因为他在政治上无所事事，自从他人掌握了罗马的权柄以后，西塞罗就认为自己将注定无所作为。但是像他这样的人不会让政治列车简单地开走，他要赶在政治列车的前头，因为他有自己的基本立场：《论共和国》（De re publica，写于公元前 54—51 年）的手稿是他在哲学的闲适和政治交易这个两难境地进行抉择的证明。他说，老卡托提供了光辉的道德典范，虽然他没有为了闲适献身于图斯卡伦的庄园，而是投身于政治事务的洪流——为了大众的福祉。② 因为正是老卡托以前就曾担心，公元前 156—155 年的那个哲学家使团不能小觑的影响，变得过于巨大，因为他驱逐这座城市的满嘴空话的小希腊人（Graeculi），以便使对平等问题争论不休的年轻人不要忘记诸如行军、跋涉和露营等罗马的德行。西塞罗起初也许打算将文学闲适当作政治上的铺路石，但是当他写作时，产生了这样一个念头：自己可以在罗马延长哲学的客座演讲。如果使哲学在罗

---

① 马可·奥勒留·安东尼《衡量自我》第 6 篇第 13 节（泰勒的德译本 1984 年第 3 版）。

② 西塞罗《论国家》第 1 篇第 1 节，参看毕希纳，1979 年拉丁文/德文版。

马扎下根来，情形又会如何呢？于是，这个无所事事的政治家继续创作活动。当公元前 45 年 4 月恺撒称帝时，西塞罗正在潜心写作哲学小册子《哲学的劝勉》（Hortensius）。《哲学的劝勉》是以学者们在能力卓著的卢库鲁斯的书斋中对话的形式写就的。据悉，奥古斯都就因为这部在古代非常著名、然而可惜散佚的著作而最终皈依了上帝。[1] 这并不是小事，而是证明西塞罗非常清楚地懂得，如何将看似随意的对话变成原则的辩论，这场对话最后作为演说术在听众那里获得了西塞罗所期待的成功。但西塞罗的伟大榜样亚里士多德只能将自己的《劝学录》（Protreptikos）写成小册子，将致力于哲学研究的原因作专题性的阐发，[2] 而西塞罗生活在一个动荡的时代，他赋予自己的手册以多方面阐明事物的形式，即文学对话的形式。即使作为学术怀疑主义的信徒，他也是有责任的。具有典型意义的是，他的对话的结尾通常是开放式的，以此避免得出倾向于这一方或另一方的结论，但是仍然表现出了倾向和思考。

因此，《论善与恶之定义》第三册和第四册中也有虚构的对话[3]，对话在公元前 52 年发生在同一个地点，即当时已经去世的卢库鲁斯的书斋。在这里西塞罗本人也以对话者的身份出现。他打算从当时已经过户给未成年的同名儿子卢库鲁斯的上述图书馆借书时，邂逅了坐于书堆当中的、负责监护丧父的卢库鲁斯的老卡托。[4] 西塞罗以自己的小册子为这位著名的斯多亚派学

---

[1] 奥古斯都《自白》第 3、4、7 篇，参看伯恩哈特，1955 年拉丁文/德文版。

[2] 杜林收集了这部著作的残片（1969 年版）。

[3] 见吉贡，1988 年拉丁文/德文版。

[4] 为了与他的祖父区别开来，下面称其为乌蒂森修斯，因为他为夺取乌蒂卡城出过力。

者树立了纪念碑，就在此文写就的一年前，公元前46年，老卡托反对恺撒失败而丧命①，这位哲人在对话中也想过这个问题。②西塞罗说，老卡托求知若渴，甚至在元老会会议上还在读书，在这方面不惜为了国家而约束自己的利益，这表现得很明显。老卡托以此努力克服闲适和交易的分裂，将其变成罗马贵族的一种双重存在。归隐田园，从事哲学活动，研究希腊文化；在罗马，完全以罗马的方式投身于政治事务。将希腊文的卷帙带进罗马教廷，这无疑首先会被视为对共和国的挑战。而且，西塞罗不派家奴去卢库鲁斯的图书馆，而是亲自前往，这一点也非常值得注意。从这位热心教育的人同老卡托的对话立即转向哲学问题这一点可以看出，他为人直接坦率。罗马庄园的图书室就这样变成了文化对话的场所，这种文化对话将传统的文本介绍给罗马的公众。西塞罗给希腊哲学披上罗马的外袍，他的文化输入获得了正确的重视和赞誉，而他的文化输入的功绩恰恰在于，将学识从卷帙中提取出来，审视当代的问题。卢库鲁斯图书馆不但拥有丰富的藏书，而且还有带鱼塘和艺术品的壮丽的别墅，馆中的知识财富通过这种对话达到了本来的目的，即在闲适中转向传统的哲学，从中获得用于当代行为的观点。③

　　罗马读者学习某个学派的哲学基本观点，不是求学于专业的希腊哲学家，而是求学于罗马过去和当代的伟大人物，这些伟人已经将智慧融入和运用于他们自己的生活，比如老卡托就

---

　　① 见普卢塔克的详细描述：老卡托，69—70页（齐格勒的德译本1980年版）。

　　② 《论善与恶之定义》第3册第0—61页（Gigong 1988）。

　　③ 小卢库鲁斯早年是由他的监护人老卡托介绍给公众的，这里提到小卢库鲁斯仿佛要说明，他后来为什么要献身于共和国的事业并在公元前42年的菲利皮会战中阵亡。

是如此。他们相互讨论，制定各自所属学派的观点。这里就有一个例证：西塞罗只想借鉴一些关于亚里士多德的评论，但是老卡托坚称，他更喜欢研究斯多亚学派。与之相反，西塞罗认为，差别并不在于学说本身，而只在于表述。因此人们能快速达成共识。老卡托反驳说，斯多亚学派的中心教条不算回事，只有荣耀才是财富，谁对这个确定无疑的等式产生怀疑，就是毁灭全部的德行。为了阐述这一观点，老卡托准备阐释斯多亚派的伦理思想。他首先介绍的是罗马当之无愧的伟人。他说，他们能够讲授的不是哲学，是自然本身在讲授哲学。当然，这是为宇宙的理性活动负责的斯多亚派的意义上的自然。

自我意识是在这个世界自我汲取和自我融入的过程

这一点也是这个斯多亚派哲人的主要论点：宇宙是被理性地构造的，就像宇宙中的每一个生物也都具有本能，借助自己的理性能够熟悉环境一样，人为自己接受理性的赐予，能够按理性的规定开展活动。因为每一种生物出生伊始就能区别对自己有利的和有害的事物。它的前提是一种自爱（conciliatio sui），生物由于这种自爱首先打定主意，争取自己的继续生存。希腊人按词义称这一过程为"自我汲取"（oikeiosis）。这种感觉本身也属于每个生物的基本装备；在人的脑海中由此形成自我意识，一种对自身的认识（syneidesis），这种认识在基督教教义诱导下作为可忏悔的良心得到升华。这是接触世界的第一个诊断层级，因为这种感觉可以在"有利于"和"不利于"自身的存在之间作出区分。如果严格作出界定，就会导致享乐主义者（Epikueer）的哲学争论，因为这种感觉同快感和非快感没有什么关系。也就是说，这种感觉在时间上是靠后的，是有益的和无益的原始感觉的衍生现象（Epiphänomene）。但是，还有一个道德上的原因：如果人们认为，是本性培植了享乐这种感觉，那么，就会产生很多"有害的"后果。在这位斯多亚派哲人看来，关键问题似乎在于，这种感觉为更高级的理智活动创造条件。因为追求感官的享受，即感受事物（catalepsis, comprehensio），也是为了自己。因此，显然应当建造一架感觉能力的、最终通往理性的世界认识的梯子。亚里士多德曾经隐讳地表示，这种对认识的追求也同某种内心要求有关 ①，这一点，这位斯多亚派哲人出于众多的原因显然是不能接受的。内心要求往往使人走向邪路。这位斯多亚派哲人将内心要求作为衍生现象予以排斥；这一点也适用于疼痛。对于"人类在世界中的位置"② 来说，强调感觉—理性的理解能力，也可以说，经验的理解能力具有极为重要的意义。人凭借自己的感觉能力成为宇宙的一部分，人凭借自己的理性的理解能力可以使自己有意识地同宇宙协调一致。因此从中引申出来的伦理原则是："同自然和谐地生活在一起"（convenienter naturae vivere）。"生活"是人完成的所有过程的总和：它包括行为以及对事物的感觉和认知。在完成所有这一切的过程中，自然都赋予人一个指导思想，指导人类始终把握正确的方向，条件是，人开放自己的感觉器官，真实地感觉事物。因为通过这种感觉，理性的、构成宇宙的结构到达人的悟性，并建立悟性（ennoiai）。因此，斯多亚派还设想了概念体系的发展。因此，他们自己的哲学实际上是自然的产物。

---

① 亚里士多德《形而上学》（Aristoteles, Metaphysik 1, 1）。

② 这是威尔德贝格尔的著作（Wildberger 2006）的一个副标题，他当时套用了麦克斯·设勒尔《人类在宇宙中的地位》（Scheler 1928），当然他没有逐字引用。

这些体系（当然首先是斯多亚派的体系）之所以符合事实，是因为它们是理性的世界结构本身建造的。所以我们可以说，宇宙的智慧本身就是值得思考的。

斯多亚派从中推导出事物的分类法。那些遵循（生物的）本性的事物，都是价值非凡的（aestimabilia）。那些违背自身本性的事物，都是毫无价值的（inaestimabilia）。正确行为的等级依据的是，首先是保证自身的存在，然后，只追求对自身存在有益的事物。对事物的这种抉择是每一个人应尽的责任。但是，那些服务于自身存在的事物，并非目的本身，它们的基础是为最大财富（summum bonum）作出的某种服务。而追求这种最大财富无非只是为了自身的目的。这种财富是所有行为的本来目的。最大财富在斯多亚派的大厦中是一种封闭的区域，不知道想要进入这个区域的人什么时候能够进去。因此，最大财富作为行为的目的特别具有道德价值；因此斯多亚派称之为公正（honestum），即正派、道德品质高尚。在斯多亚派看来，这种财富甚至是绝对价值。因为，在斯多亚派看来，这种价值与道德（virtus）是同一的。他们通过他们确实想象为物质价值的"价值伦理"①，还宣称，达到最大财富的同时也就是实现所有行为目的，即幸福（eudaimonia）。但是，如果最大财富是德行，那么德行使人幸福。这个乍看上去简单的等式却有广泛的一致性。因为德行不依赖外部条件，不管身处王宫还是身陷囹圄，斯多亚派如是说。当然，最大财富不能直接被认识，而是通过某种升华，面向那些按照自我毁灭的本性这个主导思想认识和观察

---

① 斯多亚派的概念 axia 本意是物质价值，参见 SVF 3，124 – 126；相关解释，见 Kuhn 1975；Forschner 1998：31 – 49；Scheler 1913 – 1916；Hartmann 1926，1949；Schaber 2004：568 – 571）。

事物的人。因而我们必须首先学会德行，利用大自然赋予我们的概念铺就通往德行的道路。

对后辈的责任：关怀的时间结构

随着德行的绝对价值的引入，斯多亚派致力于追求这样一个理想，这个理想能保证他们不依赖俗世的状况：自给自足。自给自足者（autarkês）只是想自己生产一切，自己感到满足。因为他们所生产的最高级的东西是德行，而德行原则上始终处于他们的有效范围内。如果危及这种自我满足，那就是感情用事。这产生于一种仓促形成的关于事实真相的观点，根本是一个智力上的错误结论。我们同情病痛缠身的人，但是我们却认为，这种痛苦具有理性的审判席前根本没有的意义。因为享乐和痛苦只是衍生现象，不能对现实提出要求。伊壁鸠鲁派认为，享乐是选择财产的征兆，而在斯多亚派看来，是理性开始动摇。享受作为主要因感觉而产生的衍生现象本来是不能交流的：享受的感觉是偶尔发生的，而且将享乐与其他个体的感觉相分离。而理性不是这样。理性作为逻各斯毕竟是为了交流。我们可以理性为理由相互交流，从而进入交流过程，就像卢库鲁斯图书馆中的两个对话伙伴一样。卡托为斯多亚学派进行宣传，这并非偶然，因为在他看来，斯多亚派的哲学理想作为掌控生活的策略有着非常重要的意义。他不指望真正实现共和派的希望，所以他作为斯多亚派的德行的拥护者，能够愉快地自我嘉许，虽然他不会达到这种德行，而追求这个目标是同幸福联系在一起的。有一种幸福预期能预先知道贤人（sapien）的完全的幸福，因为德行是"珍贵的"，也许因为这些德行能使拥护者更加接近目标。这些孜孜追求德行的人作为世界主义者聚集到一起，他们不是以民族的身份，而是以德行这个共同的目标联合在一起。这可以说是一个理由充分的异议，不管是否确有其事。既然斯多亚派的体系的出发点是绝对的规定性，而绝对的规定性最终源自宇宙的令人难受的、个人不管愿意不愿意都必须适应的绝对理性的结构，那么，对价值金字塔顶峰的向往也屈从于这个体系的强制。也许还没有人能够到达这个顶峰，成为真正的贤人，但是通往顶峰的这条路可以引致发展我们已有的理性，符合自然的行为可以创造幸福，虽然不是十分完美。

为了驳斥这种异议，卡托又接受了价值分类的思想。德行是绝对的财富，但是正像国王身边的宫廷随从，他们随侍国王左右，根据他们对国王的态度而获得等级。可见，价值分配从中心出发，朝着一个方向，对于中心来说，他的光芒照到谁的头上，无关紧要。因此，也有这样的价值，它们围着最大财富，当然，它们不能以任何方式影响最大财富。卡托显然认为，只有某种东西作为绝对意义上的财富从可评价的方面表现出来的时候，才会产生这种影响；也就是说，在这种情况下，财富不再是不可分配的，而是在某种程度上向除它自身以外的外部分配和遗失，或者相反：拥有或不拥有这样的财富，对道德来说是无关紧要的。因此，这些财富也被称为中立的（indifferentia）财富，即对占有德行没有差别的财富。当然，可以用得益者的观点来评价它们，因此，可以区别为出色的和不出色的。斯多亚派为此提出了一套二者择一的学说，这不是要在道德的意义上通过理性的行为来"选择"，而是参与选择，因为它有利于肉体的存在。

书斋中的讨论虽然追求原则的解释，并不回避斯多亚派伦理的复杂问题，但是它始终沿着一条航道，这条航道航线明确，可以使人通往斯多亚学派偶尔分支精细的哲学命题。最后，卡托还表述了他的宇宙学信条：世界注定由诸神掌控，所有人都是这个世界社会的世界主义者。因此，这位智者更加关心的是保留这个世界，而不是他自身的利益。但是，个人利益让位于集体利益，这一点同样也适用于未来："那些公开承认对宇宙大火极端不屑的人的情绪可以视为非人性和犯罪，当他们死亡时，智者必然关心子孙后代的福祉。"（De finibus 3，64）卡托在圣经的仪式中找到的证据，可以证明活着的人对子孙后代的生活的天然责任，圣经中清楚地说明，人们不想在孤寂中苦熬自己的生命，即使他们可以享受无限的欢乐，也不想在孤寂中苦熬自己的生命。作为社会生物，人天生是同其他人以及天然形成的共同体联系在一起。因为他们宁愿为子孙后代的幸福着想，也不愿完全挥霍掉自己的财富。

塞涅卡与其他人一样，也会谈到斯多亚派的宇宙观的哲学惯用语——宇宙大爆炸！这个普遍预兆的世界末日是一个机会，人的灵魂最终得到纯粹理性的洗礼，达到一元状态，多数人（不言而喻，除了智者以外）都在徒劳地求索这种状态。这种同大洪水周期性地交替出现的宇宙大火给罗马帝国时代的哲学家预先规定了一个没有人敢于对同胞失去的金钱和丧失的体面怨声载道的模式。没有什么东西是持久的，至少有些大财主积累的物质价值是如此。卡托虽然不去质疑宇宙大火的教义，但是他从中得出了一个令人意想不到的结论：如果有些人以希腊悲剧诗行来庆祝"我死之后，哪怕洪水滔天"（apres nous le del-uge）①，那么，这种态度无论如何是要受到公众舆论谴责的。何况这种情况表明，哲人不能只关怀自己的同时代人就行了，他

---

① 卡尼歇特／斯奈尔（Kannicht/Snell 1981：513）："我死后，大地要大火雄雄；我对此并不关心，因为我的事情一切正常。"

还要关心子孙后代的福祉。卡托以这种超然的姿态，援引了神话中的人物，比如海格立斯，最后还有最高的神丘必特，他的权力被民间信仰尊崇为人类秩序的保证人。

全球变暖是灾难的现实可能：可能的末日前的生活

卡托描绘的哪个斯多亚派哲人虽然预见到世界末日随时都可能到来，但这并没有使他放弃关怀，因此他与同时代的一般同胞不一样。比服从宇宙所安排的一切的宿命论更加强烈的，是这种关怀的责任。只有在前面提到的财富学说的背景下，才能看清这种责任的道德意义。责任虽然并不要求财富本身，当责任准备采取正确态度，从而使伦理的进步成为可能的时候，责任会居间调停。①

我们今天从这样的观点中能获得什么呢？斯多亚派的责任的职责伦理，正如我们早就看到的，对伊曼努尔·康德阐述绝对命令产生了影响。康德还从塞涅卡那里学到了类似于"我们头顶的星空"和"我们内心的道德法则"这样的思想，当然没有顺便接受斯多亚派的宇宙起源学。② 康德心中的宇宙学问题的权威人士始终是伊萨克·牛顿。善良意愿的幸福伦理观取代了斯多亚派的善意生活的幸福伦理观（正如我们看到的，责任服务于能够制造幸福的财富），而关于大众伦理、有关系的顾问和流行文章这样的幸福主题有时也会变成文学主题。如果今天向年轻人询问他们的幸福观，得到的回答是中了六合彩、爱情或

① 关于斯多亚派的进步观，参看波伦茨（Pohlenz 1964：154）；亨格尔布洛克（Hengelbrock 2000）。
② 勃兰特（Brandt 2003）。

者事业一帆风顺，也许还有家庭的田园牧歌式生活，很少听到有人说感官的体验和满足。

上个世纪初，有人尝试构想物质的价值伦理，以便重构古典古代的幸福伦理的基本观点（Scheler 1913 – 1916；Hartmann 1926）。哲学上看起来虽然一直没有取得重大成就，但为此作出的努力以及生物界不同领域的渴望幸福的指数表明，我们不能放弃个人的幸福，特别是在我们想为某种哲学观点作宣传的时候。[1] 西塞罗对卡托的主要质疑仍然是询问斯多亚派幸运者（beatitudo）的性质。这样坚持德行，不依赖于其他方面而像逍遥派教授那样成功地生活，难道不是敌视生活吗？我们的造物主在德行精密测量的空间里不是昙花一现吗？

斯多亚派喜欢讨论极端情况。就像生活总是对他们照顾有加一样，他们也想时刻应付这种绝对的紧急状况。身陷囹圄的智者会丧失自己的生活目标吗？只要他不抛弃德行，不听凭别人对自己的状况作出的错误判决，那么，他就会颂扬这种严格的学说。今天我们可以相信，这种打算是不会如愿的，因为人的心灵可能被外部条件和巨大影响所打破，以致不再拥有基本的生命机能。我们应当说，古典古代的斯多亚派每天都看到这样的暴力，尽管如此，他们毫不动摇地高高举起德行的旗帜。我们可以改变观点，自问人在极端情况下需要什么。作了这样的考察之后，就能完全明白，要尝试安

---

[1] 设计一种现代幸福主义的论理学，是罗伯特·施佩曼作出的一个引人注目的尝试，本文引用的是他的问题规定性："对幸福主义类型的论理学而言，困难在于，论证别人对幸福的原则兴趣，此外，不仅要在自己面前，而且要为自己本身找到责任思想的意义。相反，世界主义的习惯论理学的困难在于，理解对个别人产生的兴趣，自己要明白，大家想要的，就是好的。"见罗伯特·施佩曼（Spaemann 1989：9 – 19）。

慰这些人，而不是看着他们堕落，末了总是以局势的主人自居，这样的尝试能起到稳定的和有益于健康的作用。总之，这种对自身道德能力的反思不同于那些在天堂才能得到兑现的承诺，在尘世就能得到不可辩驳的证明。可见，斯多亚派的学说可以理解为一种使我们在看似穷途末路的情况下坚持下去的情感训练。

这种反思可以用于改变斯多亚派伦理在今天看来没有吸引力的、笨拙的方面，使它们重新为人所接受。也就是说，我们必须用这样的眼光来观察，为子孙后代操心的幸福追求者的责任当今是否能获得实际意义，如果能，又是如何获得。具体地说，为此今天可以推导出一种放弃的伦理吗？人们已经认识到，自我汲取（oikeiosis）的学说作为人本身的意识在环境的联系中能够产生完全生态的作用。（Brandt 2003）因此，语文学家指出，"寄宿"或"居住"这两个概念都源自"房屋"（oikos），而"寄宿"或"居住"不是偶然同我们居住的世界该如何设计的思考有关（生态）。说到"欧洲之屋"，可以看看想象的令人崇敬的传统。

斯多亚派的自我汲取本身就有问题，它因宇宙中的生物的感情相依而不限于个体，并且牵涉面越来越大——直到发展的宇宙主义模糊内部和外部、我和世界之间的界限。我们的生活空间并不在邻居开始入住时结束，这一点是每个人都能轻易明白的。礼仪文化作为欧洲的生活方式是从古典古代发展起来的，并实践了亚里士多德心目中的关于政治的和理性的动物（zoon politikon 和 logon echon）（人是构成国家的、理性的生物）的人类学定义。当然，城市规定了该如何设计城市生活的严格规章。米利都的希波达摩斯为城市住房（insula）加装了围栏，纽约的道路规划曾经参考了这种做法。[①] 那时，指导思想一直是，城市作为整体必须提供生活空间，必须将不同的个体吸纳入更大的城市。因此，这种城市生活空间的设计为如何架构和入住更大的生活空间提供了模式。

自我汲取是宇宙主义存在的榜样：注意所属的环境，达到自我的扩展

困难的是，提醒人们注意道德规范，阻止人们直接享受某些事物或活动。大家早已意识到，恰恰是道德戒律在发挥逾越规矩的特殊吸引力。这也适用于公共道路上的限速，也同样适用于性方法和税法的问题。个体总是想象自己受骗了，总是想象着个人找乐。人们早在古典古代就考虑到了，所有这些规章制度都是为了大人物（尼采称为"金发猛兽"）压迫一般大众而制定的，天性本来就禁止他们享受更高级的、老爷似的生活。[②] 在个别情况下，人们将主要的怀疑隐藏起来，视自己的天资和所受的教育随时泄露一些东西，这也许只是为了想象的感情，而不是为了财产和占有。

在这方面，斯多亚派伦理也为此制作了模型，并用宇宙的思想形成了一个计划，按照这个计划，所有的一切都属于我，因为我作为整体的一部分始终与整体联系在一起。可见，那些我不应当的占有和侵吞首先对整体是无害的，而是我使自己觉得不公，因为我以此从与整体的联系中——总之在我的意识

---

① 波斯被毁灭以后，希波达摩斯在公元 5 世纪末重建了米利都城，建城时他以古代已广为流行的主路和辅路的直角系统为基础。柏拉图的城邦（politeia）又采纳这种城市建设办法作为统一的原则。

② 柏拉图《高尔吉亚》（Gorgias），482 – 484。

中——拿出"一块"，这一块恰恰是我不想给其他人的。这是20世纪80年代的生态运动，这场运动证明宇宙中各个过程的休戚与共的关系，要求在与这个宇宙中的万物打交道时要负政治责任。具体地说，责任在这里指的是，我能以理性的原因证明自己的行为是正确的。为了不侈谈富有约束力的道德禁忌，确切地说，从正面论证一个生活整体的意识中的行为，首先必须本着真正宇宙主义的精神，消除内部和外部的界限。如果成功地认定宇宙的生活是一个整体，那么，个人的乐趣不久就会使理性的标准失去效力。人们已经理解，为什么斯多亚派如此尖锐地攻击伊壁鸠鲁派的享乐主义。当然，如果他们指责同行追求廉价的享乐最大化，那么，就是对同行不公。因为伊壁鸠鲁派精心计划了享乐，也预计到了过分享乐的不良后果，所以将气氛热烈的酒会同翌日宿醉的痛苦相权衡，结果通常是中等的享乐值，使生活不出现大的振幅。然而，用允许享乐这个指数来衡量行为是否成功，需要艰难的权衡。因为谁能决定，晚上酒会参加者的乐趣是否大于翌日宿醉的痛苦呢？他还会随时算这笔账吗？权衡需要分类，需要某种价值，否则结果就会变得随意，也就是说会按照权衡者个人的侧重得出结果。愉悦和痛苦是很难作出客观评价的。斯多亚派就非常清楚地知道这一点，他们将愉悦这种衍生现象视为主观态度，而不是视为标准。他们不承认这种主体的作用，而是在一定程度上将世界的主体扩展为客体。这充满矛盾的表述已经表明，这些在古典时代都鲜为人知的主体和客体的观点是不容易把握的。① 更确切地说，宇宙作为普遍的基础（hypokeimenon, subiectum）是可以认识的，

---

① 关于主体性的论题，今天可以参看阿尔维勒/弥勒的文集（Arweiler/Möller 2008：359 – 380）。

而人是宇宙的一部分。人在宇宙中做什么，得益的是"他自身"。在这种意义上行使德行，无非就是"关照自己"。这个观点在 80 年代被内行的哲学史家一再揭示出来，由米歇尔·福柯推到理论前沿。① 现在有希望向隔壁的吉普车主解释清楚，他的车子的高二氧化碳排放量伤害的是他自己吗？与花费时间更短的飞机旅行相比，我们会因为乘坐火车旅行更能保证环保，所谓我们"关照了自己"，而会将费时更长的火车旅行的不便视为收益和实际上的优势吗？以斯多亚派的视角看来，虽然所有这些都是可有可无的，但是他们面对完美的德行会向我们摆出不同的姿态。我们再次回到他们的规定性上：只有道德上的公正（honestum）是善，只有德行使人幸福。努力放弃舒适的习惯的行为模式，似乎很重要，但是，如果我们不愿意"改变"别的，即不愿意改变气候的话，那么，我们只有长期地改变行为方式才能够改变很多气候学家都认为不可改变的普遍的生活方式。古代的道德说教者就已经知道：德行是可以学会的，但需要持之以恒和反复练习。德行的实践能充实自己，这是一种使我们不断接近目标的训练。斯多亚派向自己的信徒比喻说，人一到水中就淹死或在数丈深的水底溺亡，是没有什么原则区别的。完美德行的目标可能对很多人来说是无法企及的。但是，那些向这一目标进发的人，那些一直在前进而不是原地徘徊的人，就已经沿着这个方向不断靠近目标，这是毫无疑问的。个人及其行为对全球气候的影响微乎其微，这也许恰恰适合那些所谓的思想家提出斯多亚派的信念，以便使人在假想的走投无路时不致感到绝望，因为人们认为自身最可能同自我相和谐，并进

---

① 阿多《同福柯对话实录》（Hadot 1991：177 – 181）；福柯（Foucault 2007）。

行体验。斯多亚派深信，这种和谐是可能幸福的人的代名词。如果想要宣传发达的宇宙主义，那么，这个预言诱人的地方在于，在争取同自身和谐的同时，也会发展我们"自身"。值得思考的也许是，不动声色地占有世界，如何报出比"想要拥有"①更高的消费报价——夸张一点说，人们总可能拥有，然后再去追逐别的，而未必能真正追逐到。

政治就是命运

当西塞罗撰述他的书斋对话时，他也看到自己正面临一场灾难，当然是政治灾难。② 在他假借卡托一个人出场，这个人以无可比拟的坚定以为自己必须献身于理想。西塞罗为这位共和国的捍卫者献出了一座独特的纪念碑，伟大的对手恺撒立刻以一篇《反对卡托》（anticato）来加以回应。现在对话者之一西塞罗不能再毫无保留地继续由卡托来宣讲斯多亚主义，而是在接着的行文中提出了四个重要的反论点，这些反论点首先强调，人的动物体方面是斯多亚派的理想中很少考虑的一个综合生物体。③ 西塞罗并不认为自己有义务将卡托的道德典范（exemplum virtutis）当作颠扑不破的真理，用于证明其中表达的哲学是唯一正确的。他也许全心热爱共和国，但仍然怀疑卡托的严肃论，这位斯多亚派哲人宁愿赴死，也不愿被迫同恺撒结交。在卡托对可能的生死选择的讨论（De finibus 3，60 - 61）中，虽然没有

---

① 这是乌尔里希具有启发意义的研究报告的标题（Ullrich 2006）。

② "灾难"一词按字面上的意思是"颠覆、改变"，在古典古代就有"生命终结"的意思，本意是"生命的颠覆"，后来也用于戏剧的结束。世界剧院（theatrum mundi）隐喻的意思是灾难，也就是我们知道的"世界末日"。

③ 比如 De finibus 4，20. 37 - 38；41 - 42。

隐去这个历史背景，但保持理论上的距离。因此，从表面看，西塞罗仿佛想再次使时间倒流：正如卡托在他生命的尽头所思考的，难道义务的选择条件真的这么令人无法接受吗？在对话结束的时候，卡托描述了这位智者的一系列功绩：这是真正的王者，因为只有他能够引导自己和信任自己的人；他是大众的老师，真正的主宰，因为只有他能够控制最邪恶的恶习，即奢靡、贪婪和残暴；他比克拉苏更富有，因为他什么也不缺；所有一切都属于他，因为只有他懂得如何使用这一切。卡托本来不会这么简单作出结论，而应当静思他自己的哲学智慧。他不应该英雄般地结束自己的生命，而是应当回到书斋，这也许也是一种选择。不管怎样，卡托在浴血自尽之前还阅读了两遍柏拉图的《斐多篇》。① 普卢塔克说，可见，那次对话将哲学家苏格拉底的死亡颂扬为他存在的完美终结。内战诗人、塞涅卡的侄子卢肯言简意赅地写道："众神投票赞成胜利的（恺撒拥护者的）事业，赞成失败的卡托。"（*De bello civili* 1，128）

西塞罗不想要这种悲剧性的决定论。他想使用自己的理性来公开地进行二者择一。人们在各种意见往往出现相互矛盾的场合都会这样做。因为总有可以考虑的其他选择。怀疑主义者西塞罗总是先考虑到错误，然后寻求更好的论证，比如在书斋的对话。人们为西塞罗保留这种理智的存在形式，是因为希望从中发现对政治理想的背叛。但是，卡托的自杀就能阻碍事情发生的进程吗？肯定的，对于恺撒来说，劲敌的"逃避"是令人不快的。卡托成了反抗的人。西塞罗在这种灾难性的情况下还在思考我们该如何确定生活目标这样的问题。他虚构的书斋对话提醒我们，事物的状况可以讨论，并且往往反映很多问题。生活的艺术——还不如

---

① 普卢塔克《小卡托》（Plutarch，Cato minor 68）。

斯多亚派智慧的水平——在作出选择以前为自己辩护。实事求是的解释和揭示我们的行为空间的谈话计划适合于：鉴于所有面临的灾难，为所有社会进程来承担道德的责任。

（金建译，蒋仁祥校）

参考文献

Arnim, Hans F. A. von (1905–1924), *Stoicorum veterum fragmenta,* Bd. 1–4 (= SVF), Stuttgart.

Arweiler, Alexander/Möller, Melanie (2008), *Vom Selbstverständnis in Antike und Neuzeit* (Transformationen der Antike), Berlin.

Bernhart, Joseph (1955), *Augustinus. Confessiones (Bekenntnisse),* München.

Brandt, Reinhard (2003), »Selbstbewusstsein und Selbstsorge. Zur Tradition der *oikeiosis* in der Moderne«, *Archiv für Geschichte der Philosophie,* Jg. 85, S. 179–197.

Blumenberg, Hans (1979), *Schiffbruch mit Zuschauer. Paradigma einer Daseinsmetapher,* Frankfurt a.M.

Büchner, Karl (1979), *Cicero. De re publica/Vom Gemeinwesen,* Stuttgart.

Diels, Hermann/Kranz, Walther (1951), *Die Fragmente der Vorsokratiker,* Bd. 1 (= DK), Zürich.

Dilcher, Roman (1995), *Studies in Heraclitus,* Spudasmata 56, Hildesheim/Zürich/New York.

Düring, Ingemar (1969), *Der Protreptikos des Aristoteles,* Frankfurt a.M.

Forschner, Maximilian (1998), »Das Gute und die Güter. Zur stoischen Begründung des Wertvollen«, in: ders., *Über das Handeln im Einklang mit der Natur,* Darmstadt, S. 31–49.

— (1981), *Die stoische Ethik: über den Zusammenhang von Natur-, Sprach- und Moralphilosophie im altstoischen System,* Stuttgart.

Foucault, Michel (2007), *Sexualität und Wahrheit,* Bd. 3: *Die Sorge um sich,* Frankfurt a.M.

Gerwing, Manfred (1996), *Vom Ende der Zeit. Der Traktat des Arnald von Villanova über die Ankunft des Antichrist in der akademischen Auseinandersetzung zu Beginn des 14. Jahrhunderts,* Münster.

— (1997), »Weltende«, in: Norbert Angermann u.a. (Hg.), *Lexikon des Mittelalters,* Bd. 8, München, S. 2168–2172.

Gigon, Olof (1988), *Cicero. Über die Ziele des menschlichen Handelns (De finibus bonorum et malorum),* Darmstadt.

Hadot, Pierre (1991), *Philosophie als Lebensform, Geistige Übungen in der Antike,* Berlin.

Hartmann, Nicolai (⁴1962/1926), *Ethik,* Berlin.

Hengelbrock, Matthias (2000), *Das Problem des ethischen Fortschritts in Senecas Briefen,* Hildesheim.

Kannicht, Richard/Snell, Bruno (1981), *Tragicorum Graecorum Fragmenta,* vol. 2: *Fragmenta Adespota,* Göttingen.

Kuhn, Helmut (1975), »Werte – eine Urgegebenheit«, in: Hans-Georg Gadamer/ Paul Vogler (Hg.), *Philosophische Anthropologie, Zweiter Teil,* Stuttgart, S. 343–373.

Long, Anthony A./Sedley, David N. (2000), *Die hellenistischen Philosophen. Texte und Kommentare,* Stuttgart.

O'Brian, Dennis (1969), *Empedocles' Cosmic Cycle. A Reconstruction from the Fragments and Secondary Sources,* Cambridge.

Pohlenz, Max (³1964), *Die Stoa. Geschichte einer geistigen Bewegung,* Bd. 1–2, Göttingen.

Reinhardt, Karl (²1959/1916), *Parmenides und die Geschichte der griechischen Philosophie,* Frankfurt a.M.

Rosenbach, Manfred (⁴1989), *L. Annaeus Seneca. Philosophische Schriften,* Bd. 1, Darmstadt.

Schaber, Peter (2004), »Wert – B. Scheler, Hartmann«, in: Joachim Ritter u.a. (Hg.), *Historisches Wörterbuch der Philosophie,* Bd. 12, S. 568–571.

Scheler, Max (1913–1916, ⁴1954), *Der Formalismus in der Ethik und die materiale Wertethik. Neuer Versuch der Grundlegung eines ethischen Personalismus,* Bern.

Spaemann, Robert (1989), *Glück und Wohlwollen. Versuch über Ethik,* Stuttgart.

Steinmetz, Peter (1994), »Die Stoa bis zum Beginn der römischen Kaiserzeit im allgemeinen«, in: Hellmut Flashar (Hg.), *Grundriss der Geschichte der Philosophie, begründet von Friedrich Ueberweg. Die Philosophie der Antike,* Bd. 4.2, Basel, S. 495–517.

Theiler, Willy (1984), *Marc Aurel. Wege zu sich selbst,* hg. von Willy Theiler, Darmstadt.

Ullrich, Wolfgang (2006), *Haben Wollen. Wie funktioniert die Konsumkultur?,* Frankfurt a.M.

Wildberger, Jula (2006), *Seneca und die Stoa. Der Platz des Menschen in der Welt,* Berlin.

Ziegler, Konrat (1980), *Plutarch. Große Griechen und Römer,* Bd. 4, München.

巴黎的桃子

——有关法国西南部气候文化的一篇散文

尼尔斯·明克马尔 *

法国光彩熠熠：在协和广场克里翁酒店的大宴会厅里一场真正拥有帝王气派的自助餐宴已摆放完毕，它适合于对来自世界各地的媒体人表示同样的欢迎和同样的震慑。餐宴上摆着各种蹄爪动物的肉排，塞进家禽肉的家禽，时鲜水果和上千种干酪，均是优选上乘的食品……这是每年年初法国电影发行机构——一个牢牢掌握在国家手中的对外文化推广机构——法国电影联盟（Unifrance）招待外国影评家所呈现的场景。

这一晚上已不仅仅是对每年的电影成就在个人交往接触过程中进行的交流，这次餐宴本身就表明了法国的文化影响力。一个有着如此美食的国家怎能拍不出好电影呢？

我无法把工作和吃饭毫无困难地联系在一起，就在一个装饰成丰饶角的水果篮筐前停了下来。我拿了一只桃子。一直到现在这只桃子还清晰地浮现在我的眼前，我还能把它画出来。这不仅仅是一只优秀或杰出的桃子，它还是柏拉图观念上的桃子。

* 尼尔斯·明克马尔（Nils Minkmar），历史学家和报刊作家。1999 年至 2001 年担任《时代》编辑，此后担任《法兰克福汇报周日刊》副刊编辑。

桃子于我就犹如萨特和他的"精神药物"——"在我的头脑中展现了太阳。"只有完全不怕尴尬的人，才敢于、乐于用语言表达出感官经历，如同有人那么迅速就获得英国《文学评论》的"拙劣性爱奖"（Bad Sex Award）①。然而与这一桃子的相遇，看来值得作一次这样的尝试。

室外异常寒冷，巴黎是灰蒙蒙的，刮着风，再说，我还摔坏了腿。我本该有几天时间坐在银幕前观看平庸的法国商业电影。在这期间，我本该在旅馆房间里向演员们提出行内司空见惯的例行问题。我暂时成为一家自由派大周刊的影评者，已经预见到我不会为已观看的法国电影撰写文章，也不会利用采访的材料除了一个例外，这个例外是我经常听其充满生活智慧报告的伟大的阿涅斯·瓦尔达早晨在厨房用柔和、闲聊的口吻谈到了作为意识流的道德和人类学判断的特性：

> 譬如说我在报上读到一个耸人听闻的消息，我就怀疑、思考，所有人是否真的都是犯罪者。而后又收到一个邮件，一张明信片，有人还记得我——我就感到人类原本又是非常善良的。之后，我又回忆起我的经历，它就像夏天的暴雨那样。

而后，伟大的阿涅斯又设想了在一年的第一个月里她的理想生活场景。她不追求前程，她也没有财产。这些对她来说都是无所谓的。"我随便在什么地方给自己搭一个大帐篷，那个地方天气要暖和。我将高枕无忧地整天躺在里面，吃土耳其软糖

---

① "拙劣性爱奖"为英国《文学评论》自 1993 年起颁发的另类文学奖项。英国前首相布莱尔因其回忆录《旅程》曾获 2010 年该奖的提名。——译者注

和接见来访者。"由于那里气候暖和，生活要容易些。这是气候文化常量之一，在这种气候状况下，我在我母亲位于法国西南部的家庭长大。与此相对：倘若说北方人是勤劳的——我父亲祖籍不来梅的家庭即使构成一种例外，也改变不了这总的情况。为了平衡这种状况，在北方勤奋的人和在南方懒散享乐型人群之间作出平衡就需要国家、共和国，将前者派去带薪度假，将后者派遣到北方去培训。而居于这一切之上的则是艺术。这样我们又回到了桃子。

成了我的一种负担的是，我在2000年1月享用了这只桃子。我知道我究竟干了什么，而桃子又怎样来到这里：用飞机——如果时间紧迫，还可能是使用法国军方的飞机运来。飞机上装着那么几箱从法国的海外领地来的桃子。而如此这般的桃子，在首都按厨师设定的时间出现在身处严寒季节的惊诧的客人面前。

这距我看戈尔的影片还有很长一段时间，记得麦克斯·戈尔特（Max Goldt）曾经说过这样的话：人们看到飞在天空中的飞机不禁会想到：在那里面坐着的外交官是为拯救世界而飞翔，医生则飞往灾难地区。按我的理解，戈尔特并没有说，在1月的飞机里会装着桃子。

今天的情况自然大大不同了，至迟自哥本哈根世界气候大会以来，放弃和理性认识的内容就在人们的嘴边，脱口就能说出。法国前总理朱佩甚至还写了一本畅销书，题目就是他的一个允诺："我不再在冬天吃樱桃"。

然而转变确实非常艰辛，因为在法国，气候和文化是紧相联系的。故而如果人们把气候和文化之间的联系仅仅当作一个现代题目来论述就是错误的。在实际上，有关寒冷地方和炎热地方的话题，有关与此相联系的生活和生产方式的话题，即规律和道德对这种状况的依赖性如同近代那样是一个久远的题目。同样久远的是由此而产生的思维和行为模式。

这其中的原因包括：气候变化的现实尽管得到承认，然而它变化的广度和实际含义却并未深入人心。故而大规模地扭转整个气候变化趋势的应对措施充其量也仅仅保持在就基本纲领的缺陷作小范围的信息争执与交流；再说，专家们也并未得出一致的意见。这样，几乎在每一场合就出现了离日常自然实际越远越好的情况；否则，一个小小的提示就会引起轩然大波，在有教养的公民中就会出现恍然大悟的气候怀疑论者。

在法国有这样一种传统，每个人对于公认的观点均乐意表现出一种逆反心理，乐意把自我的品格描绘为带有一种狡黠的非理性；然而，只要有台阶可下，那么在每个人那里回归的阿斯泰利克斯①就会苏醒。此外，在法国，与自然的关系和气候的关系几乎在以一种异常的方式表现为是辩证的，而自法国中央专制集权国家开始以来就一向如此。

在这中间，即使革命也没有使这种情况有所中断：共和国的文化——在克里翁酒店的宴请提醒了这一点，当时的架势绝非是一种简朴的做法（只使用地方和应季产品），而是简单地把专制主义的一套拿出来，按照自己的意愿利用自然，还伺机做得更为出格。

而与此相对，生态行为作为理性的一个变种出现，众所周知它的老家在北方。而享用桃子则是文化光辉的体现，人的出类拔萃创造能力的体现：有权利不惜作出最令人恼火的牺牲。难道会有人给一个大导演立下规矩：倘若戏中有下雪的情节，

---

①　阿斯泰利克斯是法国著名漫画家阿尔贝·于德佐绘画的《阿斯泰利克斯历险记》中的主人公——一个智勇双全的勇士。——译者注

不准使用雪白的鹅绒？总统的小女儿该放弃她的小猫（她已经常常放弃她的父亲），仅仅是因为猫在周末飞行时被遗忘在了一个地方？哪一个没有心肝的财务专员会计较直升机返回取猫那一点小小不言的油钱？难道人们的生活水平要听命于周围环境、听命于自然和地理状况吗？

动物与植物本该有所贡献，而享受应该使某些冒犯情有可原，因为不管人生终究意味着什么，反正四周的环境在那里，它被评估价值，被享用；这意味着还有足够的东西可供吃尽、用尽。再说，享受是完全合法的；要是由马尔代夫或图瓦卢来制定法律，那么这个桃子就会比被放射性物质污染的塔利班海洛因还要坏上多少倍，克里翁宴会的场景就类同于狂人的不合时宜。

此桃是天然的精神药物，是一切法国人非常喜欢的药类产品的亲戚。萨特使左派和知识分子形成的思维定式是：为了能写完文章，为了要比躺在床上的自然状况多一条创作通道，宁愿用伪麻黄碱、南美仙人掌毒碱等药物刺激，让太阳在头脑中旋转而不惜冒可能致盲的后果。一个我认识多年的法国著名知识分子，他的妻子曾作过多次手术。在一场歌唱演出前，她的嗓子不幸微微疼痛起来，且声音暗哑。她用鼠尾草茶漱口，为了晚上的演出而整天不讲话。当时，我正在采访她的先生，他取笑她的做法："用这样的小办法，今天晚上肯定无法应付过去。我亲爱的！"他的笑声想说的似乎是：谁热爱艺术，就该直接往声带上喷可的松。其余的做法都是非行内的做法。

艺术和身体彼此处于一种工具性的关系之中。这种把艺术置于自然之前的态度以及过度设计谋划作为一种文明，是上述法国世界观的一个中心组成部分。我是部分在这种世界观的氛围中生活、长大的。这种观察方法提醒我们：不是单单对气候变迁的洞察就能使行为有所改变；而其象征含义——亦即与事实相反地解释显而易见东西的意向——是非常强烈的。就气候而言，就如同我们所知道的那样，自近代开始以来就已经作了当时的解释：我们是怎样的、我们是谁。而这类解释并非总能产生好的效果。

我不能说，巴黎的桃子没有使我明白什么。罗兰·巴特在他的自传中曾写道；"由于水果，人方成为法国人。"我不禁要问：难道只有生活在夏季月份的法国人方才是法国人吗？

但愿大自然能周期性和拘谨地举措，隐瞒人的天性——然而，艺术家和国家领导人却总是突破这样的界限。太阳总会在什么地方出现，而练达的做法和面向整个宇宙的精神充分利用了这一点，只有市侩精神方计算这类活动的费用。在希拉克治下的巴黎市政厅，他的厨房仅仅为茶、咖啡和甜点每年就会花费惊人的金钱。而这种花费会像其他的花销一样变成被掩盖的政党费用支出。在吃饭上的花费若碰到有人事后揭发、算总账，会给人留下不近人情的印象，因而这种批评并不会留下什么政治影响。请客吃饭表现出的非理性，甚至是为了某种私下交易，在每个法国人看来都是可以通融的。在欧洲严禁狩猎的情况下，密特朗照样打猎取乐不误。消息披露后，这个病入膏肓的老人却以生活艺术家的形象出现在新闻报道上。

不仅是动物、水果，而且气候甚至是自己身体的健康，统统要置于享受生活意愿的制约之下。几乎没有任何其他一项措施比在公路交通中强化酒精监督的措施引起如此之大的轩然大波。在法国整个西南部，特别是在波尔多大区，有一种普遍的看法：由于害怕严格的监督和失去驾驶证而放弃午餐时喝红葡萄酒，实为中央政权自罗马人时代以来最为恶劣的干预。即使是最听话的市民，平时总是把票投给企业家联盟或教会推荐的政客，这次说起话来却像德国汉堡山岑区闹事者那样。

绿党批判了这种思想，在我的法国家庭成员、朋友和邻居中，引起了极大的、持续的思想震撼。生态运动是一种嬉皮士的事情。倘若德国人在吃饭时在这里或那里要遵守这样那样的规矩的话，往往会遭到取笑。在北方立下的吃东西的规矩，在法国西南部并不得到认可。我在若干次吃饭时就听到取笑鸟类保护者的一些说法。按这些说法，保护者非常可笑地夹在猎鸟者和鸣禽之间。而在若干地区，把取消贵族狩猎特权视为在公民权和人权上的一个宣言，是与法国大革命取得同样成果的事件，只从政治角度来考察问题。在那里，特别是南部地区由于经济结构所处的落后状况，没有什么其他值得一提的活动。

我的一个法国西南部的同胞——德·孟德斯鸠男爵把气候、民族性和文化之间的联系用最清楚不过的语言，同时用不容置喙、放之古今四海而皆准的方式作出了概括。一天，孟德斯鸠取来羔羊的舌头并让人把它冷冻起来。人们可以清楚看到，在冷冻情况下舌头上的味蕾收缩，表面变小。当他又再度把小羊舌头取出加热时，这一感觉神经密集的肉块又舒展开来。如此这般，他感到他的理论得到了证实：在寒冷的国家，神经收缩，甚至为厚膜所保护，故而感觉并非那么强烈、敏锐。这样就使理性和勤奋占了主导地位，原因非常简单：神经无法受到非常强烈的刺激。

而在南方的情况则完全与此相反：那里的人敏感且易受刺激。孟德斯鸠解释道："在那里，荣誉被置于注意的焦点。在那里的人们对许多事情漠不关心，恰恰是因为，那里的人持续紧张和受到刺激的缘故。而首先从道德开始的地方，显然在北方，因为在那里人们与他们的行动保持着距离。而相反的情况则是："愈加靠近南方的人的行为，与道德本身就离得愈加遥远。"至于说到勇气——那些待在阳光下太久的人，也是没有的。

孟德斯鸠本人对这两种生活方式也是有亲身经历的。冬季他旅行并住在巴黎，而在漫长炎热的夏季他就回到他家族的拉布雷德宫殿，在那里沉思默想。

诺贝尔文学奖得主弗朗索瓦·莫里亚克在他几乎为《快报》写至生命终结的栏目"摘记"中，曾回忆起在南方炎热夏日时教室里的情景："由于酷热，学生们所能做的就只能是注视飞着的苍蝇，无法去听老师的讲解。"有鉴于此，他对在一个如此酷热的地方能通过考试表示怀疑。酷热即命运。

作家由此大加发挥，谈到了自己超越气候环境的个人经历：谁要有所创造、有所建树，首先就要摆脱家乡的气候，要在凉快的北方，在勤奋和求实的地方去做些什么。作家所说的北方当然是指巴黎。

这种辩证法也没有止于一个合题：谁来自南方，须在北方证明自己，而由此使自己置身于危险之中。

在法国家庭中曾有无数有关住在大城市、贫病而又寂寞的那些人的报告，在莫里亚克那里也不能免俗，他曾写过：由于家庭的干预，接回了因酗酒、花费无度而身无分文和衣食不保的永远的大学生到马拉嘉堡的庄园养身体。而那里的现实，如同今天的情况所表明的那样——经营原始，在手工业和农业就业的人挣钱很少，这一切与游手好闲的生活，那些听起来很美和令人神往的童话显得毫无共同之处。

如果气候发展继续这样下去的话，德国的葡萄产地也将成为炎热的地区，如果那里的葡萄也像梅多克的葡萄那样获得那么多的阳光，如果相邻的西班牙从一个落后的水果蔬菜产地而成为撒哈拉沙漠的前哨，那么这就意味着法国的世界图像和自我图像的天翻地覆的变化。为此，法国总统萨科奇发出了警告。

这位总统总是试图站在一切运动也包括环保运动的前列。在事实上，他出生于一个来自匈牙利的犹太人移民家庭，生活仅仅局限于巴黎近郊的讷伊，在那里他无法了解许多乡土民俗，缺乏一般法国人所拥有的漫长而又复杂的历史和生活传统情愫。在我们家庭这种传统情愫则是围绕着甜瓜。在暑期的午餐总有餐前甜瓜。我的曾外祖父在热尔省欧什经营着一个很大的果园。我们吃的每个甜瓜都要通过他的甜瓜检测标准。我们认为最好的甜瓜，在曾外祖父的眼里不过是中等水平，而我们认为过得去的甜瓜则要被这个身体强壮的族长和猎人扔到垃圾堆上去。他的一项特殊才能是从所提供的果品中，很快挑出合格的瓜果。在瓜果品评中有理性的因素——有关产地、价格和提供水果的商人的人品，还要加上对极品水果的罕见的来自传承的感觉。北方和南方就这样在这一实践中走到了一起。

当然，天气有时也会变坏，说法国西南部天气一直很好和炎热是不符合实际的，在那里雨甚至还下得很多。天气的这一脾性却迅速成了共和国一个事件，成了实现孟德斯鸠设想的一个由头：呼吁文化和国家对因气候而产生的特征采取化解和平衡的措施，诸如对创造优秀农业成绩者提出嘉奖——用荣誉与懒惰作斗争。而国家在暑期坏天气里究竟做了些什么呢？播放美国的西部片。我的外祖母喜欢看西部片，故而在每个夏季集中下雨之前，就高兴地期待着看美国大片。她也认为法国人无法拍出如此扣人心弦和快节奏的影片——这也是孟德斯鸠的自我仇恨的一个方面：法国演员太懒、太老，而电视委员会则"总在感冒"。而对在巴黎的全法电视节目领导机构所抱的信任：它能够及时掌握儿童暑期地区雨云的情况，并对下午节目作相应变化，播放储备的故事片——在我的记忆中，还很少出差错，令人失望。而即使有些差错，对首都和外省、教育与电视节目、内部和外部掌控的铁的法则，对帝国并不会产生什么有实际作用的影响。

我在法国度假的邻居和朋友们对环境问题和无节制的消耗自然资源的态度也在慢慢转变。上座率极高的法国影片《欢迎来北方》则是这种变化的一个标志。在该片中对北方与南方差异的陈旧观念极尽讽刺挖苦之能事。而在另一个方面，影片则是极为鼓舞人心的：两个主人公友好相处——一个是北方佬，而另一个则是普通的法国南方佬（两个均有阿拉伯血统这一因素在影片中则没有加以过多描述）。对于气候、出身和地理环境等问题的思考在法国也能作极大的转变，而对时代的思考，情况也是如此。

在去年夏天，我的和蔼可亲而又多愁善感的老邻居送了我一纸箱她的园子自种的甜瓜。她说她的甜瓜没用化肥，一边又令人惊诧地向我抱怨起在法国西南部的农业中常年使用化肥的情况。自她丈夫患病之后，她就注意起癌症患者的情况。她认为恰恰是在表面看来颇具田园风光、闲适的法国西南部，为了生产迎合顾客口味的水果而毫无顾忌地使用化肥和农药，而导致恰恰在这里偏高的癌症患病率。她又说，她丈夫作为一个沥青厂的厂主，一辈子与沥青打交道，最后也必将以得肺癌而告终。她说的时候，我只能静静地听着，因为她有倾诉的权利。

气候是一种以越来越多的忧虑加以观察的事物，而老的信念也在起着变化。这一切也将与法国好冷嘲热讽和固执己见相伴相行。一个下午发生的情景使我终生难忘：在波尔多发生了难以想象的事情，下雪了。并没有积雪，只是薄薄的一层，然而却引起了真正的恐慌。本来我和外祖母等着看一部电影，下雪了，就进了一家咖啡馆坐在窗旁。我从未见过她在看到波尔多人穿着完全不适合雪天的鞋在薄薄一层雪上踽踽而行时所表现出的如此失望、无助的表情，尽管她在咖啡馆努力保持着她的克制——在这天下午面对的是完全异常的天气。

词汇与相关事件的内在联系

——关于"失败者"概念的思考

英果·舒尔策

"首先感谢您站到失败者这一边,"一位和我年龄相仿的女士在一次朗读会结束后对我说。

"其实我本来也不是这个意思,"稍稍犹豫后我说道。"您不会认为,"她赶忙补充说,"我就是个失败者吧。"

"我也不是这么理解您的,"我说,并且试图解释,为什么我在谈到"失败者"(Verlierer)这个词的概念时会觉得不舒服。"但是失败者和成功者,这两种人肯定总是早就有的,而且也将一直存在。"她说。

我开始谈论"幸运的失败者"和"失败者的幸福"的话题,但是我发觉也不是真的很有说服力,最后导致为失败者辩护。而且此外也没有什么别的意思。我觉得,我有必要再思考一下关于"失败者"这个词的真正含义。

今天"失败者"的概念已经是普遍存在的了。几乎在所有的社会领域里,这个概念都变得能为上流社会接受,成为谈资。如同在其他高级场所一样,在学校里人们在谈论这个话题。人文科学家和政治家一样,都在使用这个概念。而且文学中不是有很多失败者的故事吗？

首先我想起了格林兄弟的一则童话故事《幸运的汉斯》。我又一次读了1819年版的这个故事。汉斯得到了一块如同他脑袋一般大的金子，作为他七年来的工资报酬。但是这块金子也给他带来了麻烦。“我的脑袋都直不起来了，肩膀也被压疼了。”于是他用这块金子交换了一匹马，马把他撅了下来；他用马换了一头奶牛，这头牛挤不出奶，而且还踢了他一脚，他又用牛交换一头猪，然后用猪交换了一只鹅，最后换成一块磨损了的磨刀石和一块野外的乱石，他正好可以在那块石头上砸钉子。“我肯定是作为一个幸运之星降生的，”他大声呼喊，“我就像一个幸运儿，我渴望的一切都实现了。”现在压着他的不再是金块，而是石头。“当他想喝泉水的时候，不小心，稍微碰了一下，两块石头扑通扑通滚到水里。当他亲眼看到这些石块沉下去的时候，他欢呼雀跃，跪在地上感谢上帝，眼里满是泪水，他感谢上帝赐给他恩惠。‘像我这么幸运的人，’他喊道，‘普天下没有第二个。’他带着一颗轻松愉快的心和毫无压力的身体，蹦蹦跳跳地跑回家，到他母亲身边。”

这个汉斯是一个失败者，一个幸运的失败者吗？

人们会问，这样一个愚蠢的人怎样在七年的时间里赚取这样一大笔钱？汉斯每次交换反而失去了更多。他不明白他所占有的东西的价值。他对于金子的价值一无所知。之所以说他这么愚蠢，是因为我们知道，一块金子比一匹马值钱，一匹马比一头牛更值钱得多，依此类推，下面的交换也是一样。而且人们确实应该补充说明，所以有这样的想法，是因为我们生活在一个最近几十年都相对稳定、安全的地方吧。

那些经历过战争和战后时期的人可能会提出反对意见，他们认为，当时把一个金胸针或者一块绸缎材质的桌布同一袋土豆相互交换并不是罕见的现象。除此之外，因为金子可能会导致杀戮，或者因为有一头奶牛，就会被当成富农，杀掉。但是这一点给我们解释不了这个汉斯的行为。

经过七年辛苦劳作，汉斯也受够了。他过去坚持下来了，现在他想享受这一刻，想感受幸福。他已经意识到，金子就是它本来可能是的一种东西，即一个负担，它像压在背上的石块一样，同样让人感到不舒服。他摆脱了这个负担。

这则童话的出色之处在于，在此两个事实显然相互矛盾，同时不要求冲突得以解决。

按照我们日常生活的逻辑，我不同意汉斯的作为。他白白干了七年，只是因为不愿意下力气把可以买大量马匹、母牛、猪、鹅和磨石的金子搬到家里来。

同时我也很佩服汉斯：他没有迷恋上金子，从他身上我可以学到一点，每一种占有都是一种负担。汉斯甚至于可能援引耶稣或者佛的说法，或许心理学家会称赞他的行为，因为这是有益于身体健康的。

那么他的母亲呢，？事实上他的母亲也有类似的内心矛盾，当然最后见到汉斯，她还是很幸福的。

人们可以说汉斯是一个幸运的人、愚蠢的人、反应迟钝的人或者假装聪明的人，但是我不会称他是失败的人，也不会称他为一个幸运的失败者。"失败者"的概念像水珠滚落到格林童话上，它用的不恰当，甚至是错误的。

海因里希·伯尔1964年发表的《一桩职业道德下降的趣闻》可以说属于这则童话的现代亲属。伯尔讲述了一个德国游客和一个渔夫在"欧洲一处西海岸"的一次相遇。渔夫躺在他的小船上打瞌睡，游客在拍照。两人攀谈起来，游客感到奇怪，为什么渔夫不再一次出海捕鱼。因为他可以捕到更多的鱼，也许是清晨捕鱼量的好几倍，他可能很快就买个电动引擎，不久就买第二艘船，建造一个冷库……在游客的想象里，渔夫在短短的几年里就可以拥有整个捕鱼船队。

"接下来呢？"渔夫小声说。

"然后，"陌生人带着心中的热忱说道，"然后您也许会在码头上安静地坐在这里，在太阳底下打瞌睡——并且眺望壮丽的大海。"

"但是我现在已经做了呀，"渔夫说。

渔夫是一个幸运的失败者吗？

如果伯尔的渔夫是幸运的汉斯这样的人，如果这个游客——以前他还相信，"他工作是为了有一天不必再工作"——可以被视为一个痴迷于经济不断增长的社会的缩影的话，那么人们就会察觉，在最近几十年中我们的世界发生了怎样的变化。今天捕捞配额的问题提到了日程上，因为海洋已经过度捕捞了，同时也关系到持续性发展的问题。前环境部长加布里埃尔对此说过："我们不可能有第二个地球。"对于渔夫来说，这可能是一个更广义上的理由。

有人会反驳，正是在那个时候渔夫动身去到游客的国家里找工作，因为他们捕鱼已经不足以维持生计，或者是他们正好想赚更多的钱，过另一种生活。然而这则轶事的和谐一致性没有在这里提及。

我请求朋友、同事、我的家庭，给我说出一篇短篇小说，一部长篇小说，一部电影，里边出现一个"失败者"。这样的例子似乎立刻就可以找到——但是一旦我们想象这些形象，谈论这些形象，"失败者"的概念就人间蒸发了。情况总是这样。"失败者"像一个幻影一样消失了。取而代之的是由这个形象产生一个英雄，至少是一个可以和他休戚与共的人，间或是唯一有血有肉人。难道问题的症结在这里吗，即"失败者"的概念是抽象的东西，只要我们在某人的日常生活中接近他，这个抽象的东西就悄悄溜掉了？

这是立场问题吗？一场猜谜游戏———一些人到处都认出失败者，另一些人无论如何也发现不了他们？

我拿出几本字典，希望通过这种方式更接近"失败者"概念的真正含义。

阿德隆 1811 年版的《标准德语方言语法词典》也数字化了。如果输入"失败者"（Verlierer）这个词，找不到任何词条解释。相反，有男性的和女性的赢家（Gewinner，Gewinnwerin）两个词，这个词是在游戏中普遍使用的，标明赢得胜利的那一部分。

相反，对于动词"失败"（verlieren）的解释，目录清单显示出有 195 条。

"失去"这个词主要有两个含义：第一，失去某样东西的所有权———然后相反的情况就是找到失去的东西；或是第二个含义，作为更普遍的表达："失去生命，智力，财产，健康……输掉了官司……在比赛中输了……在德国圣经和神学中，'丧失'（verloren gehen）一词在狭义上说，就是被诅咒的，永远不幸的意思。"

在《格林词典》（*Grimmschen Woerterbuch*）中还有一些解释，尽管不多。

在 1956 年编纂完成的，包括从字母 v 到 verzwunzen 的第 25 卷中，在"失败"（动词 verlieren）这个词汇下，有超过 19 个关于这一动词的不同使用的例证。紧接着是"verlieren"作为名词，中性名词，即"das Verlieren"，名词化的不定式。第一个例子来自路德："失败的一种乐趣"。这个条目的内容至少有 11 行之多。最后我们终于找到了"'Verlierer'阳性 mas perdens，am-ittens，jacturam faciens 施蒂勒 1109"和"'Verliererin'阴性，foemina perdens 施蒂勒 1109"的字样。即男性和女性失败者。

词汇解释在拉丁语中也求助于动词或者动词的第一分词——"mas perdens"按字面翻译就是一个"失败的人"，但是也可以说，一个造成破坏的人，"amitto"同样也在失败的意思中，"Lacturam faciens"是造成损失的意思。

对施蒂勒的提示援引埃尔福特·卡斯帕尔·施蒂勒 1691 年出版的著作《德国语言的谱系和发展》（*Der teuschen Sprache Stammbaum und Fortwachs*），17 世纪最丰富的德语词典，当然它部分地显示出离奇荒诞的推导。

名词"成功者"（或赢家 Gewinner）在格林词典中至少有 4 个带有例证的栏目。

在勃兰登堡科学院 2003 年版的《当代语言的数字化词典》中，也只能找到关于动词"失败"（verlieren）的前两个意思的名词"失败者"（Verlierer）。这些解释和阿德隆的以及格林的词典一致。"1. 某人失去了什么，某人无意识地，不自愿地丢失了什么：金钱、伞、皮夹、圆珠笔等等……2. 某事没有成功，被战胜了：比如一场战争、一次诉讼、一次体育比赛输了等；一个运动员必须能输得体面；一场失败的战役、一次失败的赌博、一场下输了的国际象棋。"

就目前得出的结论来看，声称输家和赢家古已有之的说法是错误的。德国语言知道"失败者"这个名词的时间显然并不长久。

碰到这个动词人们马上就会问：谁失去了什么？也许还会问：在什么时候，什么地点，为什么丢失的？人们会探究后果，和弥补损失的可能性。会有各种具体的情况和连接点。可以从行为中产生结果的名词化动词并不普遍。所以在比赛或者战争中输掉了那个人并不是马上就变成"失败者"。

1989 年出版的《德语词源学词典》似乎反对其它的结论。"'阳性名词失败者'（Verlierer）在词典里的解释为：'失去了什么东西，在战争、赌赛、竞技比赛中被打败了的人'（17 世纪）"。提到 17 世纪显然容易使人联想到施蒂勒。

在勃兰登堡艺术科学院的现代语言的文献资料中人们才真正找到丰富的蕴藏，这些资料也是数字化查阅的。在这些文献资料中，就 20 世纪来说，对于"失败者"就有 171 个例句，并且这些例句按照时间先后进行了排序。

在 20 世纪的前 50 年中，在刚才描写的含义中的"丢失者"作为"拾得者"的反义词，或者用于涉及到游戏、体育、战争、司法的语言使用中。但是在汉斯·格林所著的《没有空间的民族》（*Volk ohne Raum*，1926）一书中，这个词的意思却是没有遵循这一规则的例外。在 4 个例证中有两个是从经济和社会的角度解释"失败者"："所有的失败者理当开始高声尖叫：'必须将矿井重新打开。我们曾经在矿井边劳作，如今却没有了工资。'政府应该和失败者一起要求：'必须进行矿业开采，这是有普遍意义的！'"

第二次世界大战之后，尤其是在 20 世纪 60 年代，"失败者"越来越频繁地出现在英语或者美语的翻译中。语言的使用已经延伸到了政治领域，在竞选和"冷战"的背景下尤为明显。

在 1965 年关于联邦政府的一份声明的一场争论中，"占领区政体的人质"被称为不能对他们弃之不顾的"失败者"。同样，在经济领域"输家"与"赢家"也越来越经常识别出来："卡特尔和反卡特尔联盟各自都操控，扭曲物价水平，在他们不断升级的竞争中，最后可能没有赢家，而是世界贸易的所有参与者也许都是输家。"

在 1979 年出版的汉斯·尤纳斯所著的《责任的原则》一书中这样写道："我们借用马克思主义的资本主义批判中的关键词，那么，剥削关系本身是不道德的，而且这种关系产生的影响也会使道德败坏。这对于成功者和失败者而言都是一样。"

实力抗衡的行为渐渐变成了旷日持久的搏斗，看不到尽头。一个短时间阶段的刻画变成了一种状态的描述。这似乎就是"失败者"的含义在 90 年代发生根本性变化的前提条件。

在一本备忘录中，记录着一段赫尔穆特·科尔和波兰总理马佐维耶斯基 1989 年 11 月 6 日的通话情景：

> 最终，他想通过公开的线路强调说，不管是在这儿，可能也在波兰，人们对波兰总理和作为联邦总理的他在这次旅行中的成功都不以为然。当他们细听谈话时，对于他们来说，重要的是了解他的意见：他们站在失败者的大街上，他们应当留在那里！联邦总理和波兰总理告别。

科尔并没有提到错路或者歧途之类的字眼，他只是说"失败者的街道"。他的表达方式并没有使他的语义明确清晰：他是把那些细听他讲话的人仅仅看成是走在错误的街上，选择了错误的方向的人，还是把他们看成失败者，至于他们选择什么方向无所谓？因为，如果他们应该留在他们所在的地方，那么人们不关心他们的变化，于是他们就是，而且永远是失败者。

语言的发展今天已经不能单单从一种语言来解释，也不能简单地归因于某些历史事件。尽管如此我觉得这一点还是比较容易理解的，即 1989/1990 年的变化促进了对于胜利者和失败者之间相互关联的思考。在 90 年代里实现了一种挪动，它由一种联系中创造出一个特性。

"这些少数勇敢者，真正的革命英雄是本来的失败者。——'命运'赫拉断言道。"〔克尔斯丁·延赤《自从众神不知所措后》（Kerstin Jentzsch，Seit die Goetter ratlos sind，1944〕。

在延斯·史帕舒 1955 年的小说《喷泉室》（Der Zimmerspringbrunnen）中主人公的妻子责备他的那段话使他陷入了沉思："假如人们一开始就站在失败者一边，那么他当然总是占优势的——作为道德上的胜利者！"这句话让我长时间反复咀嚼回味。

一个演员被誉为德国电影中忧郁的失败者；人们谈到一种"失业者和失败者的故乡"；对于那些求职者，将提出这样的建议："但是您看起来决不能像个失败者的模样。这总会损害您升迁发迹的。"

尽管这种关联根本没有再被起个什么名字，谈论"失败者"的那些人似乎私下里把自己看作成功者："休假？那是失败者的事情，许多年轻的企业家这么认为。"

但是不仅仅在那些人自诩为成功人士的地方，人们才沉浸在这种思维模式中。在 1999 年的资本主义黑皮书中就这样写道："因为资本主义是一场成功者和失败者的残酷游戏，它全面、彻底的特性是不放过任何纯粹社会的，甚至肉体的存在，把它们全部投入使用。从一开始，资本主义创造出的失败者就比成功者多。"

人们是鄙夷地避开它，还是站在它一边呢：20 世纪在我们的星球上似乎存在一种人，这种人只以阳性名词形式出现，而且还有以复数的形式存在，即："男性失败者，许多男性失败者。"

对于新物种的描写，词典还需要更长些的时间。在上世纪八九十年代，失败者一词常常被解释为——丢失者和拾到者，游戏中的输家和赢家——这一惯用作法在当时已经十分常见。在那之后的 2006 年，瓦里希字典最终为这一词补充了第三条含义："（贬义）没有把事情做好的人"——带有一个暗示，即失败者。

1984 年出版的《德语口语图解大全》（*Illustrierte Lexikon der deutschen Umgangsprache*）中虽然没有出现 Verlierer 一词，但是出现了 Loser 这个词，尽管一些解释（流氓无赖，同性恋者）奇怪地被删除了。

在英语中，失败者一词的近亲可谓由来已久。根据《韦氏在线词典》（*Webster's Online-Dictionary*），Loser 的概念最晚于 1321 年便有据可考。这一概念主要应用于三种情况：1. 在竞争或比赛中输掉的一方。2. 保持失败记录的人，一直失败的人。3. 打赌输了的赌博者。

引人注意的是，"丢失某物"的意思在英语中已经不再出现。这个词首先是出现在竞争中，"Loser"的意思是"somebody who has not won"（Bloomsbury 2004），即一个没有赢过的人。Loser 的第二个意思指的是经常失败的人，Loser 的原型在英语中早就出现了。1813 年出版的简·奥斯汀的《爱玛》一书中就有一个例证："无论做什么，她都是一个失败者。"

事实上人们必然惊讶，这一概念究竟过了多长时间才加入到德语世界中。很明显，人们更加倾向于使用英语的 Loser，因为它听上去不像德语中的"失败者"（Verlierer）那样语气刚硬。一些电影的名字，比如《一个幸运的失败者》（*A lucky Loser*，1920），《成功的失败者》（*The Loser Wins*，1925），《善良的失败者》（*The Good Loser*，1953）已经表明，早就有一种和 Loser 这个词团结一致的情况。

"我的妻子和女儿都认为我是一个不折不扣的失败者，他们没错，我是失去了什么。"这是萨姆·门德斯的电影《美国丽人》（*American Beauty*）中那个主角自言自语的一段台词。他的妻子和女儿一直把他看作是个失败者，他觉得她们说得没错——之后他便会到这段台词的意义上来。他认为自己是个失去了许多东西的可怜虫。鲍勃·迪伦在《变革时代》（*The times They Are A-Changin*）中唱道：谁现在是失败者，他将来定会成功。最后一个终将成为第一个。

与"Verlierer"相比，"Loser"一词更从个人的角度看。他的失败应该归咎于自身的原因。而在德语中社会方面的原因还是主要的。

《城市词典》（*Urban Dictinary*）把几百个定义的级别顺序显然是按照投赞成票和反对票的数量排列的。在这部词典中，对于 Loser 这个词，排在第一位的解释是一张年轻女士的照片，她用错误的那只手，即左手作了个 L（das Loser）的标记。第二个定义这样写道："失败者是从社会的梯子上跌落，爬下来或者跳下来的人。侮辱失败者是很正常的事情，因为他们根本不可能摔得比这更重了，所以也不会感觉特别疼。

这种玩世不恭的态度看来是被社会接受的。一个失败者（Loser）是那种人，人们也可以立刻否认他的人格尊严。

"失败者"（Verlierer）一词自从 80 年代以来，越来越多地吸收了 Loser 的含义。从 Loser 这个词人们可以轻松认识到，在 Verlierer 一词面前还会出现什么。

在《城市词典》中，"Loser"的第三个解释自然给人以希望：

Loser 是许多蠢人为了使自己感觉好受一些使用的一个

词，他们采取的方式是嘲笑许多人的不幸。那些人往往是：
（1）消极沮丧或者垂头丧气。（2）不具备改善他们的社会
地位的能力。（3）经历过一些命运的打击。（4）心理上很
可能还将很长时间停留在未成熟状态。（5）他们终生都被
看作失败者而备受煎熬，他们不愿再听这句废话。

令人吃惊的是，Loser 的定义并没有包含为"失败者"辩护
的含义，它的解释反而与这一概念自身相抵触。Loser 是傻瓜才
使用的词汇，人们以此来取笑其他人的不幸。Loser 这个词完全
是"废话"！

那么这些新物种就不存在了吗？

一直到进入 19 世纪，动词"失败"（verlieren）的名词化形
式依然还没有出现，或者只是很少使用，在这之后"失败者"
（Verlierer）一词在 20 世纪被广泛使用。但是随着名词的出现，
人们还总给一种联系下定义。这里存在着一些规则——游戏指
南、规章、法律——，根据这些规则查明哪些人是失败者。

在比赛中我想要取胜，而且我还想让别人输掉。如果我自
己陷于不利境地，而且这时可能输掉，那我无法轻易地改变规
则。假如我违反规定，那我就是一个破坏比赛的人。但是在比
赛之后我有时间可以考虑，我是否不再继续打冰球，或者玩
"德国十字戏"，而是情愿改换到象棋或足球俱乐部里去。尽管
我既没有在这个项目上，也没在另一个项目上取得优异成绩，
我还是可以变得很幸福，因为那只是游戏而已，也就是说，只
是生活的一部分，甚至是比较不重要的一部分。甚至在和战争
的关联中，"失败者"没有成为一种耻辱的标记——下一次战争
结果可能完全是另一个样子，一直到进入 20 世纪，"失败者"
一词才和实力较量联系起来。

　　"失败者"变成一种性格，一种特质，一个新物种是出于什么原因呢？或者换一个问法：我必须怎样观察世界，以便我不断地到处发现"失败者"？

　　近二三十年代来，经济化的日益普及已经几乎延伸到了生活的所有领域，因此我们的日常生活也就被说成了一场持续不断的竞争。世界上几乎没有一个地方不是带有竞争的特征，几乎没有一个场合没有打上角逐精神的烙印。通向类似战争的态度（"敌对的接受"）的道路畅通无阻，更不用说去估计真实战争（恐怖战争）到底要持续多久。在差不多可以说是安全，富裕的世界地区，伴随这种情形出现了投机冒险，赌博——资本主义，豪赌。

　　竞争与游戏并不仅仅被看成是在特定时间地点才会发生的特例，而是被认为是普遍的，一直存在的，甚至是被作为非常自然的状况来对待，这场游戏从来不会完结。生活——就是一场竞争。

　　效益和赢利变成了唯一衡量标准，它除了自己之外，不容忍任何其他标准存在，哪怕是奉为神明的标准。正如迪特·科尔比威特在他那本《我们高效益的生活》中所描述的："麦肯锡原则"已经侵袭了我们的思想与感知。

　　努力追求高利率已经完全变成一种全面竞技，一种世界范围的竞争。为了对个人、团体、民族、国家和整个世界各大洲进行测定，在对效益、增长率和赢利率进行衡量的尺度中，有占主导地位的准则。塞巴斯蒂安·哈夫纳把在竞争范畴内的思考理解为给战争打上的关键性印记。在他的书《一个德国人的故事》中，把这种情形描写为"一种永不终结，放荡堕落的刺激，它把一切都毁掉，使生活毫无意义，就像轮盘赌或者鸦片一样让人上瘾。"出问题的不是竞赛本身，而是这样的事实，即竞争取消了界限，因此无处不在，而且规则要求普遍适用。任何其他的观察方式都被认为是不现实的，被搁置一旁，是感伤的，是圣诞节童话和星期日布道演说的素材。但是甚至星期日布道者们也已经认输了。假如一个牧师说："我是服务于上帝旨意的仆人，而同时我在思想宣传的市场上又要与其它的祈祷者竞争"，那么他就像前面科尔比威特强调说明的那样，心里装的是麦肯锡，而不是耶稣，而且就像在思想宣传市场上的竞争一样，可能根据不同情况有输家或者赢家的感觉。

童话里的汉斯和麦肯锡——原则相悖，他那么愚蠢的使用他那块金子，简直令人难以置信。伯尔的轶事中的渔夫也与这个原则相悖，他不去追求增产，而是享受已有的收获。

为了不被误解，我想补充说，我们不是反对效益，而是要理解效益思想中存在的矛盾，采取与之相应的态度。应该把其它衡量标准和效益相提并论。在童话故事中标准是幸运，在渔夫的事件中，标准比如说，可能是时间。但是，首先我们，就像看到的那样，没有第二个地球可以使用。其实是主观臆想的"赢家世界"威胁着这个地球。

"我们的语言就是我们的历史。"雅各布·格林在他 1851 年的科学院报告"论语言的起源"中这样写道。

将近 100 年以后，维克多·克伦佩勒好像是与格林的观点直接相连似的，他在他的《LTI——一个语言学家的笔记》（LTI 三个字母代表第三帝国的语言，即 L (language)，T (three)，I (imperialism)，英语的三个缩写词字母的改写，是作者用来对纳粹语言中数不清的缩写的讽刺性滑稽模仿）一书中强调说明："就像谈论一个时代，一个国家的面貌是再平常不过的事情一样，一个阶段的标记是它的语言。"克伦佩勒询问"第三帝国的语言"，要求它兑现词汇的意义。因为在语言的使用中，个人也像整个社会一样显现出自己的样子。

"人们习惯于从纯审美的角度，可以说善意的角度理解席勒体这种'用于思维和创作诗词歌赋的高雅语言'。"克伦佩勒继续说。"但是语言不仅是我用来写作和思考，我越是自然而然地、无意识地将自己交付于它，语言也就控制我的感情，驾驭我整个的心灵。"

在我的感知，思想和行动中做出的初步决定和我使用的词汇，和我说与写所使用的语言有关。我从自己和世界感受到，并得出的图像取决于我选择什么样的词汇，我作为个人赋予这些词汇什么意义，取决于社会作为整体赋予它们什么意义。

在我自己谈论"赢家"和"输家"的时候，我有意或无意地接受了这样一个观点：生活就是一场竞争，与我站在哪一边毫无关系。我不仅把这个观点内在化，这种观点像病菌一样继续藏在我的身体内。

谁要是泛泛地谈论"输家"这个词，谁就要把自己接受的尺度、标准和准则解释成有普遍的约束力，涵盖一切的。这就是说，我知道什么样的游戏是适合的，什么是有价值的，什么不是，而且我知道为了能够变得幸福，你们必须做什么。其它的标准将被排除或者宣布无效。也许我根本不想把我的人生看成一场竞争？也许我只想花尽量多的时间和朋友或者是家人在一起度过，或者散步，或者集邮呢？也许比起组建一支捕捞船队来，躺在沙滩上更惬意呢？

在日常生活中，人们很少无意中再能听到，在谈到"失败者"的时候，这个概念从某一个领域到另一个领域延伸。迄今为止只是适用于游戏、竞争或者战争世界的标准，如今在整个生活中生效。

"比喻就是转义，是把两个相互分开的领域暂时连接起来，造成短路的翻译、改写，"乌维·帕克森在《可塑的词汇——一种国际独裁的语言》中写道，"这里出现了一种紧张关系缩减了的比较。只要这种比较还是新的，令人惊讶，人们就会察觉到，转译就是这样的一种比较。"一开始人们还记得很清楚，"失败者"的意思是"一种紧张关系的简略比较"。"失败者"的喻意用的越频繁，用坏了，变得越来越乏味，再没有比较的意义可言。"没有紧张关系，不再在不同领域之间碰撞出火花。它们将完全一致地结合在一起。它们最开始的区别性几乎再也察觉不到了。结果：人们把词汇就当成事情本身。"

最开始一切都在赢家——输家的联系中表现出来，后来赢和输的行为变成了人的特性。赢家—或者输家—基因的固定词组总结了这种情况，词汇和事情的转换非常完美。

我第一次在"Loser"的意义上听到"失败者"一词是在90年代中期，从一个朋友口中得知的。我们一起学习，一起去看戏，对他来说，比戏剧更重要的是在柏林找到工作。他也找到了工作。当我毕业6年后在柏林又和他重新相遇时，他酗酒并且失业了。当他把自己称作一个"失败者"时，我生气地反驳他。他引用贝蒂歌中的歌词："我是失败者，宝贝，你为什么不干脆杀了我？"我没能够让他从他给自己描绘的图像中走出来，没能说服他相信，显然正是这句"为什么不杀了我？"造成这个失败者思维的荒唐性。他坚定不移地向我解释，为什么再没有找到工作，至少找不到差不多还算是有趣的工作。他大概根本不像他自己认为的那么好。当建筑工人，对他来说，身体太弱，像他那样的一个人，在那里他们不会让他好受，这一点他有经验。

1966年底，他喝醉了，在一个安全保障做的很不好的建筑工地上摔了下来，跌到了二楼，他的住所因为房屋改造变成了工地。他失去知觉，并且冻死了。

　　他真是一个失败者吗？我所以反驳他，是因为不可以做不应该做的事情吗？

　　听任他自我放弃，并且把他称为一个失败者，可能等同于把他当成废料清除。自然每个人都应该对自己负责。没有人强迫你变成酒鬼。但是我们用失败者这一称号剪断了所有把我们和其它事物联系起来的纽带，因此我们摆脱了很多责任。因为对一个失败者我是没有责任的。不同的是，我是否宣布某人是失败者，或者说他是病态、寂寞、懒惰、意志不坚定、耽于幻想、酒精依赖，或者是一个无可救药的堕落者。

　　在德国的校园里，失败者早就是一个诋毁人的词汇，就算对于年轻人来说，也已经是一个过时的词汇了。比"失败者"更进一步的是"牺牲品"。它把这个词的意思歪曲：某个遭受伤害，并且因此应该得到直接和很多帮助的人，因为他受到的伤害却被责骂。在语言的层面上这种不公平在重复。学生们只在一定的时间内将"牺牲品"当作贬义词使用，过后他们就不再在意，他们那时使用的是多么伤人的比喻。但是当一个词义发生改变的时候，会发生什么事情呢？它会不会变成另外的意思，会不会从此以前的意思就不复存在了呢？

　　在使用"牺牲品"这个词汇时，把它当作骂人的词说出来，这样态度不是和把别人当作"失败者"谴责一样吗？只是今天对于许多人，甚至大多数人来说，这个词汇不再引人注目，人们根本再听不出这个词里隐藏的阴森可怕了吗？

　　马格纳斯·恩岑斯贝格在他2006年出版的随笔《可怕的男人们——论极端失败者》中表明，当人们试图将"失败者"的概念认真深化的时候，那会产生怎样不寻常的世界观。

　　"谈论失败者不是件容易的事情，不提他们更是愚蠢，"恩岑斯贝格开篇这样写道。他主要关注于政治领域的"极端失败者"。社会学家不是观察失败者千百张不同的面孔，而是遵循他们的统计学结果。（……）"可以肯定的只有，正如人类自己安排的那样，从'资本主义'，'竞争''帝国主义'到'全球化'，不仅失败者的人数与日俱增，而且每个较大的群体很快就组成派别。"

恩岑斯贝格的前提是把失败者作为明显的存在。他向读者展现了一些极端失败者的特征，以此来辨别极端失败者和受歧视的人、被战胜者、牺牲品以及不中用的人之间的区别："但是极端失败者使自己和周围隔绝，让别人察觉不到他的存在，守护着他的幻想，集聚他的能量，并且等待他的时刻到来。"

"他完全脱离社会，会在任何情况下，完全沉浸在自己的幻想中不能自拔，单是出于安全的原因就因脱离现实而痛苦，觉得不被世人所理解，而且随时会受到威胁。（……）谁满足于客观的，物质（……）标准，将不会理解极端失败者真正的戏剧性场面。问题几乎总是关系到显示男子汉的气概。"除了客观的，物质的标准之外，恩岑斯贝格还想使用哪些其它标准，他没有提及。但是人们可以从他所说的当中猜到，他利用了移情作用和心理学。

在普通失败者和极端失败者之间还存在着其它的差别："为了使他变得极端，单单是其他人怎么看待他是不够的，不管那些人是竞争者或者兄弟、专家或者邻居、同学、上司，朋友或者敌人，特别是他的妻子。他自己必须有自己的行动；他必须对自己说：我是一个失败者，此外一无是处"。

恩岑斯贝格从何处得知这些，我们无从考证。但是失败者，"只要不坚信这一点，他的境遇就可能很坏，可能贫穷，无力，可能经历苦难和失败；但是只有在那种情况下，即他占有他认为是成功者的其他人的选票时，他才会变成极端的失败者。只有在这时他才'失去控制，走极端'。"

由此得出的结论可能是：当一个人没有被看成是失败者的时候，那时不存在他变成极端失败者，并且失去控制的危险。在这种情况下，妇女起到一种特殊的作用。没有妇女解放运动的话，这个世界也不会有那么多的失败者，当然还有资本主义、竞争、帝国主义和全球化的原因。

握着"极端失败者"的指南针，恩岑斯贝格大胆提出了这样一个命题："对于希特勒和他的追随者来说，重要的不是胜利，而是把自己的失败者的状态极端化，并且让其永存在世间。"不容质疑的是："他们的最终目的并不是胜利，而是根除，是覆灭，是集体自杀，是恐怖的结局。"按照这个论据，人们可能会相信，假如希特勒掌握了原子弹，他会首先用于反对德国。

在第八章中，恩岑斯贝格讲述了他的主题：自从苏联解体以来，"只存一个唯一能够在全球准备使用暴力的运动，那就是伊斯兰主义。"

然而人们在这儿揉了揉眼睛，有点疑惑不解，最后发现在伊拉克作战的不是伊斯兰主义者的军队。按照恩岑斯贝格的观点，伊斯兰主义的意识形态是动员极端失败者的"一个理想手段"。

接下去是关于伊斯兰恐怖分子得到启示来源的思考。从这里开始本篇文章有将近20页提供了许多信息，在这些页中，恩岑斯贝格没有一次使用极端失败者这一概念——直到"失败者"的概念重新出现。"在马格里布，在近东的日常生活中的一切，每个冰箱，每一部电话，每一个插座，每一把螺丝刀，更不用说高科技产品，对于每一个能够思考的阿拉伯人来说，都是一种默默的侮辱。"

除去这种看法隐隐约约的高傲不谈，在反转的结尾中这意味着，每一个在冰箱、电话、插座和螺丝刀面前不感觉受辱的阿拉伯人都不会思考。

恩岑斯贝格总结道：人们对于伊斯兰主义者招募的作案人的心态，"越是仔细观察，越是清楚地表明，他们是在和极端失败者的一个集体打交道。所有从其他的相互关联中十分熟悉的特性在此都重现了。"

接着，恩岑斯贝格自然承认，这些人显露出从其它相互关联中十分熟悉的特征，但是他们和另一些人根本不相符，他原先觉得，他在那些人身上发现了众所周知的特性。因为和单独的杀人狂或者吸毒成瘾的艾滋病患者不同，400 个著名的基地组织成员中 63% 是高中毕业学历，3/4 出身于富裕的和中产阶级家庭环境，有同样多的人是学者，其中有教授、工程师、建筑师和其它专业人才。所以极端的失败者绝不属于这个地球上被剥夺权力的人。再者，许多情况说明，恐怖分子的虔诚并不尽如人意。"

如果是这样，为什么这些人被其他人说成是失败者，然后把这种责难放到心底，而且对自己说：我就是失败者，除此之外什么也不是。就因为他们感觉受到西方成就的侮辱？因为他们沉湎于狂热的死亡崇拜？或者取决于妇女？恩岑斯贝格得出结论：

> 极端失败者的方案在于组织整个文明世界的自杀，就像现在伊拉克和阿富汗的情况一样。要说他们也许能够把死亡崇拜极端地普遍化和永久化，这是不太可能的。但他们的袭击埋下了持续的潜在危机，就像街上每天发生的意外死亡一样，对此我们已经习惯了。因此一个这样的世界社会必然存在，它依赖地下埋藏的燃料，并且不断生产新的失败者。

　　本书的最后几句话阐述了一种相互关联，这是人们似乎一直徒劳寻求的，也就是最开始承诺过的政治维度。这种表达的意思是："一个依赖地下埋藏的燃料的世界"。迄今为止在恩岑斯贝格的解释中，说的似乎是这个意思，即西方国家的发明一个接一个，所以世界的剩余部分就变成了失败者，或者至少必然有这样的感觉。如今所有的一切突然又重新和我们有关了，因为我们需要地下埋藏的化石燃料了。

　　如果恩岑斯贝格已经相信，"失败者"的概念对于某一个群体的人来说是比较好的描写，那么很容易提出如下问题：为什么他们的人数与日俱增，原因是否不在于"世界是如何安排的"和因此什么必须改变？此外，可以问，这种"潜在危机"是否一直都存在——如果不是，那么是从什么时候开始的？没有地下蕴藏化石燃料的存在，伊拉克战争是否可能根本不会发生？还有阿富汗的情况又会如何？

　　苏联进军阿富汗过去和现在都无可辩解。在于尔根·罗斯的《恐怖网络》的分析中写道："这是如此乏味，以致人们不愿意再重复了。以前美国中央情报局用金钱和武器支持伊斯兰原教旨主义者（还有塔利班），把他们变成今天这样。面对公众舆论，1979 年 12 月 24 日苏联进军阿富汗因此有了合法证明。直至这以后，1980 年中期中情局可能开始支持为反对苏联占领而战斗的圣战者。这是真实情况的一部分。

　　1979 年 7 月 3 日美国总统吉米·卡特已经签署了一个指示，根据这个方针，亲苏政权的反对派应该得到支持。"在同一天我给总统写了一个照会，在照会中我解释说，我认为，这个帮助可能挑起苏联的武装干预。"卡特政府的国家安全顾问，布热津斯基在接受法国观察日报的一篇访谈中阐述了这一点。

　　记者问："当苏联用美国在阿富汗的秘密介入为他们的武装

干预辩解时，当时没有人相信他们。请问，今天你们有点后悔吗？"

"后悔什么？秘密行动是一个极好的主意。它导致俄罗斯人陷入了阿富汗的陷阱。您希望我为此后悔吗？"

这个访谈在 1998 年发表了。塔利班于 1996 年已经占领了喀布尔，最迟从 2007 年起控制了差不多全国四分之三的领土，对于布热津斯基来说，没有什么可以使他感到遗憾的事情了。

恩岑斯贝格没有把注意力集中在那些相互关联上，比如西方的共同责任——由殖民时代开始直到今天——或者分析军事干预的经验，而是让自己被"失败者"的概念牵着鼻子走，把词汇当成事情。"极端失败者"变成了语言领域的一缕烟雾。

与此相应结论也就取消了。按照那个结论，我们只有习惯袭击的"永久性潜在危机"，如同习惯大街上平日的意外死亡一样。我既不愿意习惯于这个，也不愿意习惯那个，而且我们也不需要把它当作不可避免的自然力量来忍受。在有责任感的人中，大部分人以这样一种方式方法使用语言，这种方法引诱我们离开政治、社会、经济和历史的相互关联和问题。他们的语言使用把我们引到这些地区，在那里起支配作用的是永恒价值，在那里现状没有遭到威胁，在那里所有的强制都是具体事情的压力，而且相互对立的利益只在表面上存在。这种语言的应用把历史变成自然法则，一种天性，我们没有权力改变它，我们必须与之妥协，必须去习惯它。

当子路问到孔子，假如魏国的国君把治理国家的事委托给他，他第一件事将做什么的时候，孔子回答：首先必定是正名份。

他的学生子路很吃惊地说：就从这里开始，这可太不合时宜了。为什么这样正名呢？

在学生不得不小心地听完说他如何没有教养的指责后，孔子解释说：

"名不正，则言不顺；言不顺，则事不成；则礼乐不兴；礼乐不兴，则刑罚不中；刑罚不中，则民无所措手足。故君子名之必可言也，言之必可行也。君子于其言，无所苟而已矣。"

也许开始事实上就是单一的词语——或者是一个故事。

（2007/2009）

（宁瑛译校）

从气候到社会：21世纪的气候史

弗朗茨·毛厄斯哈根*

克里斯蒂安·普菲斯特尔**

对于历史科学来说，气候并不是一个新题目。在50年的进程中，通过休伯特·霍勒斯·拉姆（Hubert Horace Lamb）、埃曼纽埃尔·勒鲁瓦-拉杜里（Emmanuel Le Roy Ladurie）等人的努力，创立了一个新的学科——历史气候学，这一线索是很清楚的。在探询全球气候变暖的社会文化方面问题的推动下，在所有社会、文化和人文科学中，历史科学是最早进行交叉学科研究的一个学科。只要不把历史气候学包括在内，历史学因此就有了一个模范学科的名声，可以说，它发挥了先行者的作用。当然，说到模范学科的作用，它却是无法完成的。就对以往（指约从1300年至1900年的小冰期）气候变化社会蕴含的历史理解而言，历史气候学在社会、文化和人文学科更大的范围内相对于其他学科仅仅是先行了小小的一步，更多的就完全谈不上了。

　＊　弗朗茨·毛厄斯哈根（Franz Mauelshagen），博士，自2008年起为埃森文化科学学院（KWI）研究员和重点课题气候文化研究的协调人。

　＊＊　克里斯蒂安·普菲斯特尔（Christian Pfister），退休教授、博士，2009年前在伯尔尼大学讲授经济史、社会史和环境史。

　　当拉姆、勒鲁瓦－拉杜里与其他人为一个新的边际学科奠定基石时，气候研究的情况与现今完全不同。只是在政府间气候变化专门委员会（IPCC）成立之后，即在 1988 年之后，围绕人类影响气候变化及其后果的交叉学科的研究方得到长足的发展。在 20 世纪 50 年代，历史气候学形成之初，以及在这之后的两个十年中，与如今不同，注意的中心是在历史上和远古时期气候的波动。历史气候学最初关注小冰期和中世纪暖期，有较长时间并没有从比较的角度对 20 世纪的气候加以研究，而这种比较实为人类活动造成气候变化问题的关键。这一切自 1990 年发生了根本的变化。

　　历史气候学以其一个研究领域——重建历史气候状况，而涉足与古气候学有关的边际领域，并因而与自然科学发生了联系。有鉴于此，就要考虑到，与其他学科相比，它将享有一种特殊的地位。这在研究实践中意味着，历史气候学在过去气候变化社会后果的研究上，亦即在有关适应还是应对战略的问题上，能以自己的气候资料进行研究。气候历史学家拥有与自然科学工作者交往的经验，他们能够作为参与者，而并非仅仅从科学史学者观察的角度，报告气候学的变迁。鉴于历史气候学并非一开始就是以全球变暖为标志开始研究的，故从另一角度解释为什么它着手研究气候变化的社会文化意义这样的现实课题时，并不比其他非自然科学学科显得更轻松。在下面，我们打算从科学批判的角度回顾历史气候学的历史，我们也将在文中展望在 21 世纪历史气候学的未来。一开始我们将简述历史气候学是怎样开展研究工作和它目前所处的状况。

什么是历史气候学？

历史气候学是介于历史科学和气候学之间的一门学科。历史气候学试图用文字和图像的证据来表明以往的气候状况以及气候与社会的相互作用。依据流传至今的文字和图像资料，上溯至可追溯的最远时期（一般自文字的发明起），当然，处在不同的地理位置，情况也是极不相同的（Pfister，2008）。研究涉及三个领域（见 Pfister，2001：7；Brazdil，2005：365；Mauelshagen，2010b：19）：第一，通过对文字和图像资料的研究重建以往气候状况；第二，历史气候后果研究领域，以往注重气候波动和气候变化的长期、宏观经济影响，自20世纪90年代起，特别加上了对气候—气象极端情况和自然危机的观察研究；第三，气候科学史领域，在这中间，对天气的理解带有了文化的印痕：采用了对气候进行一系列纵向时代观察的历史气候学的方法，还结合了对气候和天气的社会观念。在上述第一个工作领域里，通过与自然科学家的接触，了解到为什么譬如说在地理学科内只有少数人从事相应的历史科学研究。在气候重建过程中，历史气候学可视为古气候学的一个分支学科。在这一总的范围内，前者与其他的分支学科共同采用如线性回归分析或其他的统计方法（Bradley，1999；Dobrovolny，2009；Brazdi，2010；Mauelshagen，2010b：18，36－40）。

上述三个领域在上世纪50年代的发展是极不平衡的，一直到今天情况也还没有改变；而它们之间的内部关系也是很不确定的。历史气候学几乎把它的全部研究力量集中在重建过去气候状况，而在这中间又强调文字书证资料，特别是在19世纪建立国家观察网络后的相关文献。研究成果是取中间值的小冰期气候宏观史。极端情况和自然危机则在这中间没有得到反映或很少反映，这种情况在20世纪90年代方有所改变——自国际减灾十年世界大会以来，随之开展了包括地理、社会科学和历史灾难研究的多学科研究项目，历史气候学终于也参与其间（Mauelshagen，2009）。

气候重建已积聚了500年以上有关气温、降水和大气压等方面的数据资料。今天已存欧洲相关资料包括自1500年开始每年的气温和地面气压，而自1659年起则有了按月的上述数据（Luterbacher，2002；Luterbacher，2004；Xoplaki，2005）；降水量的数据则从1500年起季季不缺（Pauling，2006）。现今这些数据能以高空间密度的形式作可视化处理，在0.5×0.5网格（约60×60公里）中，总共包含5000个数据点。从欧洲的历史时期排列看，由于欧盟的一体化项目，欧洲的联系因此能够上溯到中世纪。如以往情况那样，已掌握的数据在涵盖更大空间方面的潜力是很大的。自殖民时期开始以来，欧洲人对他们所达到的世界地区和世界海洋直接或间接作了天气考察和记录，据此可重建气候数据（Wheeler，2009）。而来自中国、日本和伊斯兰世界的资料提供了继续研究的良好前提条件。

历史气候学对它的气候重建方法进行了数十年的改进、完善。它提供的数据相对于一些《自然文献》（如树木年轮、冰芯等）的信息拥有更高的时空分辨率。这一情况使古气候学范围内的历史数据在近年来赢得了自然科学工作者某种程度的承认。就其时间长度而言，虽然历史时间系列仍很难与自然科学研究所确定的系列相比拟（如冰芯涉及多少万年），然而其数据密度则要高得多。

旨在历史重建的气候数据的相对而言的高分辨率，对于扎实的气候后果研究来说，提供了一个重要的前提。我们将在后面专门讨论与此相联系的问题。一般地说，气候后果研究是气候史中一个没有得到充分发展的领域。这有多方面的原因。历史气候学家的团体大多是地理学家出身，他们一般只是掌握出自文献材料中必不可少的气候信息和与此相联系的历史科学出处考证方法。而严格的气候后果研究却需要"完全的历史学家"，他要熟悉各研究时期的社会史、经济史和文化史，并在必要时自己能进行这些领域的研究。

　　然而恰恰是气候史方面的历史学家提出了一个极大的疑问。情况一如以往：气候史和人类史各写各的历史。对于大多数历史学家来说，历史在某种程度上仅仅是账单：一部分人对另一部分人做了什么。不言而喻，环境史对这样的聚焦表示怀疑，发难首先（自20世纪80年代起）源自美国，然后蔓延到欧洲以及其他地方。在今天，如同沃尔夫拉姆·西曼所概括的那样：自然环境（即使是为人类渐渐改变了的环境）愈益被承认是在政治、经济和文化之后的历史科学中的第四个基本范畴（Wolfram Siemann，2003：10）。尽管气候变化、环境变化在此期间经常被当作历史叙述部分而加以接受，却仍然在很大范围内遭到忽视。在许多令人尊敬的有关近代早期的著述中，人们却找不到有关"气候"项目的内容。

　　再加上在过去的20年里，历史学家的主流与物质生活的事实相脱离，把注意力集中在预计能挖掘出许多东西的文化史领域。这也适用于历史人口统计学和农业史领域，在这些领域中，以往对气候变化至少会有所顾及。许多历史学家仍坚持在20世纪70—80年代形成的一条理由：在对经济或人口统计数据作各种分析时，没有必要的气象数据可供使用。虽然当时的情况可能确是如此，但此后搜集数据资料的情况有了很大的改进。历史气候学在20世纪90年代有了长足的进步。然而这一事实却很

少为历史学家所接受，也许是因为这些成果首先是在自然科学
杂志发表的缘故吧。

大多数历史学家不喜欢把气候作为在前工业化社会中的一
个潜在的重要因素而放进考察范围之内，对将其放进工业社会
内考察就更不用说了——这是有其充分理由的。气候波动对历
史进程的影响是很难加以估计的，因为这种影响经常夹在社会
内部的许多因素之内，不利的天气状况部分很有可能被抵消。
而在探寻气候和历史之间的关系问题时，往往忽视"气候"、
"历史"，它们被当作在很高程度上的一般概念——它们如此之
一般，几乎就不可能以合适的方式，即与科学性原则性一致的
方式把两者联系起来加以阐述。在一个非常一般的层面上，人
们往往就只能推测地说：在有利的气候状况下，人们就能扩大
活动范围；而在气候震荡情况下，活动就趋于受到限制。气候
状况的重要性如何具体排序，又取决于各自碰到的社会"单元"
和各自的历史联系（Pfister，2001）。而"气候震荡"概念在下
述情况下则引出矛盾感情——有人在困难的情况下依旧欲获取
经济和政治上的好处。

作为食人魔的历史学家

马克·布洛克（Marc Bloch）——年鉴学派创始人之一，在
他的遗作《历史学家的技艺》（Bloch，1974）中，对历史学家
的特征作了一个对从事该项工作的人都耳熟能详的概括。出自
该书的相关段落对环境历史学家极富启发意义，因为这些段落
令人异常清楚地阐述到人与自然之间相互关系之间问题的核心。
这里涉及历史的研究对象范围，它在时间和空间上是有所限定
的。布洛克首先退了一步，对下述观点表示认可：依据历史是

指一切有关时间中的变迁的标准，一切自然的东西——即使是宇宙均有它的历史。人们可以谈论太阳系的历史，然而对此作出研究的则是天文学。"对火山喷发史表现出极大兴趣的肯定是地球物理学。而地球物理学与历史学家的历史毫无关系。"布洛克随即又对这一断然的说法提出了可能的例外情况：地球物理学只有在下述情况下又可能是属于历史的——即"当其相关的论述能以间接的方式同我们的历史学中的特殊关怀结合在一起的时候"（Bloch，2002：28）。为了更清楚讲明历史的这些目标，布洛克还举了一个出自自然科学和历史之间边缘领域的例子。"10世纪，茨温海湾深深地嵌入佛兰德海岸。后来它淤塞了。"布洛克认为，这一现象初看起来当是地质学范围的事情，然而在人们探寻这种变化的全部原因之后，就会涉及不属于地质学领域的问题，"因为堤坝建造、航道改线、沼泽排干都加速了海湾的淤塞：所有这些都是从人类集体需要中产生的行为，它们只有在特定的社会结构中才有可能产生。"

不仅是茨温湾淤塞的全部原因，而且其后果也进入了人类历史。布鲁日本来通过一段很短的河道与海湾相连。随着水面的逐渐退却，布鲁日将前哨港推向日益遥远的河口，但此举总归徒劳。布洛克认为，这并不是布鲁日衰落的唯一原因。"自然因素对社会的影响，何时不曾得到人的因素的孕育和协助呢？但是，在这个问题的原因链中，海湾的淤塞无疑至少应归为最重要的因素之一。"（Bloch，2002：28－30；中译本《历史学家的技艺》，黄艳红译，中国人民大学出版社2011年版，第45—46页）。对于布洛克来说，无论是土地的整治，抑或一个商贸城市的命运，均是"一个地道的'历史'事实"。然而在对这一事实研究过程中，各学科均能参与其间。在学科交叉的领域里，布洛克区分了两个领域：一个是交叉和联合的领域（他的例子：

对淤塞的原因分析）；另一个是欲将一种现象交给一个学科研究
的过渡领域（相应例子：后果分析）。布洛克认为，在上述两个
领域里，历史科学都有参与其间的必要，然而唯一的原因仅仅
是由于人也在其间。

　　实际上，我们伟大的长辈，如米什莱和菲斯泰尔·德·
古朗日，很早就教会我们认识到这一点：历史学的对象本质
上是人。更准确地说，复数的人。单数容易导致抽象化的
理解，复数是表达相对性的语法形态，它更适合于关于多
样性的科学。在显而易见的景观特征背后，在表面看来最
冰冷无味的文字背后，在看起来与其创造者最无关联的制
度背后，历史学试图把握的正是芸芸众生。谁要是做不到
这一点，那他顶多就只能算是个摆弄学识的辅助工。优秀
的历史学家则就像传说中的食人魔（l'ogre）。哪里能闻到
人的气味，哪里就有他的猎物。（Bloch，2002：30）

布洛克这个令人望而生畏、直截了当的说法得到广泛的认
同，构成了 20 世纪历史科学接受气候史成为正果的框架，这是
这样一个正果，没有其他的历史学家团体会像他们那样，以年
鉴学派的名义对其大幅重新架构并深深打上他们的烙印。在今
天，已没有拥有历史学家参与其间的气候史研究能够绕过这一
正果。

素食主义者的气候史

　　1967 年，法国历史学家埃曼纽埃尔·勒鲁瓦-拉杜里出版
了他的专著《千年气候史》。该书并不包括气候后果研究的内

容。在人类史和气候史之间的这种联系并没有包括在该书的考察范围里。勒鲁瓦－拉杜里在该书中的气候史研究自愿限制在气候重建的范围内。该书所缺少的部分本应由一个有待以后着手进行的长期研究计划加以继续：气候对社会的影响问题，对早期气候波动（如小冰期或中世纪暖期），当时如何加以适应的过程问题，等等；然而，当务之急，首先要把有关气候发展的陈述建立在可靠的数据基础之上。

这种形式的历史很显然已超越了布洛克以复数的"人"为对象所规定的历史任务的范围。对此，勒鲁瓦－拉杜里在他的《千年史》中写道：尽管他非常尊敬布洛克，可是他还想说：布洛克的定义过于狭窄，这显得与科学精神不相适应。人是尺度的时代已经过去。"自前苏格拉底学派和托勒密学派以来，已经发生了数次的哥白尼革命。"勒鲁瓦－拉杜里的论述是掷地有声的：

倘若人们从字面上来理解布洛克关于食人魔和人的气味的比喻，就意味着承认，职业历史学家将对一大批系统或有质量的文献不感兴趣，对古气象学的观察、对物候学或冰川学文献、对气候事件的评述等等统统不感兴趣。（Le Roy La-durie，1967：21）

而在实际上，勒鲁瓦－拉杜里的气候史是在真正意义上的哥白尼革命：将人从历史的宇宙中心逐出。他要求创立一个不是以人为中心的气候史，他撼动了历史学科的基础，使至今仍认为是天经地义的把历史科学划在人学范围内的做法遭到质疑。这从根本上而言，当然是有失体统的……究竟气候史在学科内会在多大程度上被边缘化和会在多大程度上处在边缘地位，衡量的标准就在于看这种有失体统（Skandalon）是否永远不会变成丑闻。尽管历史学家有关历史学科边界的争论似乎迫在眉睫，然而却尚没有发生。

另一方面，勒鲁瓦－拉杜里将他与吕西安·费夫贺（Lucien Febvre）、布洛克开始的文献信息革命仅仅只向前推进了一步——然而却是极为根本的一步。为了回答相应问题，年鉴派历史学家不仅提出了问题，而且选择了方法，如特定类型的书证（发现成系列的原始资料，并善于利用它的所擅长之处）（参见：Burke，2004）。勒鲁瓦－拉杜里很少会脱离题目和方法——脱离有案可查的事实和相关文献的事实。有关过去气候信息的文字材料众多而芜杂，因为有这些材料，因为除此之外既有一个气象学又有一个气候学——两者对这些材料都感兴趣，为了气候重建就需在社会的文献中进行目标明确的挖掘。拓展历史原始文献研究是带根本性意义的向前一步，因为它从固定的体系中脱颖而出——不仅从作为人的科学的历史学，而且从人文科学和自然科学之间的系统差异之中脱颖而出。

哲学家怀特海对看来是无害的事实的陈述故而大概也会用"顽固、难以驾驭和受局限的事实"（Whitehead，1984：115）这样的话加以应对；而年鉴派以往所有与革命相关的社会科学体系（想要将各种不同领域如系列历史、精神心理史等囊括在内）也会被用这样的陈述以一个破坏的行动而被引爆。勒鲁瓦－拉杜里本人懂得遮盖这一行为。在他的具有纲领性意义的《雨和天气的历史》一文中，他将气候史学家说成是气象学和气候学的随从，自己把天气和气候的历史说成是自然科学的辅助学科（Le Roy Ladurie，1973b）。而在实际上，勒鲁瓦－拉杜里的气候学家正是在布洛克意义上的"摆弄学识的辅助工"。还要说的一点是，他还是素食的辅助工：人的气味和人肉对他来说是禁忌。

勒鲁瓦－拉杜里避免就历史科学整体的领地得出进一步的结论。他在这一方面的论述仅仅在一篇发表在《年鉴》上的文章《对于环境的历史纪录》中（Le Roy Ladurie，1970）有所表露。而在他的两卷本近代史梗概中，气候史仅在《没有男人的历史：气候，克利俄的新领域》（Le Roy Ladurie，1973a：417）中上台登场。

在历史和自然科学之间的学科合作方面，主张对气候史作哥白尼式变革的勒鲁瓦－拉杜里和提供一个以人为中心的历史画面的布洛克作了完全不同的论述和架构。为了说明跨学科合作的必要性，同时为了给历史科学领域和其他学科划出界线，布洛克是从在人与其自然环境之间因果关系链的角度出发的。与此相反，对于勒鲁瓦-拉杜里来说，在气候中人仅仅是一个观察者，其观察的留存以书证和以文献的形式流传下来。人在天气中并不作为因果要素发挥作用；如同在人类社会的人的王国中，气候并不作为因果要素起作用那样。从今天的视角考察，人们比以往更清楚地认识到：把气候后果研究放在一边，原本就是大规模摒弃"人"与气候相互关系研究的一个部分。取而代之的是单方面（由人进行的）持续的观察关系，由此，历史学家就确立了对跨学科的气候研究的贡献。对于勒鲁瓦－拉杜里来说，观察者关系却没有构成主义的意蕴。对于他来说，问题的关键不在于人，甚至也不在于"社会的气候"。他告诉读者，根本就没有气候文化史，也没有人作为观察者角色理由的说明；虽然他也写了有关这一历史道听途说的许多东西。就他而言，这非常简单，是因为它是文字记载和有文档可以佐证的事实，事实就能够以气候学的方法、以气候历史信息的方式加以利用。他的发端完完全全是实证主义的。而事实确确实实以意想不到的方式显示为顽固、难以驾驭和受局限的。

决定论的幽灵

把气候史归结为气候这一点并不是容易理解的。勒鲁瓦－拉杜里厌恶"人的气味"——这种倾向从何而来？他为素食主义者所作气候史辩护词又是因何而生？答案要在经历过繁荣的欧洲气候决定论的传统中去寻找。曾放在勒鲁瓦－拉杜里案头的有埃尔斯沃思·亨廷顿的著作《文明和气候》（Ellsworth Huntington, 1915），特别值得一提的还有瑞典经济史学家古斯塔夫·于特斯特勒姆的一篇论文（Gustav Utterström, 1955）。于特斯特勒姆在该文中试图证明，在 16 和 17 世纪发生在斯堪的纳维亚民众中的某些经济和人口统计上的危机症状要归因于小冰期气候的波动。他的论文引起气候研究者的注意。英国气象学家戈登·曼利（Gordon Manley, 1958）在向他表示敬意的一次演说中颇有挑衅意味地谈到了"气候决定论的重生"。

在这种关联下，勒鲁瓦－拉杜里最初写了若干文章（Le Roy Ladurie, 1959, 1960, 1961），最后以一部著作作出了他的回应。在这里，就不再重复这次讨论的详情了。重要的是，在气候研究的跨学科语境下，要问问气候决定论思维方式的系统意义何在。在这里关键还在于要弄清楚"气候决定论"究竟意味着什么。我们赞成要有一个遵循一定论述方式的广泛定义。要在不受狂热的决定论思想代表影响的情况下，对这些论述方式加以考察。气候决定论是自然决定论的一种特殊形式，它是在围绕神经决定论与意志自由之间的争辩情况下再度出山。人们在自然和人之间、在环境和社会之间的边际领域到处都能碰到决定论思维模式。在边际领域所产生的问题均具有普遍和基础的性质。这就解释了为何特别是在边际学科，如在各环境学科中，与自然决定论思想的不间断论争是不可避免的。气候决定论的全部意义和模式显现在人（个人/社会）和气候之间的关系上：相互作用的联系（它从气候中选择它的出发点）简单地归结到直线的因果关系链上。在这样的模式中，人的生物进化和人的"文明"被当作生物或社会体系对气候及其历史变化的反应来加以理解。人与自然环境相互影响的积极作用消退隐去，其他的环境因素也消退隐去。

气候决定论的历史根源在于古代均匀气候带的思想，这种气候概念虽在科学上早已过时，却仍然首先在非科学的语境中继续存在（Mauelshagen，2010b：21 – 23；Stehr/von Storch，2000，2010：64）。施特尔和冯·施托希把"气候和社会行为的稳定以及所谓的气候'平均主义'"列入气候决定论的公理之中（Stehr/von Storch，2000：191）。在平均主义标志的领域内也包含有这样的思维特征，据此，气候如同战争、移民运动和经济危机那样被解释为社会现象，不管在任何地理区域均能同时加以观察。在这里就说说有关同时性的论述。恰恰在历史著作中，人们一再碰到这一问题：如在费尔南德·布罗代尔的《文明史》中，作者指出在中国、印度、欧洲、北美、俄国和巴西平行的人口发展；紧接着他指出，这一现象只有一个唯一普遍适用的解释即"气候变化"。他为此所举的例子有：14 世纪北半球的冷却期，冰川和浮冰的增加，最后则是在 16 世纪后期和 17 世纪达到它的高峰的小冰期。布罗代尔认为，"这一切均表明在地球各个地方的物质生活领域的波动原因均源于此，并由此加强对因物理和生物状况所决定的人类发展猜测的考察。"（Fernand Braudel，1971：36）

气候决定论并非是一种一成不变的现象。它更随着时间的变化而变化，故而它本身就构成了一部历史，它关于气候不断更新的观念和理论，又同其他的时代思潮联系在一起。人们可以把气候决定论的思想与一定的论证方式固定联系在一起，然而后者也是自成系统的，并不代表决定论理论意识形态的上层建筑。社会现象只归因于气候的单因果归纳，只是这类论证方式中的一种——而且恰恰是不值一驳的那种。直线性是除了在决定论中，也会在许多其他场合出现的一种思维方式。它是指这样一种论证方式，将因果关系只朝一个方向加以考虑，只从 A 到 B，只顺着从气候到社会或到文化的方向加以观察。这样的直线因果关系也可能是综合的，即因果关系是多重的。大多数直线的气候后果模式在今天也考虑到多重的原因组合和多样的后果。

　　气候决定论在 20 世纪复兴之前，其实早被历史学家所摒弃。这种摒弃深深植根于人文学科和自然学科的区分，也在于 19 世纪历史主义的历史编撰学——一直到现在这个运动仍被现代历史科学视为它的成立时刻。我们就以雅各布·布克哈特为例加以说明。为了从历史中划出一块给历史哲学，布克哈特明确地把历史限定在"国家、宗教和文化"三大方面，而将"土地和气候的作用"从历史中逐出。他此举在历史主义的创建时期遭到劈头盖脸的批判（Jacob Burckhardt, 1982：170）。他将历史与历史中的哲学——目的论意涵——从根本上作了区分。对于他来说，气候是一种带普遍性的东西，历史学家应敬谢不敏地将其让给他人。

　　之后的法国年鉴派的新型历史几乎没有超出人和环境之间（布罗代尔在他的地中海手册中也考虑到气候的因素）相互作用的静止关系。这种情况就使得社会学家的下述说法显得颇有道理（Stehr/von Storch, 2000：187；Behringer, 2007）：杜尔凯姆在他那本论自杀的书里有力地论述了在欧洲的一些国家里，在天气（气候）和自杀率之间没有任何联系的观点。自杀的地理分布：在法兰西岛大区和周边省份以及萨克森和普鲁士的高自杀率使杜尔凯姆得出结论——这种现象"并不取决于地区的气候，而是与欧洲文明的两大中心有关"。"民众各种强烈的自杀倾向应从他们的文明本质和在各国的传播中去寻找原因，而不应从任何气候的神秘特性中去寻找原因。"（Durkheim，1983：101）换言之，社会的东西要用社会的东西来解释。这就形成了社会科学的一个前提（Durkheim，2007；Kraemer，2008：11）。

如果把勒鲁瓦－拉杜里的素食主义者的气候史与将气候从人类历史中历史主义地放逐出去的行为相比较的话，前者对环境史的贡献显得似乎更为久长。他的气候史的纲领指出了一条道路——一条似能用非决定论解决在气候和社会之间因果联系问题的道路。我们将在下面阐述为什么这条道路无法达到目标。搁置对气候后果的研究也意味着在决定论问题上的暂时投降。在今天，由于气候决定论正处在一个复兴时期之中，故问题要比任何时候都显得紧迫。施特尔和冯·施托希很有道理地指出：从思想史角度看，今天气候后果研究的一大部分是货真价实的气候决定论，它在自然科学家那里继续潜伏生存着（Stehr/von-Storch，2000：187，1997；Hsü，2000）。他们把继续分隔两种科学文化（自然科学文化和人文、社会科学文化）的问题看得非常严重。在他们看来，这种分隔在今天阻碍了"对社会和自然关系全面而有针对性的问题研究"（Stehr/von Storch，2000：188）。这一判断是否切中要害，下面的事实将作出肯定的回答：当历史学家思考气候问题的时候，即使是他们有时也会陷入决定论思维模式之中（Landes，1998a：14，16）。

气候史的空间—时间

如果把历史气候学的早期发展和它的特点仅仅与勒鲁瓦－拉杜里的名字联系起来，事情当然要简单得多。然而至少休伯特·霍勒斯·拉姆就拥有同样大的影响，特别是在讲英语地区和在地理学科—历史学科最重要的合作者。这一学派作出了将气候史和人类史彼此结合起来的早期研究尝试，并由此偏离了勒鲁瓦－拉杜里的纲领（Lamb，1989）。克里斯蒂安·普菲斯特尔（Pfister，1975）和约翰·德克斯特·波斯特（Post，1977）的著作在 20 世纪 70 年代末引发了一场有关气候后果研究的激烈论辩，这次论辩的特点是引入了经济史考察角度（Rotberg/Rabb，1981；Wigley，1981）。话要说回来，大多数历史学家却仍然是通过勒鲁瓦－拉杜里的著作对气候史有所了解，同时知晓了带有特定含义的气候概念的。作为伟大的布罗代尔的学生，勒鲁瓦－拉杜里牢记三个历史时期划分的模式。布罗代尔在他的地中海三部曲中区分了历史编纂学的三个时间层次：事件、个体行为和政治决断的短时段；经济繁荣和社会结构的中时段和长时段（longue durée），就是说，把一切事情过程放在完全是另一个层次的基础上。布罗代尔把受自然环境制约的社会生活的那些条件归在最后一个时间层次（Braudel，1990）。

勒鲁瓦－拉杜里的小冰期历史概念就完全符合布罗代尔所言的长时段模式。从有关冰川变化和葡萄收获日期的信息中，勒鲁瓦－拉杜里得出：从 16 世纪下半期开始，所有季节均或多或少经历了同时的气温下降。他进一步推测：自 19 世纪晚期以来，所有季节均或多或少地经历了同时的变暖（Le Roy Ladurie，1972：237）。他在书中提醒人们要记住曾经有过一个特征鲜明的首先是冷而多雨的小冰期气候。这位法国历史学家令人印象深刻地用历史上冰川的画面强化了他的描述。在这方面，瑞士瓦里斯州的隆河冰河无疑是最典型的例子。在它最大的扩张期（1600 年后不久和另一次的 1856 年），山谷为一个巨大的冰坨所塞满。今天隆河冰河已大大消融退缩，在山谷里连它的踪影也看不到了。在气候如此这般巨大变化的情况下，提出这种变化对人类生活的影响问题自然是不难理解的了。然而，勒鲁瓦－拉杜里却坚持他所设定的素食主义，解释道："从长远的角度看，气候对人的影响是很小的，也许可以忽略不计，总之，在任何情况下这种影响均是难以探明的。"（Le Roy Ladurie，1972：119）数十年来，这位有很大影响的先锋的判断就成了反对说以往气候变化对人类具有重要意义的所有研究尝试的主要依据（Pfister，2005）。

实证宏观气候史致力于重建在国家天气观测网成立前的那一个长时期气温和降水的时间序列和空间分布格局。为适应研究人类史的历史学家的需要，气候史首先却要得出在这样的气候格局下频繁变化的状况，由此得出这些变化对前现代日常生活的影响。这特别涉及这样的气温和降水阶段，当时的人也知晓在这样的阶段包含着受天气制约的农业歉收的危险。从宏观角度作出的报告将若干气候异常情况置于关注的中心并使之与历史信息来源相吻合。天气观测在文献中留下了大量材料，这些材料表明极端事件以怎样的方式影响了人与他们的决断。这些描述对于气候重建提供了原始材料，它似乎比取平均值的宏观史能更好适应"有人的"气候史的要求。

另一方面，为了由此完成长期气候变化的叙事，显然这样的事件也只能构成其中的一些片断。在一个相对密集的时间尺度内，极端事件和反常现象消失在以月份和年度记录的流水账中。因此而显现的是在两种类型的气候史之间的深深鸿沟。毫无疑问，人们已能看到的气候史用它的长长的经平均的数值给出了令人印象深刻的有关小冰期气候变迁的概貌，它给出的数据常常不包括有利于破解与人类史复杂关系的那些数据。在这种关联上，历经几十年、几百年的平均气温和降水的变化因而就常常是无助于解决这方面的问题的。在时空上经计算数值的宏观历史只能提供一个解释的框架，用来正确地估价各别气候异常的意义。然而对于人类的认识，对于所采取的措施以及对历史估价，重要的是还要知道：这样的事件在经过数十年的中断后是否会意外地再度发生，是否是个别问题，抑或这样的历史是否会整个再度重复？在时空上的气候—气象变化，对近代早期以农业为主的经济和社会体系的影响最大，在许多方面它成了另一种东西。换言之，重建气候的时空、宏观史气候的时空在一定的领域内，和气候后果研究的时空是不一致的。

在这里我想用两个例子加以说明。第一个例子是因物价上涨和饥馑而引起的危机。在欧洲，这类危机的大规模爆发有近代早期的 16 世纪 70 年代初（Behringer，2003）和 1770 年前后（Pfister/Brazdil，2006）的事例。这类危机能很好地借助有关气温和降水的季度和月份的记录对问题进行调研，对气候异常是否和以怎样的方式导致歉收和因而引起的物价上涨和饥馑进行调研。这类涉及广大地域的季度和月份平均数据之所以起到这样的作用，是因为重要作物特别是谷类作物的生长周期达数月之久。然而倘若以地方或地区的物价上涨和饥馑危机为研究对象就会碰到许多困难。在这种情况下，历史学家就将在许多方面被迫前往资料文献机构，搜寻相关的气候资料。然而还有这样的问题无法解决：这些逐渐出现的有关地方气候变化的历史，如果放到整个小冰期气候变化中，又该如何评估呢？

第二个例子是城市火灾。它几乎完全被归类为人为的灾祸，尽管有的火灾的原因十分清楚，就是雷暴。在有关火灾的分析中，常常忽视了因火焰迅速蔓延而失去控制的情况。火势蔓延经常是与自然因素如干燥、炎热，特别是与当时的风况紧密联系的。这些因素与损失大小有着直接的关系，特别是当一个城市的建材大部分是木料的情况下。木屋城市燃烧起来就与森林火灾的情况完全相仿。这些因素对于森林是生死攸关的（Van Leeuwen，2001：393；Pyne，2001）。19世纪下半叶的火灾保险调研报告，如瑞士再保险公司的年度报告（Swiss Re）就证实了这类情况（Rohland，2010）。从事再保险行业的人都知道天气决定的状况和不利的大天气形势的重要性，它在一些夏季在一定程度上改变了在地理大区域内风险的分布。只要有10天至12天时间极其的天气，就会极大地提高火灾的危险。如果再加上焚风①还会缩短这一过程。这样的例子有瑞典松兹瓦尔城的大火灾和1888年6月底殃及整个瑞典的城市大火和森林大火。这些报告认为，这些短期引起火灾的例子不足以充分反映在那个时代大量文献所记载的情况。一方面，气温和降水的异常在以月为单位的统计中消失了；另一方面，如酿成1666年伦敦大火的天气异常则在这里能清楚看到，因为这种异常持续夏季的数月之久（Mauelshagen，2010b：128）。区别就在于：19世纪末已经有了每天的实测数据。从战略上看，在气候后果研究领域（类似最佳实践思想）一开始就有了最佳数据研究（best-data-Studien），用以研究在火灾时自然环境和人为环境之间相互作用中的时空模式。没有这类知识，一些影响将因气候数据而成了漏网

①　Fönwind，出自瑞士德语。——译者注

之鱼。

　　这里勾画的战略，可以移用至气候后果研究的另一中心领域。按照涉及的具体现象（水灾、城市或森林大火、人口迁徙等等），作为现存对应于降水、气温和地面气压的长时间序列更高的分辨率是必需的，以便能判定气候的某种影响。对于气候宏观史来说，数据的选择并不是依据气候后果研究的需要，而是依据从事实测的气象学的数据实证主义的模型。恰恰是这种方法会导致所描述时间—空间的不相容。就其数据系列的分辨率而言，给历史气候学划定了由统计而并非由经济、社会和文化现象的"人的尺度"所决定的方法论界限。显而易见，这是一种带有文化特点的方式：以这样的方式，社会与其自然环境彼此互相影响——前者通过对自然资源的利用；后者则使气候在其中发挥一定作用而彼此互相影响。这个社会文化框架就是一种依据——它表明影响的时间空间是不同于统计确定的气候的空间时间的另一类事物。在结论中由此得出一个研究战略，这个研究战略与勒鲁瓦－拉杜里的研究战略是完全不同的：气候后果研究不应把重点放在气候上，而应放在"后果"上；故而如同在社会科学研究和新型灾难研究那样，社会文化享有优先权，因为"后果"涉及跳出自然因果性的框架。谁如果与此相反地从气候开始，他最终仍然会拘泥于决定论思维的线性模式。从术语角度来看，这种模式甚至还包含在"后果"的概念和"气候后果研究"的概念之中。如同城市火灾的例子所表明的那样，一个按年份设想的原因—后果关系将使气候异常退而转化为不同于成因者的角色。状况或强化的因素将不在考察范围之内。我们当然欲限制在这一提示范围内并慎用新产生的可能的术语。

"人类纪" ——从人到社会

我们在前一部分说明了为什么素食主义气候史这一概念无法得到施展。在此出现的"没有人"的历史是完全不同于对于一种成功的历史气候后果研究所必不可少的东西。暂时搁置气候历史后果问题研究的计划，故而无法达到或至少部分无法达到目标。没有人的气候史的设想在此期间还遭到从完全另一个方面来的质询。自工业化以来，人越来越成为一种气候驱动器。20世纪全球变暖在很大程度上与人有关，由此证明：气候并非是一个自在自为地并永远与人及其历史发展无关的伟大存在。即使人将气候史仅仅当作只有气候的历史，也无法再将气候史写成"没有男人的历史"。气候史的哥白尼转折是经过人为温室气候事实的修正的。这种转折是对气候及其发展的科学看法进行修正的结果，而且在这之后已被超越。人影响气候，人在气候系统中是行为者，不仅仅是充当气候后果的被动客体在其中活动：作为芸芸众生、作为生物圈的一部分或社会存在有着各种遭遇。他们是观察者，而且不仅仅是观察者。这是一个没有解决和有争议的问题：该如何追溯自19世纪以来工业化各时期的人为气候影响史？而这样的问题也远远没有解决：人类在多大程度上通过自工业化早期砍伐巨量的森林资源，因而对地方气候的变化产生了怎样的影响？并由此又怎样共同影响了经由复杂的生态因果联系反作用于地方民众的后果？有关这类影响的讨论早在19世纪就已经有过（Weigl，2004）。然而对这类问题的最终解释仍告阙如，则从另一方面表明了，指出工业化时期在环境史、气候史上拥有阶段性意义这样判断的有效性。大气化学家、诺贝尔奖获得者保罗·克罗岑（Paul Crutzen）建议要注意到这样的事实，并承认在工业革命后，人是一种地质力量，随着工业化开始了一种新地球史阶段：人类纪（Anthropozan）（Crutzen/Stoermer，2000；Crutzen，2002）。

在1957/1958国际地球物理学年，地球物理学家汉斯·休斯和海洋学家罗杰·雷维尔（戈尔的恩师）发现，自19世纪90年代中期经斯凡特·阿伦尼乌斯（Svante Arrhenius）测量大气二氧化碳含量以来，这种含量已有所增加。他们认为：

> 如此这般，今天人类进行着一种空前绝后的地球物理大试验。在很少的几百年内将亿万年内储积在沉积岩的有机碳又再度释放到大气和海洋之中。这种试验如果适宜地加以记录的话，将深深载入决定天气和气候的过程中。（Roger Revelle/Hans Suess，1957）。

休斯和雷维尔对于这种划时代的"试验"（燃烧化石能量载体的过程）已有了一种胸有成竹的认识。而气候变化对于他们来说总还是遥远将来的事情。事实上，从1900年至1957年，在大气中二氧化碳浓度增加相对缓慢：从百万分之二百九十七增至三百一十六。当前这个数值约为百万分之三百九十五。倘若人们依据20世纪前半期的这一数字作出推测的话，那么后一数值本不该在2212年前达到。这表明一直到第二次世界大战，全球变化尚未远离可持续发展的道路（Pfister，2010a）。

大多数教科书均认为，温室问题自工业化时期开始。然而，一项对1950年前后二氧化碳排放量增加情况的对比研究表明，温室气候直接根源自上世纪70年代中期。一个著名的三人组合研究者：地球物理学家威尔·斯蒂芬、前面已提到的克罗岑和历史学家约翰·R. 麦尼尔（John R. McNeill）提议把一直到今天的人类纪分成两个阶段：人类纪的第一个阶段是20世纪50年代前的缓慢发展阶段和之后的爆炸性增长（Will Steffen u. a.，2007）。依据自20世纪50年代以来原料开采和使用的高速增长情况，这三位作者把这个第二阶段称之为"大加速"（Great Acceleration）阶段——这显然与卡尔·波兰尼的"大转型"（Great Transformation）的概念相呼应（Karl Polanyi，1944）。他们列出的作为大加速的推动力除经济增长之外，还有技术的快速发展和人口的增长。在20世纪，世界人口从16亿增至60亿，这一增长的80%又发生在该世纪的下半期，在20世纪60年代，这一增长率最高达到年增长2.2%。

　　把工业化时期分为两个阶段并观察到，自20世纪50年代起许多经济—社会增长指标高得异常——这已不是什么新鲜的事情了。斯蒂芬、克罗岑和麦尼尔称之为"大加速"的现象，在经济史学界则早就以"20世纪50年代综合症"这样的概念加以讨论。我们知道，克里斯蒂安·普菲斯特尔1992年将此概念引入讨论之中（Pfister，1992）。20世纪50年代综合症的议题此后经历了反复讨论，并在此基础上有所深入和扩充（Pfister，1994；Pfister/Bär，1996；Pfister，2003）。

　　经济史学界对20世纪下半期的大加速过程提供了一种令人信服的解读：一开始，在西方工业国和日本经历了在经济史上从未有过的繁荣，这种繁荣发展从1973年起又明显减慢。它约从1950年持续到1973年的石油危机。首先由两大因素推动了这种繁荣：一个是实际和相对的工资增长，为了维持这种增长，冷战和与此相联系的西方统治精英对共产主义的恐惧起到了重大作用；另一个则是石油实际价格与此同时却在下降，尽管需求在快速增长，价格仍然很低，因为石油开采仍在大幅度增长。原油在地质上的形成过程需经历数亿年的时间，而人，特别是

在西方社会里的人们，在两代至三代人的时间里又将石油中的
二氧化碳倾泻回大气和海洋里。美国、挪威、英国和墨西哥的
石油开采者已达到"石油峰值"（peak oil）。一直持续到石油危
机的"能源价格大异常"是工业社会变得极尽浪费之能事的一
个主要原因。这种异常持续了太长的时间，是促进结构变革的
时候了（如推动全球公司的成立和对工作的全球性重组）！它也
将对生活方式的改变，对调整涉及余暇时间和消费的愿望和设
想作出贡献。从历史角度看，当前所作的努力——通过全球治
理降低二氧化碳排放以应对人为温室效应的威胁——可以视为
旨在再度消除不可持续做法的一种尝试。这种不可持续的做法
在20世纪50年代的综合征时期，或者说在大加速时期得以得逞
一时。我们认为，要说在人类史中开始了一个历史新阶段，其
标志仅仅是过度发展化石能源的生产，伴随着由此产生的温室
气体排放，伴随着能源的低价和抬升的工资是非常不得要领的。
只有从全面的、社会历史的角度作出考察，方能解开在生态和
地质指标和过渡到消费社会之间彼此的联系。这方面的端倪已
经显现。工业社会这一阶段的环境史意义，它划时代的意义就
体现在它曾离开了可持续发展的道路。

这后一点在由地球系统科学发起、跨学科的有关人类纪的争
论中拥有一定的影响力（Ehlers/Krafft，2006）。在这里，我们想
指出在地质学视角和社会科学视角之间的重大差异。这种差异借
助人的概念就能清楚看出：在地质学家那里，人是许多物种里的
一种。而在马克·布洛克那里，当他说到人是历史的中心时，却
又把人当作社会存在。社会性作为人的类概念特征故而能架起一
座桥梁（Ehlers，2008）。显而易见，人类社会在历史上的各种现
实形式无法用社会化能力（Vergesellschaftungsfähigkeit），亦即无
法用潜力模式中的社会性（Gesellschaftlichkeit im Modus der

Potentialität）来加以足够的描述。对于认识工业化进程，在这里存在着很大的差别。很显然，工业化过去是、现今也是社会动态的结果，而并非我们的物种生物进化的结果，我们这一物种本身自出现以来并没有出现令人瞩目的变化。忽略这一点，人类纪的历史就只不过是已膨胀成好几十亿个体的人类的生态足迹的数量描述。谁要了解在这类数字后面更多的东西和过程，选择研究对象就必须从人走向社会，从工业化走向工业社会。对于跨学科气候研究来说，由此而产生的挑战就在于：把社会挪到不同于以往在地球系统中位置的其他地方。给予"人"的生态足迹以地球史空间的真正社会逻辑，在作为生命层分系统的人类生命层框架内已无法被理解。地球系统科学倘若把社会层引入生态系统的话，它就应能够破解这类逻辑、社会学科和文化学科（Mauelshagen，2010a）。

展望：21 世纪的气候史

一个大纲产生了未曾料到的作用：使历史气候学成了气象学和气候学的"婢女"并将其当作"没有人的历史"来理解。勒鲁瓦－拉杜里以此为其在历史学科中得到一定程度的承认，并找到安身立命的小小地方。同时，历史气候学在历史科学中犹如在小壁龛里的存在业已固定下来。气候后果研究坐了数十年的冷板凳，就是说，历史气候学的这一部分长期被束之高阁，而气候历史学正是通过它与社会历史相联系。直到20世纪90年代随着对极端事件、自然危险和灾难的关注，才宣告了一个转折。然而，21世纪的气候史仍一直包含把气候重建纳入文化、经济和社会史之中，以及把重建气候与真切感知相关联的任务。只有在气候史研究成功地完成这些任务之后，它才能对全球气候变暖现实问题的气候后果研究领域有所贡献。

众所周知，气候重建、气候后果研究和气候知识不仅是历史气候学的三个组成领域，也是一般意义上的气候研究的组成部分。当然就历史气候学而言，它迄今还很少令人信服地证明这三部分是如何处在一个系统的关系之中（Pfister，2010）。首先，气候知识史就很勉为其难地被纳入其中，而且看来与其他两部分毫无关系，被搁到了一旁。通过社会领域社会科学论证的理论（它也是气候系统的一部分），能够对这一问题作精准的阐述并推进问题的解决。

持续搁置气候后果研究，以及自20世纪50年代以来最初几十年对该领域研究的忽视，其原因就在于气候决定论思想的传统。然而，决定论问题却并不因为搁置而得到解决，而只能被拖延。在已开始表现出要对气候研究有所作为的诸社会、文化、人文学科和自然学科之间的跨学科论争中，也曾把这一问题列在议事日程之中。特别要指出的一点是，社会学科已拥有了在描述自然（气候）和社会交界处的后果联系的理论和方法论的非决定论模式的手段。

历史气象学的发展迄今首先曾与近代早期这一历史阶段紧密相联系。对于在实行国家气象监测网之前却有着与气候相关详细文献记载的这一时期，历史气象学仍拥有它施展的天地。在将来，历史气象学应将它的注意力的重心从气候重建转移到气候后果研究和研究人如何改变气候方面来。对于历史气候研究来说，由此就会产生一个新的时间关注点，按我们的观点，它应该是19世纪和20世纪。在这个时间范围内，既拥有以往所没有的高分辨率的气候数据，也不缺有关社会和文化历史的详细信息。这样就产生了具有示范意义的最佳数据的先决条件。谁想把气候和社会彼此结合起来，谁就需要这样的基础，不管是两种可能的努力方向中的哪一种；因为无论是经过在社会中气候系统的复杂反馈，还是经过在气候系统中的社会变迁的复杂反馈，最终均只是一种方法上的思辨。而只有在不再思辨的地方，方能够免却粗暴的省略，这种省略几乎无可避免地以气候决定论告终。仅仅把以年度和很低的精确度记载的远古数据与记述非常粗疏的（从时间的关联上无法看到其中的因果联系）社会的过程加以比较分析是远远不够的。许多建立在考古纪录上的史前史研究也有这方面的问题。历史气候学当然将继续提出它自己的气候数据。它将尽可能突破欧洲地域和扩大时间范围到中世纪或更早的时期，进行气候重建的工作。然而只有最佳数据研究方能胜任社会文化塑造的人与环境关系的整体性研究工作。只有我们在懂得了影响的时间空间，我们方知晓，为了寻求在遥远过去的类似影响，我们需要怎样的气候数据。

参考文献

Behringer, Wolfgang (2003), »Die Krise von 1570. Ein Beitrag zur Krisengeschichte der Neuzeit«, in: Jakubowski-Tiessen, Manfred/Lehmann, Hartmut (Hg.), *Um Himmels Willen. Religion in Katastrophenzeiten*, Göttingen, S. 51–156.

— (2007), *Kulturgeschichte des Klimas. Von der Eiszeit bis zur globalen Erwärmung*, München.

Bloch, Marc (2002/1974), *Apologie der Geschichtswissenschaft oder Der Beruf des Historikers*, Stuttgart (frz. Originalausgabe: *Apologie pour l'histoire ou Métier d'historien*).

Bradley, Raymond S. (²1999), *Paleoclimatology*, Burlington.

Braudel, Fernand (1971), *Die Geschichte der Zivilisation. 15. bis 18. Jahrhundert*, München.

— (1990), *Das Mittelmeer und die mediterrane Welt in der Epoche Philipps II*, Frankfurt a.M.

Brázdil, Rudolf u.a. (2005), »Historical Climatology in Europe – The State of the Art«, *Climatic Change*, Jg. 70, S. 363–430.

— (2010), »European climate of the past 500 years. New challenges for historical climatology«, *Climatic Change*, DOI 10.1007/s10584-009-9783-z.

Burckhardt, Jacob (1982), *Über das Studium der Geschichte, Der Text der »Weltgeschichtlichen Betrachtungen«*, München.

Burke, Peter (2004), *Die Geschichte der Annales, Die Entstehung der neuen Geschichts-schreibung*, Berlin.

Crutzen, Paul J. (2002), »Geology of mankind«, *Nature*, Jg. 415, H. 6867, S. 23–23.

— /Stoermer, Eugene F. (2000), »The ›Anthropocene‹«, *Global Change Newsletter*, Jg. 41, S. 17–18.

Dobrovolný, Petr u.a. (2009), »A Standard Paleoclimatological Approach to Temperature Reconstruction in Historical Climatology: An Example from the Czech Republic, A.D. 1718–2007«, *International Journal of Climatology*, Jg. 29, S. 1478–1492.

Durkheim, Émile (1983/1897), *Der Selbstmord*, Frankfurt a.M.

— (2007/1895), *Die Regeln der soziologischen Methode*, Frankfurt a.M.

Ehlers, Eckart (2008), *Das Anthropozän, Die Erde im Zeitalter des Menschen*, Darmstadt.

— /Krafft, Thomas (2006), *Earth System Science in the Anthropocene*, Berlin.

Hsü, Kenneth J. (2000), *Klima macht Geschichte. Menschheitsgeschichte als Abbild der Klimaentwicklung*, Zürich.

Huntington, Ellsworth (1915), *Civilization and Climate*, New Haven, Conn./London.

Kraemer, Klaus (2008), *Die soziale Konstitution der Umwelt*, Wiesbaden.

Lamb, Hubert H. (1989), *Klima und Kulturgeschichte. Der Einfluß des Wetters auf den Gang der Geschichte*, Hamburg.

Landes, David (1998a), »Culture Counts: Interview with David Landes«, *Challenges*, Jg. 41, S. 14–30.

— (1998b), *The Wealth and Poverty of Nations. Why Some Are so Rich and Some Are so Poor*, Norton/New York.

Le Roy Ladurie, Emmanuel (1959), »Histoire et climat«, *Annales: Economies, Sociétés, Civilisations*, Jg. 14, S. 3–34.

— (1960), »Climat et recoltes aux XVIIe et XVIIIe siècles«, *Annales: Economies, Sociétés, Civilisations*, Jg. 15, S. 434–465.

— (1961), »Aspect historique de la nouvelle climatologie«, *Revue Historique*, Jg. 85, H. 225, S. 1–20.

— (1967), *Histoire du climat depuis l'an mil*, Paris.

— (1970), »Pour une histoire de l'environnement: la part du climat«, *Annales. Histoire, Sciences Sociales*, Jg. 25, H. 5, S. 1459–1470.

— (1972), *Times of Feast, Times of Famine, A History of Climate since the Year 1000*, London.

— (1973a), *Le territoire de l'historien*, Bd. 1, Paris.

— (1973b), »L'histoire de la pluie et du beau temps«, in: Le Goff, Jacques/Nora, Pierre (Hg.), *L'Histoire nouvelle et ses méthodes*, Paris, S. 11–46.

Luterbacher, Jürg u.a. (2004), »European Seasonal and Annual Temperature Variability, Trends, and Extremes since 1500«, *Science*, Jg. 303, S. 1499–1503.

— u.a. (2002), »Reconstruction of Sea-Level Pressure Fields over the Eastern North Atlantic and Europe back to 1500«, *Climate Dynamics*, Jg. 18, S. 545–562.

Manley, Gordon (1958), »The Revival of Climatic Determinism«, *Geographical Review*, Jg. 48, H. 1, S. 98–105.

Mauelshagen, Franz (2009), »Keine Geschichte ohne Menschen: Die Erneuerung der historischen Klimawirkungsforschung aus der Klimakatastrophe«, in: Kirchhofer, André u.a. (Hg.), *Nachhaltige Geschichte. Festschrift für Christian Pfister*, Zürich, S. 169–193.

— (2010a), *Die Gesellschaft erscheint im Anthropozän, Für eine Soziosphäre im Klimasystem* (KWI-Interventionen, H. 5), Kulturwissenschaftliches Institut (KWI), Essen.

— (2010b), *Klimageschichte der Neuzeit 1500–1900*, Darmstadt.

Pauling, Andreas u.a. (2006), »Five Hundred Years of Gridded High-Resolution Precipitation Reconstructions over Europe and the Connection to Large-Scale Circulation«, *Climate Dynamics*, Jg. 26, S. 387–405.

Pfister, Christian (1975), *Agrarkonjunktur und Witterungsverlauf im westlichen Schweizer Mittelland 1755–1797*, Liebefeld/Bern.

— (1992), »Das 1950er Syndrom: Der Energieverbrauch unserer Zivilisation in historischer Perspektive«, *Natur und Mensch*, Jg. 34, H. 1, S. 1–4.

— (1994), »Das 1950er-Syndrom. Die Epochenschwelle der Mensch-Umwelt-Beziehung zwischen Industriegesellschaft und Konsumgesellschaft«, *Gaia*, Jg. 3, H. 2, S. 71–90.

— u.a. (1999), *Wetternachhersage. 500 Jahre Klimavariationen und Naturkatastrophen (1496–1995)*, Bern.

— (2001), »Klimawandel in der Geschichte Europas. Zur Entwicklung und zum Potential der Historischen Klimatologie«, *Österreichische Zeitschrift für Geschichtswissenschaften*, Jg. 12, H. 2, S. 7–43.

— (2003), »Energiepreis und Umweltbelastung. Zum Stand der Diskussion über das ›1950er-Syndrom‹«, in: Siemann, Wolfram (Hg.), *Umweltgeschichte. Themen und Perspektiven*, München, S. 61–86.

— (2005), »Weeping in the Snow – The Second Period of Little Ice Age-Type Crises, 1570 to 1630«, in: Behringer, Wolfgang u.a. (Hg.), *Kulturelle Konsequenzen der ›Kleinen Eiszeit‹/Cultural Consequences of the ›Little Ice Age‹*, Göttingen, S. 31–85.

— /Bär, Peter (Hg.) (²1996), *Das 1950er Syndrom der Weg in die Konsumgesellschaft*, Bern.

— /Brázdil, Rudolf (2006), »Social Vulnerability to Climate in the ›Little Ice Age‹: An Example from Central Europe in the Early 1770s«, *Climates of the Past*, Jg. 2, S. 115–129.

— u.a. (2008), Documentary Evidence as Climate Proxies, »White Paper« written for the Proxy Uncertainty Workshop in Trieste, 9–11 June 2008 (PAGES).

— u.a. (2010), »The Meteorological Framework and the Cultural Memory of Three Severe Winter-Storms in Early Eighteenth-Century Europe«, *Climatic Change* (online), Nr. DOI 10.1007/s10584-009-9784-y.

— (2010a), »The ›1950s Syndrome‹ and the Transition from a Slow-Going to a Rapid Loss of Global Sustainability«, in: Ükötter, Frank u.a. (Hg.), *Turning Points in Environmental History*, Pittsburgh (im Druck).

Polanyi, Karl (1944), *The Great Transformation*, New York/Toronto.

Post, John D. (1977), *The Last Great Subsistence Crisis in the Western World*, Baltimore, London.

Pyne, Stephen J. (2001), *Fire. A Brief History*, Seattle.

Revelle, Roger/Suess, Hans (1957), »Carbon Exchange Between Atmosphere and Ocean and the Question of an Increase of Atmospheric CO_2 During the Past Decades«, *Tellus*, Jg. 9, H. 1, S. 18–27.

Rohland, Eleonora (2010), *Swiss Re, 1864–1906, Risk, fire, climate*, London (im Druck).

Rotberg, Robert I./Rabb, Theodore K. (Hg.) (1981), *Climate and History: Studies in Interdisciplinary History*, Princeton, N.J.

Siemann, Wolfram (2003), *Umweltgeschichte. Themen und Perspektiven*, München.

Steffen, Will u.a. (2007), »The Anthropocene: Are Humans Now Overwhelming the Great Forces of Nature?«, *AMBIO: A Journal of the Human Environment*, Jg. 36, H. 8, S. 614–621.

Stehr, Nico/Storch, Hans von (1997), »Rückkehr des Klimadeterminismus?«, *Merkur*, Jg. 51, S. 560–562.

— (2000), »Von der Macht des Klimas. Ist der Klimadeterminismus nur noch Ideengeschichte oder relevanter Faktor gegenwärtiger Klimapolitik?«, *Gaia*, Jg. 9, H. 3, S. 187–195.

— (2010), *Klima, Wetter, Mensch*, Opladen/Farmington Hills, MI.

Utterström, Gustav (1955), »Climatic Fluctuations and Population Problems in Early Modern History«, *Scandinavian Economic History Review*, Jg. 3, H. 1, S. 3–47.

van Leeuwen, Thomas A. P. (2001), »Das Elfte Buch«, in: Kunst- und Ausstellungshalle Deutschland GmbH (Hg.), *Feuer*, Köln, S. 393–425.

Weigl, Engelhard (2004), »Wald und Klima: Ein Mythos aus dem 19. Jahrhundert«, *Humboldt im Netz*, Jg. 5, H. 9, S. 2–20.

Wheeler, Dennis (2009), »British Ships' Logbooks as a Source of Historical Climatic Information«, in: Kirchhofer, André u.a. (Hg.), *Nachhaltige Geschichte. Festschrift für Christian Pfister*, Zürich, S. 109–128.

Whitehead, Alfred N. (1984), *Wissenschaft und moderne Welt*, Frankfurt a.M.

Wigley, T. M. L. u.a. (Hg.) (1981), *Climate and History. Studies in Past Climates and their Impact on Man*, Cambridge u.a.

Xoplaki, Elena u.a. (2005), »European Spring and Autumn Temperature Variability and Change of Extremes over the Last Half Millennium«, *Geophysical Research Letters*, Jg. 32, Nr. L15713.

历史的气候：四个论点 [*]

迪佩什·查克拉巴提

气候变化的全球危机或者说全球变暖在个人、各类团体及各国政府中引起各种各样的反应，有人否认、回避和漠视，有人提出明显不同的设想，甚至有人主张采取行动。这些反应深深影响着我们对今天的感情。阿兰·维斯曼的畅销书《没有我们的世界》建议大家深思：

> 假定出现了最糟糕的情况：人类的毁灭已是既成事实。任何核灾难，任何行星撞击，或者其他什么事件都不具有足够灭绝人类的毁灭性，并完全改变现有的一切。……确切地说，这是一幅我们所有人在其中突然消失的世

　　* 本文是为纪念格雷格·丹宁而撰写的。2009 年冬，《批判性研究》杂志第 35 期刊登过该文的一个较早的版本，内容稍有不同（2008 年芝加哥大学出版社出版）。我要感谢劳拉·伯兰、詹姆斯·钱德勒、卡洛·金兹伯格、汤姆·米切尔、谢尔顿·波洛克、比尔·布朗、弗朗索瓦丝·梅尔策、德比扬尼·甘古利、扬·亨特、朱莉安·托马斯、埃蒂耶纳·巴利巴尔和罗霍纳·马宗达，他们对原来的草稿提出了批评意见。这篇文章的第一稿是我在 2008 年用孟加拉语为加尔各答的杂志 *Baromash* 撰写的，我还要感谢这份杂志的出版者阿索克·森，是他鼓励我继续研究这个主题。

界图景。……在此之后，我们自己还能在宇宙中留下什么细微的痕迹、世俗人类的回响或者我们曾生存过的星球的标志吗？……能否设想，地球并没有因此放松下来而长出一口气，而是有些怀念我们？（Weismann 2007：13f）

维斯曼的假定很有吸引力，因为它令人印象深刻地表明，今天的危机会使人产生一种割裂未来和过去的当代感，因为这种当代感将未来置于历史感受的有效范围之外。历史作为一个学科基于这样一种假定：我们的过去、现在和未来结合成为人类经历的延续。通常情况下，我们借助允许我们了解过去的能力来设想未来。维斯曼的假定形象地表明了历史学家的悖论，这个悖论反映出当代人对人类末日的恐惧和担心。如果我们想认同他的这个假定，那么，我们必须使自己置身于一种"没有我们"的未来，以便形成关于未来的想象。这使我们想象过去时代和未来时代时习惯使用的历史方法，即历史理解的实践，陷于深刻的矛盾和混乱。这个假定表明，产生这样的混乱是由于我们的当代感，因为对未来的担心源于当代。可见，我们的维斯曼版的历史的当代感对我们大家的历史感产生了极富颠覆性的影响。

在本文的最后一部分，我会再次谈到维斯曼的假定。对于那些当时参与关于历史的讨论的人来说，有关气候变化的讨论中的许多内容应该是令人感兴趣的，因为大家普遍认为，地球变暖的严重环境危机与大气中积聚的由于使用石油类能源和家畜的产业化饲养产生的过量的温室气体有关，而某些对我们关于人类历史的思考，或对克里斯托弗·A.贝利（Bayly 2006）称之为"现代世界的诞生"的思考具有深远的、甚至转型性内涵的科学设想开始流传。实际上，科学家们关于气候变化的言论不仅对那些支撑历史这个学科的人的观念提出质疑，而且对后殖民主义与后帝国主义的历史学家在过去20年中面对去殖民化和全球化时代的战后境况采取的分析战略，提出质疑。

下面我从一个历史学家的角度回答关于当代危机的几个问题。但是，我想先谈谈我自己与有关气候变化的文献，事实上也是与危机本身的关系。我的职业是历史学家，对历史这种知识形式的性质有浓厚的兴趣；而我与气候学的关系——有些距离——源自科学家们和其他内行的作家们为一般公众撰写的文章。大家普遍认为，对地球变暖的科学研究发端于瑞典学者斯凡特·阿仑尼乌斯于20世纪80年代后期所作出的一系列发现，但是，公众对全球变暖的讨论是20世纪80年代后期和90年代早期才开始的。在同一时期，人文和社会科学家开始讨论全球化的问题。[①] 当然，这两种讨论至今是同时进行的。全球化一旦被人所认识，就引起了人文和社会科学家的直接兴趣，而全球变暖直到2000年以后才被广大公众所接受，虽然在20世纪90年代出版了数量可观的读物。其中的缘由不难寻觅。早在1988年，隶属于美国国家航空航天局（NASA）的戈达德航天科学研究所所长詹姆斯·汉森就向美国参议院的一个委员会报告过全球变暖的问题，而且在同一天向记者们说："这已经不是说废话的时候了……应该说，温室效应是真实存在的，而且正在影响我们的气候"（Bowen 2008：1）。但是，对特定利益负有责任的各国政府更关注政治成本，它们对此充耳不闻。当时的美国总

---

① 从许多通俗出版物中可以看出，全球变暖这门科学的前史可追溯到19世纪的科学家，例如约瑟夫·傅立叶、路易·阿加西和阿仑尼乌斯。例如参看Bolin 2007。贝·博林1988—1997年是政府间气候变化专门委员会主席。

统乔治·布什开玩笑说，要用白宫效应来对抗温室效应（同上：228）。① 2000 年之后情况才有所变化，当时各种警告频仍，危机的征兆（澳大利亚的干旱，频繁的热带风暴和森林火灾，许多国家歉收，冰川和极地覆盖的冰层开始融化，以及海洋中酸性物质不断增加并且给食物链造成损害）在政治上和经济上都一目了然。此外，对其他物种的快速消亡的担忧，以及对 2050 年全球将达到 90 亿人口这种压力的担忧，都不断增加（Dodds 2008：11 - 62）。

过去几年危机不断加剧的时候，我就知道，我在过去 25 年中所从事的对全球化理论的研究、对资本的马克思主义分析、草根研究②以及后殖民主义批判，虽然对于研究全球化有很大帮助，但并不能使我清晰地描绘当今人类所处的星球的困境。如果我们将乔万尼·阿里吉关于世界资本主义历史的杰作《漫长的二十世纪》（1994 年版），与他的尝试解释中国经济崛起的内涵的新作《亚当·斯密在北京》（2008 年版）作一番比较，全球化分析中的情绪变化就一目了然。第一部著作是对资本主义经济固有的混乱状态的沉思，以资本主义终将毁灭人类的思想为结尾，而且怀着"对曾伴随着冷战的世界秩序瓦解的暴力不断升级的恐慌（或欣赏）。（Arrighs 1994：356）。很显然，在阿里吉的叙述中毁灭世界的炎热源自资本主义的发展动机，而不是全球变暖。然而，当他后来撰写《亚当·斯密在北京》时，使他更为纠结的是资本主义的生态学临界问题。这个问题甚至

---

① 另见 MicKibben 2006：E1。

② 草根研究是南亚，特别是印度的一些学者在 20 世纪 80 年代提出的研究计划，主要研究非精英的居民群体，认为他们是后殖民主义社会的社会变革的力量。

确定了全书的基调，这一点清楚地表明了像阿里吉这样的批评家在前后两部著作发表间隔的 13 年中产生的距离。如果全球化和全球变暖确实是从相互重叠的过程中产生的，那么问题就是，按我们对世界的理解，如何兼顾这二者。

我自己虽然不是自然科学家，但就气候变化这门科学而言，我是从这样一个基本假定出发的：我认为，这门科学大体上是正确的，也就是说，特别是《政府间气候变化专门委员会 2007 第四个报告》、《斯特恩报告》，以及最近由科学家和知识分子为了解释全球变暖这门科学而出版的许多著作中反映的各种观点提供了足够合理的根据，因此只要科学共识没有大的改变，我们可以接受这样的看法：由人类引起气候变化的各种理论绝大部分是中肯的。[①] 我采取这样的立场时，所依据的是比如圣地亚哥的加利福尼亚大学科学史家瑙米·奥雷斯克斯的研究，她查阅了 1993—2003 年在学术刊物上经过终审发表的关于全球变暖的 928 篇文章的综述，发现其中没有一篇对"人类导致气候变化的事实这种共识"提出异议。她指出，虽然在气候变化的规模和方向上有意见分歧，但"差不多所有的专业气候学家都在人类导致气候变化的事实这个问题上意见一致，只是对变化的速度和形式还有争议"。（Oreskes 2007：73f.）。事实上，我在迄今所阅读过的文献中还没有找到充足的理由，为什么要成为气候怀疑论者。

大家普遍认为，全球变暖是人为造成的，这种科学共识就

---

① 过去四年中为一般公众出版的关于危机的著作的数量，是说明这个论题越来越流行的标准。本文所参考的最新著作包括，例如 Maslin 2004，Flannery 2006，Archer 2007，Knauer 2007，Lynas 2008，Calvin 2008，Hansen 2008，Hansen u. a. 2007a，Hansen u. a. 2007b，Stern 2007。

是我发言的基础。为了表达得清晰和鲜明，我将我的发言分为四个论点，其中后三个论点是第一个论点的延伸。开头时，我主张，对气候变化作人类的解释，就是要消除自然史和人类史之间古老的人文主义区别；结束时，我会回到最初的问题：气候变化的危机如何诉诸我们对人类共性的认知，与此同时，这种危机又考验着我们对历史的理解能力。

论点一：对气候变化作人类的解释，就是要消除自然史和人类史之间的人文主义区别

哲学家和历史学家往往倾向于将人类史（或按照罗宾·克林伍德的说法[1]，人类事务的历史）与自然史区分开，不仅如此，他们甚至否认自然具有人类所具有的那种历史。这样的做法本身有着漫长而不平静的历史，限于篇幅，我只能对这种历史进行非常不正式而且相当随意的简述。[2]

我们可以从托马斯·霍布斯和吉安巴蒂斯塔·维科的如下古老观念谈起：人之所以能真正了解市民制度和政治制度，是因为人自己建立了这种制度，而自然是上帝的作品，因此对于人来说始终是深不可测的。"真实的就是人类创造的：凭事实认识真理（verum ipsum factum）"，贝奈狄克托·克罗西这样总结维科的著名格言（Croce 2002：5）。[3] 研究维科的专家偶尔反对说，维科从未如此严格地区分自然科学和社会科学，克罗西等

---

[1] "按照（一般历史学家）的看法，所有历史恰当地说都是人类事务的历史"（Collingswood 1976：212）。

[2] 关于这样的区别，详见 Rossi 1984。

[3] 当然，卡洛·金兹伯格让我注意克林伍德译文中存在的问题。

人牵强附会地认为，他的著作中有这种区分，但是，他们也承认，这样的理解很普遍（Zagorin 1984）。

维科的这种理解在 19 世纪和 20 世纪成为历史学家的共同财富，主要体现是马克思的名言："人们自己创造自己的历史，但是他们并不是随心所欲地创造"（《马克思恩格斯文集》第 2 卷第 470 页），以及马克思主义考古学家戈登·柴尔德的名著《人类创造自己》这个标题（Childe/Martini 1959）。[1] 克罗西的著作由于他对"寂寞的牛津历史学家"克林伍德的影响，似乎成了 20 世纪下半叶进行这种区分的主要资料来源。而克林伍德又明显影响了爱德华·卡尔的著作《什么是历史》（1981 年版），这部著作也许是体现这位历史学家手艺的最畅销书之一。[2] 克罗西的思想——他的继承者们没有发现并且经历了无法预见的变异——，在后殖民主义时代的历史理解中赢得了迟来的胜利。克罗西及其对黑格尔的认可，其实是他独创性地误解了自己的前辈，身后站着维科模糊而基本的影子。[3] 这里的联系也多样而复杂。但目前足可以说，克罗西 1911 年的著作《吉安巴蒂斯塔·维科的哲学》颇有意味地献给威廉·文德尔班，1913 年，不是别人，正是克林伍德将这部著作译成英文，他虽然不是这位意大利大师的追随者，却是他的仰慕者。

---

① 参看马克思（Marx 1932：17）；阿尔都塞在 20 世纪 60 年代对马克思人道主义的攻击，实际上，有些仿佛是对这位智者的文本中关于维科的只言片语的圣战（埃蒂耶纳·巴利巴尔本人 2007 年 12 月 1 日私人通信）。我非常感谢扬·贝德福德，他让我注意到了马克思和维科之间错综复杂的关系。

② 戴维·罗伯茨将克林伍德描绘为"寂寞的牛津历史学家……他在许多重要问题上是克罗西的追随者"（Roberts 1987：325）。

③ 关于克罗西对维科的误解，参看米勒（Miller 2003）和莫里森（Morrison 1978）的著作中的讨论。

当然，克林伍德在论证自然史和人类史的区分时，使用了他自己的措辞，不过还有维科粗略的影子，他对克罗西的解释中就有维科的影子。克林伍德断言，自然界没有任何"内在的东西"。

> 就自然界而言，一个事件的内在方面和外在方面的这种区别是不存在的。自然界的事件是单纯的事件，也就是说，不是自然科学家必须致力于研究其思想的行动者的行为。

因此"真正的历史完全是人类的历史"。历史学家的任务在于，"设身处地思考各种行为，并认识行为者的思想"。所以，必须区分"人的历史行为和非历史行为"。"只要人的行为是由我们可称之为动物本性的东西（他的冲动，他的欲望）决定的，那么，他［原文如此！］就是非历史的；证实这些冲动是自然界的一个过程。"因此，克林伍德指出，

> 历史学家感兴趣的不是人们要吃饭、睡觉、相爱，并以这样的方式满足自己的自然欲望这种情况，而是人的思维作为框架所创造的社会设施，在这个框架内，人的欲望按照由社会公约和道德规范所确定的方式得到满足。（Collingwood 1955：223—227）

不是物体本身的历史，而是物体的社会构成的历史，才可加以研究。克林伍德将人的东西分为自然的东西和社会的或文化的东西。他认为没有必要将二者混在一起。

在评论克罗西 1893 年的文章《基于艺术的一般概念的历

史》时，克林伍德写道，

> 克罗西……完全［这种德国式的观念］否认历史是一
> 门科学，因而一下子摆脱了自然主义，追求一种根本上不
> 同于自然观念的历史观念。（同上：204）

戴维·罗伯茨清晰地勾画了克罗西的比较成熟的观点。结合恩斯特·马赫和昂利·普安卡雷的著作，他论证说，"自然科学的概念是人类的构成物"，"是为了人类的目的而创造的"。罗伯茨接着说，"如果我们把目光投向自然界"，"那么我们只看到我们自己"。我们"没有适当地将自己理解为自然界的一部分。于是，克罗西按照罗伯茨的观点宣布，"除了人类世界，没有任何世界，然后接受了维科的核心学说：我们可以认识人类世界，因为是我们创造了这个世界"。因此，对于克罗西来说，所有的物质对象都隶属于人的思维。没有一块石头是自为地存在的。罗伯茨解释说，克罗西的观念论

> 并不是说，没有人在那里思考石头，石头"就不存
> 在"。离开人的利益和人的语言，既不能说石头存在，也不
> 能说不存在，因为"存在"是人类的一个构想，它只有与
> 人的利益和目标联系在一起才有意义。（Roberts 1987：59f.，
> 62）

这样看来，无论是克罗西，还是克林伍德，都想使人类历史和自然（可以认为自然有历史的话）融于人的合乎目的的行为。处于这个框架之外的东西，并不"存在"，因为它没有以对人类有意义的方式存在。

然而，在 20 世纪，除了维科的可以称之社会学的或唯物主义的论据，还出现了其他论据。这些论据同样认为区分自然史和人类史是有道理的。一个尽管并不光彩但影响巨大的例子是斯大林在 1938 年发表的著作《论辩证唯物主义和历史唯物主义》。斯大林对这个问题的表述如下：

> 地理环境无疑是社会发展的经常的和必要的条件之一，它当然影响到社会的发展——加速或者延缓社会发展进程。但是它的影响并不是决定的影响，因为社会的变化和发展比地理环境的变化和发展快得不可比拟。欧洲在 3000 年内已经更换过三种不同的社会制度：原始公社制度、奴隶占有制度、封建制度；而在欧洲东部，即在苏联，甚至更换了四种社会制度。可是，在同一时期内，欧洲的地理条件不是完全没有变化，便是变化极小，连地理学也不会提到它。这是很明显的。地理环境的稍微重大一些的变化都需要几百万年，而人们的社会制度的变化，甚至是极其重大的变化，只需要几百年或一两千年也就够了。"　（Stalin 1957：99）（本段译文参见《斯大林选集》（下卷），人民出版社 1979 年版，第 440 页。——译者注）

撇开其独断的和公式化的语调不谈，这段话反映了 20 世纪中叶历史学家们广泛认同的假定：人的环境在发生变化，但过程是非常漫长，以致人和环境的关系史几乎是永恒的，因此不是历史编纂学的主题。甚至费尔南·布罗代尔在 20 世纪 30 年代后期发现历史学科的撰写方法很成问题，于是极力反对，并且在自己的巨著《菲利浦二世时代的地中海和地中海世界》表达自己的抗议。从此以后就清楚了，他主要反对的是这样一些历史学家，他们将环境简单处理为自己的历史叙述的默然而消极的背景，只在导言中一笔带过，接着环境就被遗忘。布罗代尔说，仿佛"鲜花不是在每年春季都绽放，仿佛羊群是静止地漫游，仿佛轮船不是在随着季节发生变化的真实的海洋上航行"。布罗代尔写完《地中海》以后，想写一部这样的历史：描写季节（"一种历史……事物在其中不断重复，循环不断重新开始"）和自然界中的其他规律在人的活动的培养方面起着积极的作用（Braudel 1992：20）。①

在这个意义上，环境在布罗代尔心中是一种积极的存在。不过，自然界基本上是重复的观念在欧洲人的思维中历史悠久，汉斯-格奥尔格·伽达默尔对约翰·古斯塔夫·德罗伊森所作的研究表明了这一点（Gadamer 1972：199－205；Smith 1995）。与以斯大林为代表的将自然看作背景的那种观点相比，布罗代尔的观点无疑是一个巨大进步，但一个基本假定与它们有分歧："人和其周围环境的关系"的历史进展极为缓慢，以致可以认为它"似乎是静止"的。（同上）用当今环境学家的概念可以这样说，斯大林、布罗代尔以及有类似看法的人，不了解充斥今天的有关全球变暖的文献的思想：气候与整个环境已经达到崩溃的边缘，此时人类活动的漫长的、似乎永恒的背景可能会以一种给人类带来致命后果的速度发生变化。

如果说布罗代尔在一定程度上和自然史、人类史的二分法决裂，那么可以说，20世纪晚期环境历史的崛起加深了这种决裂。我们甚至可以断言，环境历史学家有时实际上可以往前走得更远，可以撰写一部所谓人类的自然史。然而，人的理解（以历史叙述为基础）和参与者的角色（如今就气候变化著书立

---

① 另见 Burke 1990：32－64。

说的科学家认为，人类应当扮演这个角色）之间存在重大的区别。简单地说，只要不是非常明确地涉及文化史、社会史和经济史，环境史都将人类视为生物学意义上的参与者。小阿尔弗雷德·克罗斯比在20世纪70年代早期发表的《哥伦布的变化》是近代环境史的开拓性著作，他在初版前言中写道："人在成为天主教徒、资本家或其他什么之前，首先是一个生物单位。"（Crosby 2003：xxv）丹尼尔·洛德·斯梅尔在不久前出版的《论远古历史和大脑》一书中，大胆地将进化科学和神经科学与历史联系在一起。该书作者探寻生物学和文化之间的可能联系，准确地说，是人类大脑的历史和文化史之间的可能联系，同时始终小心翼翼地不超过生物学论证的界限。尽管如此，斯梅尔的兴趣仍然是撰写人类的生物学历史，而不是提出比较新的论点，即关于人的新获得的地质学参与者力量的论点。（2008：78—189）

今天就气候危机进行著述的科学家的论断实际上和以前的环境史学家的论断有重大的区别：他们在不知情的情况下消除了由来已久的自然史和人类史之间的人为区别，而气候学家断言，人类的力量已经远远超过本来意义上的简单的生物学参与者。人类已经成为一种地质学力量。用奥雷斯克斯的话来说，

> 否认全球变暖是现实的，就是否认人类已经变成可以彻底改变地球的物理进程的地质学参与者……［他接着写道］几百年来，科学家们都以为，地球的进程非常广泛和强大，以致我们不管做什么都不能改变这些进程。这是地质学的一条基本原则：与地质时代无法测量的幅度相比，人的生存时段是微不足道的；除了地质学进程的力量以外，人类的活动可以忽略不计，以前也是如此，可是现在不一

样了。今天，我们中许多人在砍伐那么多的树木，燃烧几十亿吨的石油能源，结果我们就变成了地质学参与者。我们改变了大气的化学，从而导致海平面升高，冰川融化，气候变化。没有任何理由使我们相信其他的东西。（Oreskes 2007：93）

生物学参与者，地质学参与者，这两个名称有着非常不同的内涵。1995 年，克罗斯比对环境史这个学科的起源和现状进行了出色的描述，这个学科和生物学、地理学关系密切，但它几乎没有提出这样的观念：人类能够在地质学的量级上影响这个星球。正如克罗斯比引用布罗代尔的一段文字所表述的，环境史过去一直认为，人是"气候的俘虏"，而不是气候的创造者。（Crosby 1995：1185）。随着人类是地质学参与者这个称谓的引入，我们关于人的观念也提升到一个新的高度。无论是集体，还是个体，人类都是生物学参与者，他们过去一直是这样。如果人类不是生物学参与者，历史也就不会有任何意义。但是，我们只能历史地、集体地成为地质学参与者，也就是说，只有我们达到一定的数目，在一定规模上采用各种技术，从而自己可以影响这个星球本身，我们才能成为地质学参与者。借助地质学参与者这个概念，我们拥有了这样一种力量：这种力量的能量与不同于大规模物种灭绝的时期所释放出来的能量相当。我们显然正在经历这样的一个时期。有专家指出，"当前物种多样性丧失的比例类似于 6500 万年前那次恐龙灭绝事件"。[1]我们

---

[1]　澳大利亚国立大学资源和环境科学研究中心主任威尔·斯特芬引自 2008 年的 N. N. 。斯特芬曾经援引 2005 年《千年生态系统评估报告》（另见 Shubin 2008：17 – 19）。

的生态学影响并不总是这么大，工业革命开始以后，人类才开始获得这种影响，可是，尤其是到了 20 世纪下半叶，这个进程才显著加快。人类成为地质学参与者也就是以前不久的事情。因此，我们可以说，认为人类史和环境史相互作用的环境史观点还大部分保留了二者的区别，不久以前才有所突破。因为从此不再是人和自然互相影响的问题。过去的情况一直就是如此，或者不管怎么说，所谓西方传统，绝大部分就是这么介绍的。①现在有人断言，人是地质学意义上的自然力量。这场危机颠覆了西方（如今是全世界）政治思维中的一个基本假定。②

论点二：人类世观念是一个新的地质学时代，人在这个
时代中作为地质力量而存在。人类世观念明显受
关于现代性和全球化的历史编纂学的限制

　　文化多样性和历史多样性如何与人自由协调，这是从 1750 年至今全球化的历史编纂学所探讨的核心问题之一。正如伽达默尔在谈到莱奥波德·冯·兰克时所指出的，多样性在这位历史学家对历史过程本身的观念中，是自由的一种形式。③ 自由这个概念在各个时期有不同的含义，从人权和公民权一直到去殖

---

　　① 比尔·麦克吉本在论证"自然的终结"时断言，这种终结就是我们"认为自然是某种永恒的、独立于我们的东西这种观念"的毁灭（McKibben 1990：20）。

　　② 布鲁诺·拉图尔的《物的议会》（2001 年版）于 1999 年用原文出版，即全球变暖问题的讨论激化之前。该书对围绕自然是一个独立的空间这个假定来安排政治理念的整个传统提出质疑，并且指出了这种假定对于今天追求民主所意味的困难。

　　③ 这位历史学家"知道，一切都可能以其他方式发生，每个活动的个体都可能有不同的活动"（Gadamer 1988：193）。

民地化和取得独立。自由对人类自治和主权的各种观念来说，可以说是万能的范畴。① 仔细读读康德、黑格尔或马克思的著作，19 世纪的进步思想和阶级斗争思想，反对奴隶制的斗争，俄国革命和中国革命，对纳粹党和法西斯主义的抵抗，20 世纪 50—60 年代的去殖民地化，古巴和越南的革命，人权和公民权大讨论的发展和勃兴，非裔美国人、土著民族、印度的达利特以及其他少数族群为自身权利而进行的斗争；再看看阿玛蒂亚·森在《为人的经济学》（2003 年版）中所说的话，我们确实可以认为，自由是过去 250 年中成文史叙述中最重要的主旋律。当然，自由有各种含义，弗朗西斯·福山的自由概念完全不同于森的自由概念。不过，恰恰是这个词在语义上的概括能力使它拥有雄辩的力量。

自启蒙运动以来围绕自由进行的历次讨论中，我们都没有发现有人意识到人类在那些与自己争取自由紧密相关的发展过程中获得的地质学参与者的力量。显而易见，过去的自由哲学家主要研究的问题是，人类如何摆脱其他人或人造的制度所强加给他们的非正义、压迫、不平或不公。地质时代和人类历史编纂学的纪年始终结合不到一起。但是，对于气候学家来说，这两种纪年之间的距离已经消失。1750 年至今的这段有争议的时期同时也是人类从使用木材和其他可再生能源到大量使用石油能源（开始是煤，然后是石油和天然气）的时期。现代自由的庄园为了自身的维护需要这种能源的量越来越大。我们享受的大部分自由是能源密集型的。我们通常与今天视为文化设施的东西联系起来的那个历史时期，即农业的开端、城市的出现、

---

① 参看弗朗索瓦·菲雷在《在历史的作坊中》的一处评论："政治史首先是对表现在变化和进步中的人类自由的叙述"（Furet 1984：9）。

几大宗教的崛起、铅字的发明等等，大约于10000年前开始从地
质时代即冰河纪末期或更新世向下一个更年轻或更温暖的全新
世过渡。今天我们其实也可以说还生活在全新世，然而，人类
的气候变化的可能性使人怀疑全新世将终结。现在，由于我
们——感谢我们的数量、感谢使用石油能源以及其他与此相关
的活动——在这个星球上已经变成地质学参与者，所以，有些
学者建议，设定一个新的地质时代的开端，人类在这个新的地
质时代中作为决定这个星球的环境的力量进行活动。他们为这
个新的时代所创造的名称叫人类世。最初提出这个建议的是诺
贝尔化学奖获得者保罗·克鲁岑以及他的同事海洋学家欧根·
施特默。他们在2000年发表的一个简短声明中写道：

> 如果考虑到……人类活动对地球和大气的深刻而不断
> 加剧的影响，而且是对各个层面的影响，包括对全球层面
> 的影响，那么，我们似乎应当更加强调人类对于地质和生
> 态的核心作用，所以我们建议用"人类世"这个概念来指
> 称当前的地质时代。（Crutzen/Stoermer 2000：17）

克鲁岑在2000年《自然》杂志上发表短文，对这个建议进
行了解释：

> 在过去的300年中，人类对全球环境的影响日益扩大。
> 鉴于人类的二氧化碳排放，未来几千年内全球的气候将会
> 偏离它的自然行为。将当前……由人类主导的地质时代描
> 述为"人类世"，似乎很恰当。人类世之前是迄今持续约
> 10000—12000年的温暖时期即全新世。我们可以将人类世
> 的开始确定为18世纪下半期，那个时候二氧化碳和甲烷在

空气中的聚集开始增加，对极地冰层铅孔取样的研究可以证明这一点。就在这个时期，即在 1784 年，詹姆斯·瓦特发明了蒸汽机。（Crutzen 2002）

当然，凭克鲁岑的短文并不会使人类世成为官方承认的一个地质时代。正如麦克·戴维斯所评论的，"地质学中的分期同生物学或历史学中的分期一样，是一门复杂而富有争议的科学"，这门科学总是伴随着激烈的讨论和争论（Davis 2008）。[1] 例如，描述"过去 10000—12000 年这个后冰川地质时期"的名称为全新世（Crutzen/Stoermer 2000：17），在它 1833 年（似乎由查理·莱尔爵士）刚刚提出的时候也没有立即得到承认。直到在 1885 年于博洛尼亚召开的国际地质学代表大会上才采纳了这个名称，这已经是 50 年以后的事情了。人类世这个概念的命运也不会有什么不同。自然科学家们试图难住克鲁岑和他的同事的一个问题是，人类世从何时准时开始。另一方面，美国地质学会 2008 年 2 月的通讯《当代美国地质学会》发表伦敦地质学会战略地理委员会的一则声明称，该委员会接受克鲁岑对人类世的定义和建议的起始时期。[2] 声明的作者在采取"保守"立场的同时，得出了这样的结论："有充足的证据证明，（已经发生和正在发生）明显的地层变化，人类世（目前还只是全球气候变化的一个直观的但非正式的比喻）可以纳入国际讨论，以

---

[1]　我要感谢劳拉·伯兰让我看到了这篇短文。

[2]　参看拉迪曼（Ruddiman 2003：261 - 293），克鲁岑/斯特芬（Crutzen/Steffen 2003：251：257）以及扎拉西耶维奇等（Zalasiewicz 2008：5 - 8）；我要感谢奈普图纳·斯里马尔让我看到了这里最后一个文献。

便为一个新的地质时代定型。"（Zalasiewicz 2008：7）[1] 有越来越多的证据证明，这个概念也会征得社会科学家的认可。[2]

那么，从 1750 年至今这个时期到底是自由的纪元，还是人类世的纪元？人类世难道是自由的故事吗？人的地质学参与者力量难道是我们为追求自由必须要付出的代价吗？在某些方面确实如此。爱德华·威尔逊在他的《生活的未来》一书中写道：

> 人类迄今扮演了全球大规模屠杀者的角色，因为人类只关注自己短短的一生。这样我们就毁灭了大部分生物多样性……如果苏门答腊的犀牛会说话，那么它们也许它会说，21 世纪在这方面也不会是什么例外。（Wilson 2002：129）

然而，一方面是启蒙时代的自由理想，另一方面是人类纪年同地质纪年之间的决裂，这两者之间的关系也许要比用简单的二进制表述要复杂得多，矛盾得多。说我们通过自己的决定被迫扮演了地质学参与者的角色，是贴切的。人类世在某种程度上是人类决策导致的一个意外结果。但与此同时，也很清楚，任何对摆脱我们的这种困境的思考都必定包含着在全球的集体生活中使理性发挥作用这种观念。用威尔逊的话来说："如今我们对这个问题的理解更为透彻……我们知道需要做什么"（同上）。或者再次引用克鲁岑和施特默的原话：

---

[1] 根据戴维斯（Davis 2008）的看法，创建于 1807 年的伦敦学会是"全世界最古老的地质学家联合会"。

[2] 参看例如罗宾和斯特芬的著作（Robin/Steffen 2007：1694 – 1719），以及萨克斯（Sachs 2008：77 – 107）；我感谢德比扬尼·甘吉利让我看到了罗宾和斯特芬的文章，也要感谢罗宾让我引用这篇文章。

　　未来几千年，不要说几百万年，人类仍将是一种重要的地质学力量。为了使背负人类造成的负担的生态体系可持续发展，提出一种全世界都可以接受的战略，将会是人类未来面临的重大任务之一，人类必须深入进行研究，并巧妙地应用人类获得的认识……全球的研究和技术界面临着富有吸引力的，但也非常困难甚至令人生畏的任务，即伴随着人类进行的可持续的全球环境治理。"（Crutzen/Stoermer 2000：18）

可见，与过去相比，我们在人类世更是迫切地需要启蒙（理性），是合乎逻辑的。然而，有一种考虑却在理性的作用方面限制了我们的乐观主义，这与自由在人类社会中所采取的最常见形式——政治有关。政治从来都不是单纯以理性为基础的。在一个大众时代，在一个仍然以民族之间和民族内部的极端不平等为架构的世界上，政治变得不可控制。戴维斯指出，

　　在未来40年，纯粹的人口统计动力学就会使世界上的城市人口增加30亿（其中90%在贫穷城市）。没有人（绝对没有人，我们可以补充说，也包括左派知识分子）知道，一个遭受粮食危机和能源危机的穷人星球，如何保证这些穷人的生物学生命，更不用说还会去追求满足和尊严。（Davis 2008）

在这种背景下，环境危机使我们对无法想象的未来产生恐惧，这并不奇怪。科学家们希望理性能使我们走出危机，这种希望使人想起布鲁诺·拉图尔在《物的议会》（2001年版）中讨论的科学即神话与真正的科学政治之间的社会对立。威尔逊

失去政治敏感性以后，只能将实践联系概述为哲学家的充满恐惧的希望："也许我们的行动还算及时。"（Wilson 2002：129）同时，恰恰是全球变暖的科学不可避免地造成了政治约束。比如，蒂姆·弗兰纳里在他的著作中题为"2084年：碳的专制?"一章描绘了"奥维尔恶梦"式的灰暗图景（Flannery 2006：14）。而马克·马斯林的著作以阴郁的思想为结尾：

> 世界政治不可能解决全球变暖的问题。技术的解决方案十分危险，而且还可能造成与有待解决的问题同样糟糕的问题……全球变暖要求各个国家和政府为未来50年作出规划，大部分公司由于政策上的短视做不到这一点。

"我们必须作好准备，应对最坏的情况，并进行相应的调整"，他的这个建议结合戴维斯对即将到来的"穷人星球"的研究，是在质疑人类世的阴影下的人类的自由问题（Maslin 2004：147）。①

论点三：地质学的人类世假设要求资本的世界史和人类的自然史相互谅解

在批判资本主义的全球化的框架内提出自由的问题，这种分析方法在气候变化的时代绝不会失效。戴维斯指出，如果穷人和其他弱势群体的利益继续得不到重视，气候变化可能加剧

---

① 石油燃料如何既发挥了20世纪民主制度的潜力，又设定这种民主制度的界限，关于这个问题的讨论，参看米切尔的著作（2010年版）。感谢米切尔让我使用他尚未发表的文章。

资本主义的世界秩序的不平衡。（Davis 2008）资本主义的全球化既然存在，就允许人们对它提出批判。但是进行这样的批判，不是要学会人类史，在这一方面，我们应当承认，气候变化的危机是现实的，而且这次危机在这个星球上的存续时间可能要比资本主义的存续时间更长，或者像资本主义经历过的许多其他历史变革的时间一样长。也就是说，全球化的问题允许我们将气候变化仅仅理解为资本主义的管理危机，但是，我们不能否认，气候变化同资本的历史有着非常紧密的关系，要探讨人类历史的诸多问题，在承认气候危机以及在当代的视野下人类世开始之后，单纯批判资本是不够的。人类世的地质学的今天同人类史的今天是相互交替的。

研究全球范围内气候危机条件下的人类和其他生态问题的科学家们，区分了传统的人类史和人类的深层历史。传统的历史是指广义上的发明农业以来的 10000 年历史，但通常是指有文字记载以来的大约 4000 年的历史。研究现代史和"早期现代史"的历史学家通常只研究过去 400 年的档案。文字记载以前的人类历史，就是其他对于人类历史感兴趣的非专业历史学家所说的深层历史（deep history）。威尔逊就是这种区分的主要支持者，他写道：

> 人类的行为不仅可以视为过去 10000 年的传统历史的结果，也是深层历史的结果——是数十万年来人类创造的统一的基因变化和文化变化的结果。（Wilson 1996：ix－x）

设法让职业历史学家了解深层历史的智识魅力，这当然要归功于斯梅尔（Smail 2008）。

如果不了解人类的深层历史，就很难明确理解气候变化对人类的危机性。地质学家和气候学家也许能够解释为何全球变暖的当前阶段——不同于以前这个星球的变暖——是人为的，但是由此引起的对人类的危机只有当我们明确了这种变暖的后果才能理解。只有在我们将这个星球上的人类当作一种生命形式，将人类史当作生活生命史的一部分来理解时，这些后果才有意义。因为地球变暖最终所威胁的，并非地质学上的地球本身，而是在全新世所发展起来的人类的延续赖以存在的生物学和地质学的所有条件。

诸如威尔逊或克鲁岑这样的知识分子用来描述以人类形式——或者其他形式——存在的生命的概念是物种（spezies）。他们将人当作一个物种来讨论；这个范畴在他们思考危机的性质时很有用——左派知识分子在对全球化作历史的或政治经济学的标准分析时从来不使用这一概念，因为对全球化的分析由于善意的原因只涉及较近的和传统的人类史。另一方面，进行物种方面的思考与深层历史的研究是相辅相成的。此外，威尔逊和克鲁岑认为能够想象人类的安康非常重要。所以威尔逊写道："我们需要这种长远的眼光……不仅为了理解我们的物种，而且完全是为了保证它们的未来。"（Wilson 1996：x）因此，对气候危机进行历史定位的任务，要求汇集那些相互处于紧张关系的知识形态：行星和这个地球、深层历史和传统历史、物种思考和资本批判。

这个观点与当今历史学家关于全球化和世界历史的思考大相径庭。米歇尔·盖耶尔和查理·布赖特 1995 年在范式论文《全球化时代的世界历史》中写道："在 20 世纪末，我们面对的不是一个普世的、唯一的现代性，而是一个由很多可以复制的现代性融合在一起的世界。"所以，两位作者说："至于世界历史，那不是正在形成的世界精神……而是许多需要进行批判反思和历史研究的、非常独特的、非常物质的和实际的实践形式。"当然，由于贸易、帝国和资本主义而形成的全球联系，"我们必须预料到令人恐惧的新环境：综观几百年和各种文化，人类都是世界历史的主体，现在进入了所有人的视野。人类极端地分化为穷人和富人。"（Geyer/Bright 1995：1058f.）盖耶尔和布赖特本着差异哲学的精神认为，人类是不一致的。人类"没有联合成一种同质的文化"，"这个人类同样也远不是一种纯粹的物种或自然事实"。存在主义的挑战随之而来，"我们人类第一次集体设计我们自己，因此要为我们自己负责。"（同上：1059）不能否认的是，人类世这一概念的支持者发表了非常对立的观点。他们论证说，人类作为特别的物种，基于自身的特质可以支配其他物种，能够取得地质力量的身份。因此，人类已经完全变成自然事实，至少现在是这样。我们如何使这些观点相互谅解呢？可以理解的是，在生物学上过分强调物种会让历史学家感到不快。他们担心，凭他们对人类事务中的偶然性和自由形成的感知，要求会降低，从而有利于决定论的宇宙观。此外，政治上滥用生物学的危险例证历史上层出不穷，斯梅尔也承认这一点。（Smail 2008：124）因此，有人担心，物种这个范畴可能顺便将高程度的本质主义偷运进我们关于人类的概念。关于偶然性的问题，我在下面还要谈到，至于本质主义，斯梅尔的建议是大有裨益的。他说，物种为什么不能从本质主义的角度加以思考：

> 　　按照达尔文的说法，物种并不是造物主赋予命定的自然本质的统一体。……自然选择不是要将某个物种的各个个体均质化。……在这种情况下，任何对［某种已有物种的］标准……的本质和外型的探索都是徒劳无益的。同样，

毫无意义地探索"人的本性"也是如此。在这方面，生物学和文化学在本质上通常是一致的。（同上：124f.）

毫不奇怪，在不同的学科中，各自的代表人物在人们如何想象人类这一问题上观点千差万别。所有学科都必须选择自己的研究对象。医学和生物学将人简化为一种特殊的理解，这一点很清楚，而人文历史学家通常看不到，他们历史的主体——人——也是一种生产。没有人性，就没有历史的人的主体。德里达之所以惹恼福柯，因为他说，在一则关于疯狂的故事中要求疯狂自己开口说话，或者承认这个要求是"他（福柯）计划中最疯癫的"（Derrida 1972：58）。对于所有传统的人文学者来说，人性是具有决定性意义的东西，但是，它无非是将实体化的、非常人性的东西简化和抽象为解剖课上讲解的人体骨架。

科学家面临气候危机的挑战，他们必须克服各自的专业偏见，因为危机是多维度的。因此，非常有意思的是，对物种这个范畴的考察如今在知识分子中起着什么样的作用——包括经济学家在内，他们在研究和阐述危机的性质方面已经走在了历史学家的前面。经济学家杰弗里·萨克斯的《共同富裕》一书是为有文化的外行大众撰写的，作者在论述中赋予物种思想以中心地位，甚至为人类世专门撰写了一章。（Sachs 2008：77 - 107）其实，谁也没有爱德华·威尔逊幸运，他应萨克斯之邀为该书撰写了序言。在这篇序言中，物种这个概念像马克思主义著作的数量或质量那样起到了准黑格尔主义的作用。各个时代的各种色调的马克思主义者认为，人类的伟大希望在于，受压迫者或大众有望通过自我意识的转变来实现他们的世界大同，此后，威尔逊将希望寄托于源自我们作为物种的集体自我认识的统一：

人消耗或改变了很多不可再生的资源，以至于人能够比过去生活得更好。我们足够聪明，同时信息也足够充分，所以希望，能够在整个人类之间感受到归属感。……我们应该聪明得能够将我们自身视为共同的物种……"（同上：10）

同时，在气候变化的条件下，在物种思想的应用方面令人生疑，讨论迅速在左派批评家中产生的一个疑问是非常有益的。有人也许会反对，所有导致地球变暖的人类世因素——石油能源的使用、畜牧业的工业化、热带雨林和其他森林被砍伐，诸如此类最终都属于更加宏观的历史：西方资本主义的发展及其对世界的其他地区殖民地或准殖民地的统治。中国、日本、俄罗斯和巴西的精英阶层受到西方近代史的启发，尝试通过资本主义的经济的、技术的和军事的实力来铺平他们自己通往强权政治和全球统治的轨道。如果这一点大体上正确，那就产生一个问题：物种或人性的说法是否只是为了掩饰资本主义生产的实现和为其作准备的帝国统治的逻辑——不管它是德勒兹所说的正式的、非正式的还是机械的逻辑。为什么我们要用诸如物种或人类的概念涵盖这个世界上的穷人？——他们的二氧化碳排放量微乎其微，而造成今天危机的罪魁祸首不言而喻是富裕国家和穷国的富裕阶层。

在这个问题上我们要多说几句，因为占统治地位的全球化的历史编纂学与那些要求提出气候变化的人类起源学理论的其他历史编纂学之间的差别，还没有弄清楚。有些学者虽然将人类世的开端确定为农业文明出现的年代，但我收集的资料都证明，我们进入人类世既不是远古的事件，也不是不可避免的事件。人类文明的形成并不取决于以前的人们必须使用从木柴到煤炭，再到石油和天然气这样的条件。彭慕兰在他的开拓性著作《巨大的分歧》（Pomeranz 2000）中明确地指出，主要能源从木柴转向煤炭的过程，伴随着很多历史的偶然性。偶然事件和历史变故披上了石油的"发现"、石油大亨以及汽车工业的历史外衣，湮没了其他的历史。（Mitchell 2010；Black 2006）资本主义社会本身也不是自从资本主义开始以来就保持不变的。① 世界人口自从第二次世界大战以来急剧增长。单是在印度，今天的人口总数已是 1947 年取得独立时的三倍。这就说明，谁也不能断言，人类物种固有的某种物质终将我们推进人类世。我们是在工业文明的道路上与它偶遇的。（在此我不分资本主义社会还是社会主义社会，因为这两者迄今为止在石油燃料的使用方面没有原则区别。）

如果说将我们引入危机的是工业化时代的生活方式，那么问题就是，人们为何要以涉及更为悠长的历史阶段的物种概念来思考？资本主义的历史以及对资本主义的批判为何不足以用来研究气候变化的历史和理解其结论？气候危机必然是由资本主义工业化造就和促进的资源浪费型社会形式导致的，这似乎是正确的。但是危机还揭示了人类生活存在的其他条件，这些条件与资本主义、民族主义或者社会主义同一的逻辑没有内在的联系，更确切地说，这些条件与这个星球上的生命的历史有关，各种生活形式彼此相关，一个物种的灭绝可能危及其他物种。如果没有这种生命的历史，气候危机就没有人类的意义，正如上面所说的，对于本身就没有生命的行星来说，根本就不存在危机。

换言之，工业化时代的生活方式就仿佛是《爱丽丝漫游仙

---

① 阿里吉出色地概述了资本主义命运的波折。（Arrighi 2006）

境》中的兔子洞；我们滑进了这样一种状态，这种状态强迫我们承认制度存在的一些参数的（即有限的）条件以及与此有关的意义，而这种意义在我们理解现代性的时候起着重要的作用。请您听我说，我们假定这是 10000 年前的新石器时代的革命。这次革命不是人类发明精神的简单表现，更确切地说，之所以爆发这场革命，是因为大气中二氧化碳含量的某些变化、气候的某种稳定性以及这个星球在冰河纪（更新世）末期的逐渐变暖——这是人类没有办法控制的发展。《处于冰河纪末期的人类》的一位编者写道："几乎毫无疑问，冰河纪渐渐消退这一基本现象是米兰科维奇循环中一次运动的结果，是由地球相对太阳的特定位置的轨道和轴倾斜角度所决定的变化。"（Straus 1996：5）这个星球上的温度在草木能够生长的幅度内保持稳定，大麦和小麦是最古老的草木之一。如果没有这个"悠长夏季"的幸运安排——有一位气候科学家称之为这个星球历史上自然的"异乎寻常"和"幸事"——我们就不可能采取这种工农业的生活方式。（Flannery 2006：86f.）换句话说：无论我们作出怎样的社会经济的和技术的决策，无论我们希望作为我们的自由来庆祝的是什么样的权利，我们都无法动摇那些影响人类生存的极限参数的条件（比如，地球生存的温度变化幅度）。这些参数不依赖于资本主义或社会主义。（Rockstrom/Steffen u. a. 2009）[①]这些参数比制度的寿命要长久得多，并且使人类得以成为这个星球上占优势的物种。不幸的是，我们自己成了地质参与者，为我们自身的生存扰乱了这些有限的条件。

富裕国家，尤其是西方国家在温室气体排放方面所起的历史作用，是不能否定的。讨论物种思想不能与"共同的、但有

---

① 我感谢德比扬尼·甘吉利提醒我注意这篇论文。

区别的责任"的政策相对立，中国、印度和其他新兴国同样主张减少温室气体排放。（Kothari 2007）问题在于，我们是要求那些既往造成气候变化的国家负责，也就是要求西方为它们过去的行为负责，还是要求那些后来造成气候变化的国家负责（中国现在已经超过美国成为最大的二氧化碳排放国，当然不是人均排放量）。这个问题无疑属于资本主义和现代化的历史。[①] 但是，人类同时也成了地质参与者这一科学发现却证明，我们所有人共同分担了灾难。克鲁岑和施特默就这场灾难描述如下：

> 人类的增长速度……非常令人瞩目。……在过去的 300 年间，人类人口已经增加了九倍，达到 60 亿，同时牲畜的存量也达到 14 亿（大约每户一头牛）。……人类经过不多的几代就消耗了逾几亿年才能生成的石油燃料。……因为燃烧煤炭和石油而排放到大气中的二氧化硫含量至少是自然排放的总和的两倍……；人们可以饮用的淡水已经被消耗了一多半；人类的活动已经成千上万倍地加速了热带雨林的物种灭绝。……此外，人类还将很多有毒物质排放到环境中。……有文献证明的影响包括大规模淡水系统的地球化学循环的变化，并且在距离源头很远的地方的系统里也发生了变化。（Grutzen/Stoermer 2000：17）

解释这种灾难的尝试，需要各学科之间的交流以及有文字记载的历史和传统的深层历史之间的交流，正如 10000 年前的新

---

① 这种关于"既往的"和"后来的"责任的思想，我引自 2007 年 11 月芝加哥人文科学节期间在弗兰克人文科学研究所举办的由彼得·辛格主持的讨论。

石器革命如果没有地质学、人类学和历史学的通力合作是无法解释的。（Tudge 1999：35 及下一页）

诸如威尔逊或克鲁岑这样的自然科学家在政治上可能是幼稚的，因为他们误以为，我们最终集体作出的决策不仅以理性为指导——换句话说，我们可能作出了某些不理智的集体决策，但是有意思的和具有代表性的是，他们所说的是启蒙运动的话语。他们并不一定是反资本主义的知识分子，但是他们也不支持资本主义的议事日程。他们认为，知识和理性不仅是摆脱当前危机的出路，而且也是我们将来免受伤害的手段。例如，威尔逊说，要设法"更加智慧地使用资源"，这种说法具有强烈的康德主义色彩。（Wilson 1996：199）但是，有关的知识是人作为一个物种的知识，这个物种的生存取决于其他物种，是生命的一般历史的一部分。改变气候，从而不仅提高这个星球的平均温度，而且增加海水的酸含量，导致海平面上涨，破坏食物链，这不是为了我们的生命。这些有限的条件并不取决于我们的政治决策。因此，不对自然科学家提出的意见进行分析，就不可能将全球变暖理解为危机。与此同时，资本的历史、我们进入人类世的相关历史，也不能因为援引一个物种的思想而予以否定，因为没有工业化的历史，人类世是不可能的，甚至不是理论。在我们设想自启蒙运动以来的世界史时，如何将二者放在一起进行比较呢？如果不放弃那些对我们怀疑殖民主义的普世具有明显价值的东西，我们怎么对待生命的普世历史，怎么对待普世的思想呢？气候危机要求同时沿着两条思路进行思考，以便将不能结合的资本和物种的历史纪年结合在一起。然而，这种结合实际上是扩展在基本意义上历史地理解的思想。

论点四：物种史同资本史的相交是考察历史理解的
极限的一个过程

　　历史学家在一种特殊意义上使用"理解"这一词汇，以便将其同"解释"一词区别开来。用狄尔泰的习惯来说，历史的理解就是对关于人类经验的普遍观念进行的批判性思考。正如伽达默尔指出的，狄尔泰将"个人的经验世界"看作"扩展的单纯的出发点，而这种扩展在活生生的互换过程中，通过在历史界的后续经历积累的经验的无限性来补充个人经历的尴尬和偶然"。因此，"历史意识"在这种传统下是通过对自己的和他人的（历史参与者的）经验的批判性反思而获得的"一种自我认识的方式"。（Gadamer 1972：219ff.；Ermarth/Dilthey 1978：310—322）关于资本主义的人文主义历史编纂学总会承认，有些东西像资本主义的经验一样是存在的。爱德华·P. 汤普森想方设法要重构工人阶级的资本主义劳动的经验（Thompson 1987），如果没有例如这个假定，这种尝试就没有任何意义。人文主义的历史编纂学呼吁我们不仅要提高重构的能力，而且——正如克林伍德所说——要在我们的观念中不断重复过去的经验。

　　如果威尔逊为了我们共同的未来，建议阐述一种作为物种的自我理解，这不符合理解过去、通过人类经历的延续性的假定因素同未来联系在一起的历史方法（见伽达默尔的观点）。我们是谁？我们人类从未作为物种体验自身。我们能够在知识层面上理解和推断人类这个物种的存在，但从来没有作为物种有过体验。我们不可能作为一个物种的现象学而存在。我们即使用"人类"这个词来证实我们的身份，我们也不会知道，成为一个物种意味着什么，因为在物种的历史上，人类是适用于任何生命形式的物种构想的一个特例。我们不可能经历一个构想的产生。①

关于气候危机的讨论可以培养我们对处于历史理解边际的人类集体的过去和未来的感情和知识。我们经历了危机的某些后果，但是并没有经历所有的现象。难道我们要用盖耶尔和布赖特的话说，"人类不能再因'思想'而存在"（Geyer/Bright 1995：1060），或者按福柯的话，"人类不再有历史"（Foucault 1971：441）？盖耶尔和布赖特本着福柯的精神继续说道："借助于信息，解释将人挤入唯一的人类的力量的轮廓，这是（世界史的）任务。"（Geyer/Bright 1995：1060）

这种将人类理解为实力效应的批判，对于后殖民主义的学者所宣扬的误解的注释学来说，当然意义非凡。这种批判是研究民族的和全球的统治结构的有效批判工具。但是，如果涉及地球变暖的问题，那我认为这种批判是不恰当的。首先，我们对当前危机的感觉无疑是不全面的，不可能全面反映我们大家关于人类的观念。我们要尽可能理解维斯曼的著作的标题"没有我们的世界"，或者他为描述纽约的经验所作的出色得不能再出色的尝试。（Weisman 2007：35—39）其次，人类史和自然史之间的壁垒已经被打破。我们虽然不能作为地质参与者去亲身体验，但是我们似乎已经在物种的层面上成为地质参与者。如果不懂得回避历史的理解，我们就不能从这场涉及我们所有人的危机中汲取教训。气候变化在全球资本的主导下，无疑将突出资本的统治所贯穿的不平等的逻辑；有些人无疑暂时要以他人为代价谋取利益。但是不

---

① 我在此想到阿尔都塞对斯宾诺莎的著名而睿智的引用："狗这个概念是不会吠叫的"。

能将危机整体归因于资本主义的历史。与资本主义危机不同的是，这里没有为富人和特权阶层准备的救生艇（澳大利亚的干旱和加利福尼亚的富裕地区的大火或许可以证明这一点）。地球变暖引起的恐惧会让人想起世界核大战时代的恐怖。但是二者之间还是存在非常重大的区别。发动核战争是占统治地位的大国的有意识的决定，而气候变化是人类行为意外造成的结果，是我们作为物种的活动产生的影响——虽然只是科学的分析。物种其实是人类近代普世的占位概念，近代普世史鉴于气候变化的危险而暂露头角。但是，我们永远不能理解它的普世史。这不是黑格尔根据历史的运动辩证地得出的普世史，也不是源于当前危机的资本的普世史。盖耶尔和布赖特驳斥这种普世史的变种是正确的。然而，气候变化还是提出了关于人类集体性的问题，即关于"我们"的问题，并指出了超越我们的世界体验能力的普世史的形式。这种普世史更像是对灾难的不同感知中产生的普世史，它要求在共有地政策方面采取全球行动，而不要求全球认同这个神话，因为它与黑格尔的普世史不同，它容纳不下任何另类。我们暂时将其称为"消极的普世史"。①

（张红山译，蒋仁祥校）

参考文献

Archer, David (2007), *Global Warming. Understanding the Forecast*, Malden.
Arrighi, Giovanni (2006), *The Long Twentieth Century. Money, Power, and the Origins of Our Times*, London.

---

① 我感谢安东尼奥·瓦斯凯茨-阿罗约，他让我使用他尚未发表的论文《普遍历史之否定：论批判理论和后殖民主义》。他在其中尝试援引泰奥多尔·阿多诺和瓦尔特·本杰明，提出消极的世界史概念。

— (2008), *Adam Smith in Beijing. Die Genealogie des 21. Jahrhunderts*, Hamburg.

Bayly, Christopher A. (2006), *Die Geburt der modernen Welt. Eine Globalgeschichte 1780–1914*, Frankfurt a.M.

Black, Edwin (2006), *Internal Combustion. How Corporations and Governments Addicted the World to Oil and Derailed the Alternatives*, New York.

Bolin, Bert (2007), *A History of the Science and Politics of Climate Change. The Role of the Intergovernmental Panel on Climate Change*, Cambridge.

Bowen, Mark (2008), *Censoring Science. Inside the Political Attack on Dr. James Hansen and the Truth of Global Warming*, New York.

Braudel, Fernand (1992), *Das Mittelmeer und die mediterrane Welt in der Epoche Philipps II*, Bd. 1, Frankfurt a.M.

Burke, Peter (1990), *The French Historical Revolution. The »Annales« School, 1929–89*, Stanford.

Calvin, William H. (2008), *Global Fever. How to Treat Climate Change*, Chicago.

Carr, Edward H. (1981), *Was ist Geschichte?*, aus dem Englischen von Siglinde Summerer und Gerda Kurz, Stuttgart/Berlin/Köln/Mainz.

Childe, V. Gordon/Martini, Wolfgang (1959), *Der Mensch schafft sich selbst*, Dresden.

Collingwood, Robin G. (1955), *Philosophie der Geschichte*, Stuttgart.

— (1976), *The Idea of History*, New York.

Croce, Benedetto (2002), *The Philosophy of Giambattista Vico*, New Brunswick.

Crosby, Alfred W. (1995), »The Past and Present of Environmental History«, *American Historical Review*, Jg. 100, H. 4 (Okt.), S. 1177–1189.

— (2003), *The Columbian Exchange. Biological and Cultural Consequences of 1492*, Westport.

Crutzen, Paul J. (2002) »Geology of Mankind«, *Nature*, Bd. 415, Nr. 6867, 3. Januar, S. 23.

— /Steffen, Will (2003), »How Long Have We Been in the Anthropocene Era?«, *Climatic Change*, Bd. 61, Nr. 3, S. 251–257.

— /Stoermer, Eugene F. (2000), »The Anthropocene«, *IGBP (International Geosphere-Biosphere Programme)*, Newsletter 41, S. 17.

Davis, Mike (2008), »Living on the Ice Shelf: Humanity's Meltdown«, in: *TomDispatch*, 26.06.2008, http://tomdispatch.com/post/174949.

Derrida, Jacques (1972), *Die Schrift und die Differenz*, Frankfurt a.M.

Dodds, Walter K. (2008), *Humanity's Footprint. Momentum, Impact, and Our Global Environment*, New York.

Ermarth, Michael/Dilthey, Wilhelm (1978), *The Critique of Historical Reason*, Chicago.

Flannery, Tim F. (2006), *Wir Wettermacher. Wie die Menschen das Klima verändern und was das für unser Leben auf der Erde bedeutet*, Frankfurt a.M.

Foucault, Michel (1971), *Die Ordnung der Dinge. Eine Archäologie der Humanwissenschaften*, Frankfurt a.M.

Furet, François (1984), *In The Workshop of History*, Chicago.

Gadamer, Hans-Georg (1972), *Wahrheit und Methode. Grundzüge einer philosophischen Hermeneutik*, Tübingen.

Geyer, Michael/Bright, Charles (1995), »World History in a Global Age«, *American Historical Review*, Bd. 100, Nr. 4, S. 1034–1060.

Hansen, James (2007) »Climate Catastrophe«, *New Scientist*, 28. Juli 2007, S. 30–34.

— u.a. (2007a), »Dangerous Human-Made Interference with Climate: A GISS Model Study«, *Atmospheric Chemistry and Physics*, Jg. 7, H. 9, S. 2287–2312.

— (2007b), »Climate Change and Trace Gases«, *Philosophical Transactions of the Royal Society*, 15. Juli 2007, S. 1925–1954.

Knauer, Kelly (Hg.) (2007), *Global Warming*, New York.

Kothari, Ashish (2007), »The Reality of Climate Injustice«, in: *The Hindu*, 18.11.2007, http://www.hinduonnet.com/thehindu/mag/2007/11/18/stories/2007111850020100.htm.

Latour, Bruno (2001), *Das Parlament der Dinge. Naturpolitik*, Frankfurt a.M.

Lynas, Mark (2008), *Six Degrees. Our Future on a Hotter Planet*, Washington.

Marx, Karl (1932), *Der achtzehnte Brumaire des Louis Bonaparte*, eingeleitet und herausgegeben von J. P. Mayer, Berlin.

Maslin, Mark (2004), *Global Warming. A Very Short Introduction*, Oxford.

McKibben, Bill (1990), *Das Ende der Natur*, München.

— (2006), »Too Hot to Handle: Recent Efforts to Censor Jim Hansen«, *Boston Globe*, 5. Februar 2006, S. E1.

Miller, Cecilia (1993), *Giambattista Vico. Imagination and Historical Knowledge*, Basingstoke.

Mitchell, Timothy (2010), »Carbon Democracy«, *Economy and Society*, im Erscheinen.

Morrison, James C. (1978), »Vico's Principle of Verum is Factum and the Problem of Historicism«, *Journal of the History of Ideas*, Jg. 39, H. 4, S. 579–595.

N.N., »We're wiping ourselves out in the new Anthropocene age«, in: *The Courier Mail*, 30.03.2008, http://www.news.com.au/couriermail/story/0,,23455779-5003419,00.html

Oreskes, Naomi (2007), »The Scientific Consensus on Climate Change: How Do We Know We're Not Wrong?«, in: Dimento, Joseph F. C./Doughman, Pamela (Hg.), *Climate Change: What It Means for Us, Our Children, and Our Grandchildren*, Cambridge, S. 65–100.

Pomeranz, Kenneth (2000), *The Great Divergence. China, Europe, and the Making of the Modern World Economy*, Princeton.

Roberts, David D. (1987), *Benedetto Croce and the Uses of Historicism*, Berkeley.

Robin, Libby/Steffen, Will (2007), »History for the Anthropocene«, *History Compass*, Bd. 5, Nr. 5, S. 1694–1719.

Rockstrom, Johan/Steffen, Will u.a. (2009), »Planetary Boundaries: Exploring the Safe Operating Space for Humanity«, *Ecology and Society*, Bd. 14, Nr. 2, in: 5.2.2010, http://www.ecologyandsociety.org/vol14/iss2/art32/

Ruddiman, William F. (2003), »The Anthropogenic Greenhouse Era Began Thousands of Years Ago«, *Climatic Change*, Bd. 61, Nr. 3, S. 261–293.

Sachs, Jeffrey D. (2008), *Wohlstand für viele. Globale Wirtschaftspolitik in Zeiten der ökologischen und sozialen Krise*, München.

Sen, Amartya K. (2003), *Ökonomie für den Menschen. Wege zu Gerechtigkeit und Solidarität in der Marktwirtschaft*, München.

Shubin, Neil (2008), »The Disappearance of Species«, *Bulletin of the American Academy of Arts and Sciences*, Jg. 61, H. 2 (Frühling), S. 16–22.

Smail, Daniel Lord (2008), *On Deep History and the Brain*, Berkeley, Los Angeles, London.

Smith, Bonnie G. (1995), »Gender and the Practices of Scientific History: The Seminar and Archival Research in the Nineteenth Century«, *American Historical Review*, Jg. 100, H. 4 (Okt.), S. 1150–1176.

Stalin, Iosif V. (1957), *Über dialektischen und historischen Materialismus,* vollständiger Text und kritischer Kommentar von Iring Fetcher, Frankfurt a.M.

Stern, Nicholas (2007), *The Economics of Climate Change. The »Stern Review«*, Cambridge.

Straus, Lawrence Guy (1996), »The World at the End of the Last Ice Age«, in: Straus, Lawrence Guy u.a. (Hg.), *Humans at the End of the Ice Age. The Archaeology of the Pleistocene–Holocene Transition*, New York, S. 3–10.

Thompson, Edward P. (1987), *Die Entstehung der englischen Arbeiterklasse*, aus dem Englischen von Lotte Eidenbenz u.a., 2 Bde., Frankfurt a.M.

Tudge, Colin (1999), *Neanderthals, Bandits, and Farmers. How Agriculture Really Began*, New Haven.

Weisman, Alan (2007), *Die Welt ohne uns*, München.

Wilson, Edward O. (1996), *In Search of Nature*, Washington.

— (2002), *Die Zukunft des Lebens*, Berlin.

Zagorin, Perez (1984), »Vico's Theory of Knowledge: A Critique«, *Philosophical Quarterly*, Jg. 34, Jan. 1984, S. 15–30.

Zalasiewicz, Jan u.a. (2008), »Are We Now Living in the Anthropocene?«, *GSA Today*, Bd. 18, Nr. 2, S. 4–8.

新书速递

中文书名： 危机浪潮——未来在危机中显现

德文书名： Zukunft entsteht aus Krise

作　者： 〔美〕约瑟夫·斯蒂格利茨、〔匈〕艾尔文·拉兹洛、
〔印度〕万达娜·希瓦等著

译　者： 章国锋

出版日期： 2013 年 8 月

内容简介：

　　本书收录了全球最前卫学者和未来思想家的对话，他们在各自领域对危机进行了各具特色的研究，并提出了不同的看法。其中有诺贝尔奖得主和"另类诺贝尔奖"的得主、著名自然和人文科学家、哲学家，以及所有公民社会领域的社会活动家。通过介绍一种可持续的、与未来相契合的思维和行动方式的先锋，本书为一种共同参与的、全新的、创造性的未来研究作了宣示。学者们和思想家以各自的方式表明，不断加剧的社会动荡——金融市场危机、世界性饥饿危机、全球气候变暖和心灵—精神价值与方向的失落——为什么会成为一场大变革的共同推动力。

Original Title：**Klima Kulturen**

edited by Harald Welzer, Hans – Georg Soeffner, Dana Giesecke

2010 ⓒ by Campus Verlag GmbH, Frankfurt am Main

The translation of this work was financed by the Goethe – Institut China

本书获得歌德学院（中国）全额翻译资助

图书在版编目（CIP）数据

气候风暴：气候变化的社会现实与终极关怀／（德）
韦尔策尔，（德）泽弗纳，（德）吉泽克主编；金海民等译.
—北京：中央编译出版社，2013.12
ISBN 978 – 7 – 5117 – 1728 – 3

Ⅰ.①气…
Ⅱ.①韦… ②泽… ③吉… ④金…
Ⅲ.①气候变化 – 影响 – 社会发展史 – 研究 – 世界
Ⅳ.①P467 ②K1

中国版本图书馆 CIP 数据核字（2013）第 176927 号

气候风暴：气候变化的社会现实与终极关怀

出 版 人	刘明清	
出版统筹	薛晓源	
责任编辑	贾宇琰	
责任印制	尹 珺	
出版发行	中央编译出版社	
地 址	北京西城区车公庄大街乙 5 号鸿儒大厦 B 座（100044）	
电 话	（010）52612345（总编室）	（010）52612375（编辑室）
	（010）66161011（团购部）	（010）52612332（网络销售）
	（010）66130345（发行部）	（010）66509618（读者服务部）
网 址	www. cctphome. com	
经 销	全国新华书店	
印 刷	北京瑞哲印刷厂	
开 本	787 毫米×960 毫米 1/16	
字 数	247 千字	
印 张	21. 25	
版 次	2013 年 12 月第 1 版第 1 次印刷	
定 价	68. 00 元	

本社常年法律顾问：北京市吴栾赵阎律师事务所律师 闫军 梁勤

凡有印装质量问题，本社负责调换。电话：（010）66509618